主張する森林施業論
―― 22世紀を展望する森林管理 ――

森林施業研究会
編

J-FIC

刊行に寄せて

　林業が低迷している、と言われて久しい。1980年代は、「ジャパンアズナンバーワン」と言われて、21世紀は日本の世紀かとまで囁かれた。1955年代以降に展開した高度経済成長期、それに続く経済大国に発展する過程で、林業は産業としての基盤が脆弱なものとなった。林業だけでなく、一次産業全般が、世界に躍進する経済活動から外れたものになった。工業主導の付加価値を高めることによって生ずる価格の差から生まれる利益、これを得られるところに資金、組織を集中する仕組みに社会が移行し、一方で世界規模の市場取引が展開されるようになったからである。よその国にできないことを、新たな技術として開発し改良し、高価値なものにして、高価格で売って利ざやを稼ぐ仕組みに、自然力に依存して、その産物を市場に出すことを目的とする一次産業は、馴染まなかったのである。先進国とはいえ、一次産業の生産技術は、途上国と大きく違うところはない。機械化による省力はできても、生産性の向上は大きくは実現できなかった。低位技術立国との差別化が進まなかったし、先進国の消費者は、低価格産品を購入することに集中して、高価格の国産一次産品からは遠のいたのである。

　21世紀になる直前に、世界は人類生存に影響を及ぼす環境の悪化に気づいた。1987年の「環境と開発に関する世界委員会」の報告書 "our common future" で提案された "sustainable development" という考え方がそれである。我等共通の未来、誰にでも必ずやってくる未来のために、持続的な発展を目指そうというものであった。この精神の下に、1992年に国連環境開発会議が開かれた。いわゆるリオ・サミットである。そして、2002年にはヨハネスブルグで10年後の環境サミットが開かれた。この間、森林に期待される環境財としての役割が高まった。日本では林業の魅力は薄れても、環境保全のための真の役者としての役割を与えられて、今もそれへの期待は大きい。

「共有地の悲劇」や「市場の失敗」という言葉が持ち出されて、途上国の森林の消失防止の難しさが語られ、その解答は未だ得られていない。しかし、この間の議論から、地域住民にその価値を認められない森林は消滅する事例が多く見られる。日本でも、林業活動を放棄したかのような、間伐放棄、伐採跡再造林放棄が各地で顕在化して、林業環境の悪化が憂慮されている。そのような状況の中で、なお林業再生への道を模索している人達がいる。本書のメンバーである。

森林は、人類の生活のための必要物資を生産する場である。木材以外の多くの、特用林産物を生産する場でもある。それ以上に、人類の生存に好適な条件として地球環境を調整する場でもあることが明らかになった。しかし、森林それ自体は管理されない公共財の常として、外部の経済下にあり、その存在への適切な手だては講じられていない。でも、森林は、森林であり続けることで、それが期待される多面的機能は発揮されている。そのためには、森林が直接的に役立つものであると人びとに認識される必要がある。

自国の便宜のために、他国に負荷を与えていいという選択肢はない。自国の林業が不況だからといって、他国の資源を過剰使用していい訳ではない。その一方で、採算を度外視して、国内の林業活動を続けるという提言も、意味がない。

林業技術は森林を取り扱うためには有益な、しかも必然的な技術である。その技術を総合的に検証して、今の時代に合わせたものとして総合化する必要がある。国産材が必要だった時代、林業が産業としての地位を確保していた時代、家が造れればいい時代に適合した技術を、木材生産と環境保全の両立と持続という今の時代の要請にあった技術に変えなければならない。時代は変わっているのだから、林業技術も変わる必要がある。それを、大胆に試みて世に問おうとしたのが本書に集った森林施業研究会の研究者陣である。

森林施業研究会は、過去10年余にわたり、日本森林学会大会においての

シンポジウムや、各地で開催した現地検討会において、様々な議論を重ねてきた。その集大成が本書である。

　本書の寄稿者達は、本書は「主張する森林施業論」だと言っている。現下の情勢を真剣に見据えて、衒うところなく、素直に対応を考えようとする書き手である。現場を知って、現地の声を聴いて、自分でも実践すべきものとして書いたと思う。イイトコドリでない、地に着いた研究者の本音と見通しを見て頂きたい。

2007年3月

　　　　　　　　　　　　　　　　　　　　日本大学教授　桜井　尚武

は じ め に

―「林学」の再生・発展に向けて―

　「日本林学会」が「日本森林学会」へと名称変更した。大学における「林学科」の「森林科学科」などへの改組に続くもので、明治以降、近代日本の森林管理・経営の基礎を成してきた「林学」に幕が降ろされたのである。この林学の終焉は、林業・森林を取り巻く社会・経済的環境が大きく変化し、国民の森林や林業に期待する内容が多様化する中で、特に環境問題を強く意識した林学が、より科学的学問的であろうとした結果、林業・森林管理の現場との乖離を深め、応用科学（実学）として空洞化していった結末である。何とも皮肉なことである。

　一方では、海外から安価な木材が大量に輸入されたことにより国産材の価格が低迷し、木材生産を生業とする林業がもはや産業として立ちいかなくなるにおよんで、実学としての"林学"への社会の期待や要求も急速に薄れていった。このような状況の中で研究機関や大学は、木材生産を第一義的に考える実学としての"林学"から、より科学的知見を求める"森林科学"へと急速に傾斜していったのである。しかしそれは、偏狭な木材生産偏重の資源管理から抽象的な環境管理への、一方的なシフトに過ぎなかったのではないだろうか。

　日本の林学は、ドイツの国有財産を管理・経営する官房学を色濃く反映した「収穫の保続」「財産（資源）維持」を一大原則とする実学体系である。戦後の復興とそれに引き続く高度経済成長の中で、増大する木材需要に応えるべく、木材生産の増強を目的とする各種施業、個別技術の開発や試験、その中で培われた知見を軸に発展してきた。そこを一貫するものは、土地産業としての林業とそれを支える技術体系である。しかし、こうして発展してき

た林学は、一見、科学的、客観的な立場で森林の管理・経営を支えてきたようでその実、森林を木材生産の場としてのみとらえ、その他の資源、生態学的機能については付属的な存在としか認めないという偏った視点を持っていた。その一方で、「木材生産のための適切な森林経営を行うことは、森林の持つ公益的機能の発揮につながる」といった予定調和論を無批判に取り入れ、これがやがて自然環境を大きく改変し、環境負荷をもたらす略奪的な林業の横行を許す下地となっていった。1960年代、70年代を通じて行われた「拡大造林政策」とそれに連動する技術開発は、林学がその時々の状況に迎合した結果であり、林学の持つ官房学的性格、すなわち、国家政策を無批判に推進するという悪い側面が端的に現れたものと言えるかもしれない。こうした林学の実践は、結局は豊かな自然環境も、適正な林業経営（国産材時代）も、もたらしはしなかった。

　知床半島の天然林伐採や、大規模林業圏開発林道（いわゆるスーパー林道）の1つである白神山地の青秋林道の開設などに反対する自然保護運動を前にして有効な提案を示せなかったことも、林学が現実対応能力の欠いた学問になってしまっていることを露呈した瞬間であった。森林を第一義的に木材生産の場と考える林学には、森林を生態系として捉え、その価値を評価する考え方は希薄であった。その結果、林業活動が引き起こす人為攪乱が、生態系およびそれを構成する生物相にどれほどの影響を及ぼすかということについての想像力や科学的な知見・知識を、十分に持ち合わせていなかったのだ。天然林を「老齢過熟林」と認識し、その若返りを図る伐採と更新は森林の機能向上にも役立つといった、稚拙で乱暴な議論が横行したのはその典型である。こうした非科学的論理は、林学を急速に色あせさせ、市民の信頼を失わせていった。さらには、若い世代の林学離れを加速させる要因にもなったように思われる。

　70年代に入ると、森林の生態学的な研究の進展の影響を受けて、林学を

学ぶものの中からも、生態学的な研究への傾斜が見られるようになった。それは、実学、応用科学としての林学の後退に拍車をかけた。折りしも、外材の大量流入の中で国内林業は低迷し、産業としての自立的な経営が困難な状況に陥るとともに、森林の役割は木材生産から環境保全的な管理へとシフトしていった。そして林学は終焉を迎える。

　しかし、本当にこれでよいのだろうか。私たちは、この状況、応用科学としての「林学」の放棄に容易に同意することができない。単なる郷愁からではない。森林が木材をはじめとした生物資源の生産の場である必要性は今後も続くだろう。そして森林管理・林業経営の基礎をなす学問体系として機能してきた歴史がある林学には、今まさに森林管理・経営の再構築のための試験・研究が求められているからである。そうした意味で、林学の放棄は、取り返しのつかない選択になりかねないのである。

　とりわけ、地球環境問題が深刻化する中、国内木材需要の約80％を国外資源に頼り、世界の木材流通量の20％を消費する日本は、世界の森林の保護・保全、持続的な森林管理に極めて重大な責任を負っている。世界の木材資源が不足している以上、海外における違法伐採や略奪的な林業を改善するよう尽力するにとどまらず、国内林業を発展させることにより自前の森林資源を育成し、効率的な利活用を図る体制を整えることが必要である。そのための学問としても、「林学」の再生・発展が必要ではないだろうか。むろん、これからの「林学」は、かつてのように木材生産のみを追及し、森林の持つその他の機能を無視するものであってはならない。人工林経営であっても、森林生態系としての科学的理解を基本にするべきである。生態学的理解にもとづいた森林の経営・管理を目指す林学の再構築が強く求められているのである。

　ここで、本著が生み出される母体となった森林施業研究会について、紹介しておきたい。きっかけは、1990年代、「林学会のあり方」論議が盛ん

に行われていた時期の日本林学会大会（第116回・北海道大学）であった。その時の「造林」の分科会は、屋根裏部屋のような狭い会場に数えるほどの参加者という惨状であった。それに対し「生態」の分科会は、大会場がほぼ埋まる盛況であった。この時、感じた不安と危機感とは、こうした学問（純粋科学）へのひたむきさが、一方で、林学の原点である森林資源の持続的経営・管理（木材資源のみならず、広い意味での森林資源とその保続）のための学問や、その寄って立つ生産・管理の現場からの乖離につながりかねないということであった。それは、人とのかかわりを重視した森林観＝「保全し、利用し・再生・維持する」の喪失でもある。学会後、私たちは、アイヌ民族の聖地の1つである平取町二風谷地区を訪ねる旅の途上、森林施業研究会の立ち上げを話し合ったのである。

　立ち上げは、当時、東京大学農学部附属演習林の教授であった渡邊定元氏に、研究会の代表を依頼することから始まった。それは、氏が森林管理・経営の現場のための実践的な林学の提唱者であったからである。こうして森林施業研究会は恐る恐る出発したが、翌年、筑波大学で行われた日本林学会で開かれた第1回のシンポジウムには、予想をはるかに超える多数の参加者を得ることができた。その後も、施業研究をテーマに開催している毎年のシンポジウムには、毎回100名を越える参加者があり、森林・林業が直面する重要課題について活発な討議が繰り広げられてきた。さらに1998年からは、森林施業の現場を見ながら施業のあり方を検討するために、現地検討会（合宿）を実施している。

　当初、研究会は3年程度、学会内で問題提起し解散するものと考えていて、決して恒久的かつ発展的な組織を目指したものではなかった。その後も現在に至るまで、森林施業研究会は周縁から林学原理主義的な狼煙（のろし）を上げてきたに過ぎないのかもしれない。とはいえ、この間私たち森林施業研究会が、林学が衰退する状況の中で、一定の役割を果たしてきたことは事

実であろう。特に若い研究者や行政に携わる人たちが林業や森林管理に興味を示し、そこに将来への道筋を見出そうとしているのを見るにつけ、その確信を強めている。星火燎原（小さな火花も荒野を焼き尽くす）という言葉があるが、その役割を果たすことができればと思う。

　本著は森林施業研究会 10 年の活動の中間総括である。同時に、東京大学、三重大学、立正大学と長きに渡って教鞭をとられてきた渡邊定元氏が昨年退職され、同時に施業研究会の代表を退かれたことの記念でもある。本著は、その骨格として、渡邊定元氏による林学の思想・理論を収めている。そのほかにも、過去 10 年間の森林施業研究会の活動（シンポジウム、現地検討会）の中で行われた発表や議論などを下敷きに、多数の人々に執筆いただいた。

　各論文の内容や形式は執筆者に任されており、理論や思想としても必ずしも統一されてはいない。1 つの思想や理論によって貫かれた "施業研究" の集大成ではなく、あくまでも個々人の "森林施業" に対する主張を集めたものである。したがって、執筆者の間で重複する部分や相矛盾する部分も含まれているであろうが、後は読者の判断に任せたいと考えている。本著としては、統一した見解や正義を示そうという意図はない。各文のそれぞれの議論に、共感あるいは批判する過程を通して、読者が森林施業について思考する触媒になればよいと考えている。本著の多くは、より実践的な理論や技術を提起しているが、森林管理・林業現場からみれば現実的ではない議論も多いだろう。また、研究者からみれば、科学的な根拠に乏しいという批判もあろう。しかし、今日の日本における森林管理や林業経営を考える上で、示唆に富むものが多いものと確信している。

2007 年 3 月

　　　　　　　　　　　著者を代表して
　　　　　　　　　　　森林施業研究会代表　鈴木　和次郎

目　次

刊行に寄せて ……………………………………………桜井尚武… 3
はじめに ………………………………………………鈴木和次郎… 7

総　論　持続可能な森林経営・管理とは何か ……………渡邊定元… 21
　1．リオデジャネイロ宣言・森林原則声明・アジェンダ21を読む… 23
　2．モントリオール・プロセス ……………………………………… 26
　3．持続可能な森林経営の基礎概念 ………………………………… 28
　4．環境問答 …………………………………………………………… 32
　5．持続可能な森林の管理・経営 …………………………………… 38

第I章　持続可能な森林経営・管理の基礎理論 …………………… 47
第1節　生態系管理 ……………………………………大住克博… 49
　1．森林管理と生態学 ………………………………………………… 49
　2．森林の生態系管理とは …………………………………………… 51
　3．生態系管理に必要な施業とは …………………………………… 53
　4．なぜ生態系管理が必要なのか …………………………………… 55
　5．望まれる森林の姿 ………………………………………………… 58
第2節　機能区分と適正配置 ……………………伊藤　哲・光田　靖… 62
　1．機能区分の重要性と問題点 ……………………………………… 62
　2．森林の構造と機能 ………………………………………………… 62
　3．評価したいのは機能？　効果？　価値？ ……………………… 64
　4．目的と手段の逆転 ………………………………………………… 66
　5．森林の機能に対する過度の期待 ………………………………… 66

6．機能評価と意志決定 ……………………………………… 67
　　7．脱機能論：林業の原点に立ち返る立地区分 ……………… 67
　　8．立地区分からゾーニングへ──スケール整理とレベル設定 …… 69
　第3節　集水域管理 ………………………………… 鈴木和次郎… 72
　　1．生態系管理の最小単位としての集水域 …………………… 72
　　2．集水域生態系のスケールと構造 …………………………… 73
　　3．集水域の施業管理区分 ……………………………………… 75
　　4．どのように施業管理区分を行うのか？ …………………… 78
　　5．地形解析に基づく施業管理区分 …………………………… 79
　　6．集水域管理の基本 …………………………………………… 82
　　7．集水域管理において配慮すべきこと ……………………… 85
　第4節　林分施業 …………………………………… 鈴木和次郎… 88
　　1．林分施業とは何か？ ………………………………………… 88
　　2．長伐期施業 …………………………………………………… 90
　　3．複層林施業 …………………………………………………… 93
　　4．混交林施業 …………………………………………………… 97
　第5節　天然更新施業 ………………………………… 正木　隆… 101
　　1．今、東北のブナ林は ………………………………………… 101
　　2．天然更新を定義する ………………………………………… 102
　　3．実生はどうすれば成立するのか？ ………………………… 104
　　4．実生がたくさん成立すれば安心か？ ……………………… 106
　　5．伐った後の自然任せは是か否か …………………………… 108
　　6．天然更新を「期待」する愚 ………………………………… 109
　　7．技術開発研究を定義する …………………………………… 110
　　8．学ぶべき自然がある ………………………………………… 112
　　9．今、必要な研究は …………………………………………… 114

第6節　遺伝的多様性の保全 …………………………………金指あや子…*117*
　　はじめに ……………………………………………………………………*117*
　　１．遺伝資源確保のための遺伝的多様性の保全 ……………………*117*
　　２．林木の遺伝的多様性… …………………………………………*119*
　　３．地域集団の重要性 ……………………………………………*121*
　　４．森林管理における遺伝的多様性の保全と問題点 ………………*123*
　　おわりに ……………………………………………………………………*127*

第7節　種多様性の保全　―種数が多ければすばらしい森林か？―
　　　　　　　　　　　　　　　　　　　　　　　…………長池卓男…*130*
　　はじめに ……………………………………………………………………*130*
　　１．日本海側多雪地帯のブナ林における植物の種多様性 …………*132*
　　２．山梨県のカラマツ人工林における植物種多様性 ………………*134*
　　おわりに ……………………………………………………………………*135*

第2章　持続可能な森林管理のための個別施業 ……………………………*139*
第1節　長伐期施業 ……………………………………………澤田智志…*141*
　　はじめに ……………………………………………………………………*141*
　　１．高齢林とその生育環境 ……………………………………………*142*
　　２．高齢林と気象害 ……………………………………………………*144*
　　３．高齢化に伴う人工林の成長 ………………………………………*145*
　　４．高齢木の成長 ………………………………………………………*151*
　　５．生態学の理論の見直しと高齢林の成長 …………………………*152*
第2節　複層林施業 ……………………………………………竹内郁雄…*157*
　　はじめに ……………………………………………………………………*157*
　　１．複層林の上木 ………………………………………………………*157*
　　２．複層林の下木 ………………………………………………………*160*

3．今後の複層林施業 …………………………………………… *164*
第3節　混交林施業 ……………………………………… 長谷川幹夫… *166*
　　1．混交林はどこにでもある ………………………………… *166*
　　2．事例からみた混交林 ……………………………………… *169*
　　3．これからの混交林施業 …………………………………… *173*
第4節　帯状・群状伐採方式の類型 ……………………… 溝上展也… *176*
　　はじめに ……………………………………………………… *176*
　　1．帯状・群状伐採方式の類型基準 ………………………… *177*
　　2．帯状・群状伐採方式の事例 ……………………………… *180*
　　おわりに ……………………………………………………… *185*
第5節　モザイク林施業 ………………………… 石神智生・鈴木和次郎… *188*
　　はじめに ……………………………………………………… *188*
　　1．長期育成循環施業とは …………………………………… *188*
　　2．複層林施業から長期育成循環施業（モザイク林施業）へ ……… *189*
　　3．施業設計の変更・モザイク化 …………………………… *189*
　　4．伐採、更新の計画 ………………………………………… *190*
　　5．路網整備計画 ……………………………………………… *191*
　　6．これまでの施業の実施結果 ……………………………… *192*
　　7．期待される機能・140年後以降の姿 …………………… *194*
第6節　針葉樹の天然下種更新 …………………… 豊田信行・石川　実… *197*
　　1．研究の目的 ………………………………………………… *197*
　　2．国内でのヒノキ天然更新の事例 ………………………… *198*
　　3．愛媛県のヒノキ天然下種更新の事例 …………………… *199*
　　4．間伐時の問題点 …………………………………………… *203*
　　5．まとめ ……………………………………………………… *204*
第7節　多様性を生み出す森林施業（広葉樹） …………… 佐藤　創… *206*

はじめに ……………………………………………………………… 206
　　1．試験方法 …………………………………………………………… 207
　　2．試験結果 …………………………………………………………… 208
　　3．多様な樹種の更新のために ……………………………………… 212
　第8節　多様性を生み出す森林施業（針葉樹人工林）……谷口真吾…215
　　はじめに ……………………………………………………………… 215
　　1．植物の種多様性を生み出す針葉樹人工林施業 ………………… 217
　　2．針葉樹人工林の林業経営上の問題点と望ましい森林施業の方向性
　　　　…………………………………………………………………… 225
　第9節　立枯れ木・倒木管理 ……………………………大場孝裕…229
　　1．森林の多面的機能と人工林に足りないもの …………………… 229
　　2．立枯れ木の必要性 ………………………………………………… 231
　　3．倒木の必要性 ……………………………………………………… 232
　　4．人工林の高齢大径化と野生鳥獣 ………………………………… 233
　　5．立枯れ木・倒木の管理 …………………………………………… 236
　第10節　広葉樹二次林施業 ………………………………横井秀一…240
　　1．日本の天然林の多くが広葉樹二次林 …………………………… 240
　　2．広葉樹材は「量の時代」から「質の時代」に ………………… 241
　　3．これからの広葉樹の伐採・利用は二次林が主 ………………… 242
　　4．木材生産に使える二次林、使えない二次林、使わない二次林 … 243
　　5．これからの広葉樹材生産にはきちんとした施業が必要 ……… 244
　　6．広葉樹二次林施業の進め方 ……………………………………… 247

第3章　森林の保全・修復・再生技術 ……………………………… 251
　第1節　森林生態系（保護林）の保全 …………………渡邊定元…253
　　1．保護林制度の概要 ………………………………………………… 253

2．自然保護の概念 ……………………………………………… *255*
　　3．保護林の管理技術 …………………………………………… *256*
　　4．持続可能な経済林における稀少種や生息環境の保全 ……… *257*
　　5．森林の保全・修復・再生と法制度 ………………………… *260*

第2節　野生動物の保護 ……………………………………石田　健…*262*
　はじめに ………………………………………………………………… *262*
　　1．森林と野生動物 ……………………………………………… *262*
　　2．野生動物とヒトとの関係 …………………………………… *264*
　　3．ツキノワグマの保護対策 …………………………………… *266*
　　4．より具体的な野生動物管理をめざして …………………… *269*

第3節　ニホンジカの採食圧下における自然植生の保護 …田村　淳…*272*
　はじめに ………………………………………………………………… *272*
　　1．植生回復の取り組み ………………………………………… *273*
　　2．今後の自然植生の保護に向けて …………………………… *279*

第4節　絶滅危惧の希少樹種とその保全 ………………金指あや子…*283*
　　1．日本における絶滅危惧種の現状 …………………………… *283*
　　2．絶滅危惧木本植物の現状と減少要因 ……………………… *284*
　　3．希少樹種の現状と保全 ……………………………………… *285*
　おわりに ………………………………………………………………… *290*

第5節　景観の保全と創造 ………………………奥　敬一・深町加津枝…*293*
　　1．森林風景計畫 ………………………………………………… *293*
　　2．風致施業の登場 ……………………………………………… *294*
　　3．「見せる風致施業」がたどった道 ………………………… *295*
　　4．結びにかえて ………………………………………………… *300*

第6節　自然林再生のあり方 …………………………………鎌田磨人…*301*
　はじめに ………………………………………………………………… *301*

1．自然林再生に向けた計画の策定過程 ……………………303
　　2．植栽実施上の問題点 ………………………………………310
　　おわりに──森づくりから地域づくりへ ……………………315
　第7節　不成績造林地の修復 …………………………小谷二郎…320
　　1．不成績造林地の発生──造林適地基準の甘さ ……………320
　　2．不成績造林地が注目された原因──多数の広葉樹の侵入 …323
　　3．広葉樹の侵入様式──地拵え・下刈り・除伐の影響 ……324
　　4．不成績造林地の林相改良──元の植生への回復 …………327
　　5．不成績造林地の将来──様々なスケールからの可能性 …328
　第8節　水辺林の保全・再生 …………………………長坂　有…332
　　はじめに ………………………………………………………332
　　1．水辺林の保全・再生の目的、手法 …………………………332
　　2．見本林の保全 ………………………………………………333
　　3．再生作業の実践 ……………………………………………334
　　4．水辺林空間を確保する重要性──撹乱の許容、氾濫原の保全 …337
　第9節　流域保全のための森林整備 …………………小山泰弘…340
　　1．脱ダム宣言 …………………………………………………340
　　2．ダムに代わる森林整備 ……………………………………340
　　3．ダム上流域の森林が持つ役割 ……………………………341
　　4．水を一時的に蓄える森林土壌 ……………………………342
　　5．壊れにくい森林の提案 ……………………………………342
　　6．壊れにくい森林とは ………………………………………343
　　7．カラマツ林に在来の広葉樹は生育しているのか …………343
　　8．壊れにくい森林整備のために ……………………………345

第4章　推進のためのプログラム ……………………………………347

第1節　水源林の経験から学ぶ森林経営（施業）計画 …… 泉　桂子…349
　1．森林施業研究における「水源林」の今日的意義 …………………349
　2．水源林における水源涵養上望ましい森林像の変化 ………………351
　3．水源林の独自性に基づく経営計画の重要性 ………………………352
　4．現在の水源林における森林施業上の課題 …………………………354
　おわりに ……………………………………………………………………356
第2節　資源循環利用と森林管理 ……………………………大住克博…359
　1．資源循環利用とは？ …………………………………………………359
　2．一般社会の問題として何が議論されているか？ …………………361
　3．資源循環利用は森林管理とどうかかわるのか？ …………………363
　4．地域における循環の仕組みをどう実現していくか？ ……………366
第3節　NGO、NPOの役割 …………………………………渡邊定元…369
　1．これまで果たしてきたNGO・NPOの役割 ………………………369
　2．自然環境・原生林・生物多様性の保全とNGO・NPO …………371
　3．森林の修復・再生とNGO・NPO …………………………………373
　4．NPO法人富士山自然の森づくりの事例 …………………………374
　5．持続可能な森林経営へのNGO・NPOの役割 ……………………375
第4節　森林施業の史的考察と今日的課題 …………………谷本丈夫…378
　1．森林施業教育の意義と課題 …………………………………………378
　2．森林施業の歴史概観 …………………………………………………379
　3．林業基盤の再生、整備を目指した森づくり ………………………386

それでも林業をする理由―あとがきに代えて―　………大住克博…388

執筆者一覧 ……………………………………………………………………395

総　論
持続可能な森林経営・管理とは何か

渡邊　定元

1. リオデジャネイロ宣言・森林原則声明・アジェンダ21を読む

(1) リオデジャネイロ宣言

　1世紀先の、22世紀を見通した持続的に管理された森林のあり方を探るため、現代に生きる私たちは、現在と、100年先の将来、さらにそこに至る過程におけるすべての時代において、その時々の人々から常に理解され、かつ支持される森林の取り扱い技術と、その技術を支える森林に対する考え方（哲学、思想・倫理観）をもった技術体系を模索しなければならない。そこで、改めて持続的森林管理の基礎となっている、1992年6月にブラジルで開催された「環境と開発に関する国連会議（UNCED）」において決議された、①「環境と開発に関するリオデジャネイロ宣言（The Rio Declaration on Environment and Development、以下「リオ宣言」という）」における森林とのかかわりのある部分と、②「すべての種類の森林の経営、保全及び持続可能な開発に関する世界的合意のための法的拘束力のない権威ある原則声明（以下「森林原則声明」という）」と、③21世紀に向けての環境と開発に関する行動計画である「アジェンダ21（森林減少への挑戦）」とを正しく理解しておく必要があろう。

　そして、森林を科学し技術する立場からUNCEDのリオ宣言をみると、次の3原則がある。すなわち、

　　第1原則：人類は、持続可能な開発の関心の中心にある。人類は、自然と調和しつつ健康で生産的な生活をおくる権利がある。

　　第7原則：各国は、地球の生態系の健全性及び完全性を保全、保護及び修復する地球的規模のパートナーシップの精神に則り、協力しなければならない。（中略）先進諸国は、彼らの社会が地球環境へかけている圧力及び彼らの支配している技術及び財源の観点から、持続可能な開発の国際的な追求において有している義務を認識する。

第9原則：各国は、科学的、技術的な知見の交換を通じた科学的な理解を改善させ、そして新しくかつ革新的なのものを含む技術の開発、適用、普及及び転移を強化することにより、持続可能な開発のための各国内の対応能力の強化のために協力すべきである。

以上、リオ宣言は、人類は、自然と調和しつつ健康で生産的な生活をおくる権利を護るために、各国は、協力して地球生態系の健全性及び完全性を保全、保護及び修復し、特に先進諸国は、地球環境への影響力や技術・財源の観点から、持続可能な開発の国際的な取り組みに義務を有し、また、各国は、科学・技術の交流を通じて技術の開発、転移などを強力に推し進めて、持続可能な開発のための各国内の対応能力の強化のために協力すべきである、と要約される。

(2) 森林原則声明

森林原則声明は、UNCEDにおいて世界中のすべての森林に関する原理・原則を定めた初めての文書であり、世界183ヵ国が参加しコンセンサスをもって採択されたものである。森林は環境と開発に係るすべての領域にかかわりのある問題であることから、森林の経営・保全・持続的開発の達成に貢献し、森林の多様かつ補完的な機能および利用を助けることを目的としている。そして、科学技術の立場からみた意義については、①森林は人類のニーズを充足させる資源と環境的価値を供給し、かつ経済発展およびすべての生命にとってかけがえのないものであること、②生物多様性の宝庫、エネルギー源、雇用の創出など、森林の多面的機能を発揮させうるために、森林の保全・持続的経営を達成する努力が重要であること、また、③森林の財・サービスの経済的・非経済的価値、および環境的費用・便益の評価を取り入れた森林経営の確立、評価手法の開発・改善の促進を図ること、また、④緑化については、すべての国の努力義務とし、とりわけ先進国の世界緑化に果たす役割を明記している。

(3) アジェンダ21

アジェンダ21では、森林問題は、「森林減少対策（第11章）」として取り上げられ、森林原則声明をうけた行動計画として位置づけられている。その内容は、①すべての種類の森林の保全、持続的経営および持続的開発を確保することを目的として、②行動の基礎、目的、行動および実施手段を明らかにするとともに、③各計画の行動に関連する情報の収集・整備の必要性、および国際社会による技術協力等の協力の必要性、並びにFAO、ITTO、UNEP等の関連国際機関の強化と協力にも言及している。そして、「すべてのタイプの森林の経営、保全および持続可能な開発のための科学的に信頼できる基準および指標を策定すること」をうたい、持続可能な森林経営の基準・指標の策定を義務づけている。この義務づけは、ITTOの基準（熱帯林加盟国）、ヘルシンキ・プロセス（欧州の温帯林・北方林）、モントリオールプロセス（非欧州の温帯林・北方林）など国際的なガイドラインを策定する根拠となっている。

(4) リオ宣言・森林原則声明・アジェンダ21のキーワード

森林を科学する立場からみた、リオ宣言・森林原則声明・アジェンダ21のキーワードは、①森林生態系の保全・保護・修復、②持続的森林経営の基準と指標、③科学技術の開発・適用・普及および転移、④森林減少対策としての森づくり、⑤経済・科学技術の国際協調に要約される。UNCEDは環境と開発との調和を目的としているので、5つのキーワードを環境と開発のオブラトー（衣ころも）で包んで味わうと、私たちが取り組むべき科学・技術する方向が明確化してくる。これらの5つのキーワードは、互いに関連しあいつつ環境と開発との調和を図ろうとするものである。すなわち、森林生態系の保全・保護・修復とは、健全な生物多様性が保たれる自然を実現することによって環境と開発との調和を図ろうとするもので、UNCEDの原点というべきものである。これは、生物にとってより良い生態系こそ、人類にとっ

ての住みよい環境であるとの考えに基づくものである。そして、私たち人類は持続的森林経営の基準と指標を明確化し、森づくりなど森林内容の充実を図る具体策を実現するための科学技術の開発・普及・転移を、国際協調のもとで行おうとするものである。

2. モントリオール・プロセス

（1）持続的な森林を科学し技術する規範——モントリオール・プロセス

　持続可能な森林経営とは、ヨーロッパの基準・指標であるヘルシンキ・プロセスにおいては「森林および林地が、現在および将来にわたり、地域、国および地球的なレベルでその生態的、経済的および社会的役割を果たしていくため、その生物の多様性、生産力、更新能力、活力および潜在能力を維持していけるような、また、他の生態系にダメージをひき起こすことのないような方法と程度での森林の管理と利用」と定義している。

　日本を含む非欧州の温帯林・北方林の持続可能な森林経営の基準・指標、ガイドラインであるモントリオール・プロセスは、アジェンダ21をうけて、1993年9月、モントリオールで開催された「温帯林等の持続的可能な開発に関する専門家セミナー」の「基準・指標についての分科会」の討議に始まり、1995年2月サンチャゴで開催された第6回会合で、日本、米国、中国、韓国、カナダ、ロシア、オーストラリア、ニュージーランド、チリ、メキシコの関係10ヵ国間（その後アルゼンチン、ウルグアイが参加し12カ国）で合意されたものである。モントリオール・プロセスは、7つの基準と67の指標よりなっている。7つの基準は、「①生物多様性の保全、②森林生態系の生産力の維持、③森林生態系の健全性と活力の維持、④土壌および水資源の保全と維持、⑤地球的炭素循環への森林の寄与の維持、⑥社会のニーズに対応した長期的・多面的な社会経済的な便益の維持および増進、⑦森林の保全と持続可能な経営のための法的、制度的および経済的な枠組み」であっ

て、私たちが21世紀には到達していなければならない森林・林業の基準が示されており、私たちが森林を科学し、技術する規範となるものである。また、基準・指標は持続可能な森林のあるべき姿を規定しているので、持続可能な森林への達成度を示すチェックリストの性格を持っている。これを実効あるものにするか、単にチェックリストに止めるかは、参加各国の取り組み方にかかっている。

(2) 日本の森林政策とモントリオール・プロセス

2001年、日本政府は、ますます多様化、高度化する国民の森林への関心や期待に応え、また、UNCEDの森林の原則声明やモントリオール・プロセスなどをうけ、1964年制定の林業基本法を森林・林業基本法として名実ともに改正し、森林の多面的機能の持続的発揮を図ることを目的とする政策に転換した。このような一応の森林・林業施策の整備を図ったものの、木材価格の下落のなかで、新基本法林政にそって個々の森林の経営・管理に取り組む体制は未だできあがっていない。チェックリストは整備されたが、持続可能な森林を整備する流域や地域単位で具体的な施策の展開がなされていない。適正な森林施業を推進する立場からみると、行政と森林・林業の現場が乖離して、不採算林や放置林が拡大するなかにあって、林業者や森林所有者は為すすべを失ったかの感さえある。行政が担い手として育成してきた森林組合は、森づくりのための補助金や公社・公団の事業に依存してきたため、補助対象森林の減少に伴って経営体質が悪化し、持続可能な森林経営の担い手として機能しなくなってきた。改正基本法・森林法の公益機能重視を受けて縮小しつつある補助金の削減に、多くの森林組合は自力更正の方途を失った感さえある。モントリオール・プロセスで示している長期かつ多面的な社会経済的な便益の維持および増進や、法的、制度的、経済的な枠組みとはなにかを明確化せずに、国・県・市町村・森林組合が思い悩んでいるのが現状である。

前述した基準の第6と第7は、基準の第1～第5を支える行政の姿勢や方途を義務づけたものであるといってよい。また、これらは持続的森林経営を行うための社会・経済的立場からの基準であって、森林の公益性と経済性との相互関係、すなわち直接・間接を問わず公益機能の受益者と森林所有者・林業者との間の利害関係を明確化し、対処すべき指標・基準なのである。国民の森林に対する関心がこれまでになく高まるなかで、公益機能重視の林政を推進しようとしているのが国や県の立場であるから、行政や試験研究機関の現場は、ニーズに即した技術開発研究を行い、適切な森林への投資のあり方を模索し、森林組合をはじめ森林・林業の担い手を育成する方途を示さなければならない。そして基準の第1～第5を実効あるものとするため、基準の意味するものと、持続的森林のあるべき立場からみた社会・経済、国や県の行政姿勢のもつさまざまな矛盾を質(ただ)して、科学技術を推進することが私たちの課題である。

3．持続可能な森林経営の基礎概念

(1) 持続可能な森林経営の主体とは

　UNCEDの開かれた会議の基底には、よりよい経済社会を築くために環境の調和を図りつつ持続的に開発を押し進めようとする人類の願望がある。よって、持続可能な森林経営の基底にも人間中心主義が根づいていることを正しく理解しておかなければならない。ここで、持続可能な森林の各種機能についての主体を整理する。

　森林のもつ公益的な効用や多目的利用の概念の主体は、ヒトまたはヒトの集団であることが殆どで、森林生態系を構成する生物を主体とする場合は稀といってよい。そこで、ある特定の地域の森林に焦点を当ててヒトにとっての多目的な公益的利用をとらえると、地域のヒトに直接恵沢をもたらすもの(受益が特定される公益的機能)と、ヒトの社会全体に恵沢をもたらすもの

(受益が不特定な公益的機能)に区分できる。さらに前者は、特定の対象が小集団のものから流域全体の集団にわたるものまである。前者の代表的な事例は防風林や水資源で、後者は炭素の固定や空気の浄化作用であろう。これら公益的機能のうちで法的に規定されているものは、保安林制度など受益が特定されたものである。

ところが、モントリオール・プロセスの基準第1の生物多様性は、生物を主体としたものであるし、また、基準第5の炭素循環への森林の寄与は、受益が不特定な公益的機能である。これらは、健全な地球環境を創出する森林の持続的経営にとって不可欠なものである。

(2) 生物多様性の主体

生物多様性の用語は、Wilson and Peter (1988) が、ヒトの強い干渉のもとで野生生物の全般がおかれた危機的な状況を社会に訴えるために創った用語である。1992年のUNCEDにおいて国連環境計画(UNEP)の主導のもとで締結された「生物学的多様性保護条約」(生物多様性条約)を成功に導くために提起された新しい言葉であると理解してよい。生物多様性条約では「すべての生物(陸上生態系、海洋その他の水界生態系、これらが複合した生態系そのほかの生息または生育の場のいかんを問わない)の間の変異性をいうものとし、種内の多様性、種間の多様性および生態系の多様性を含む」と定義されている。

この定義に従うならば、持続的な森林経営を確立するうえで最も大切な概念である生物多様性の主体を生物としており、生命の豊かな健全な自然環境があってはじめてヒトやヒトの社会の安全が図られるとの立場に立っている。この意味から、生物多様性は企画的な言葉であり、条約は人類にとってはじめての生物を主体としたものであると理解できる。

生物多様性は、遺伝子の多様性、種の多様性、生態系の多様性の豊かな自然と、そのヒエラルキーの大切さを、人間を中心として環境と開発をとらえ

る人々に対し理解させるのに役立ったが、一方、生物多様性の人間中心主義的な解釈は、生物多様性条約を締結するときから発生した。遺伝子の多様性や種の多様性を保った自然を持続することは、農業生産を発展させたり、新しい薬品の開発に役立つといったものである。また、生物多様性の概念のなかに景観の多様性を加えたものもある（Fielder and Jain 1992；Heywood、1995）。景観の多様性は、明らかにヒトを主体とした概念で、人間中心主義的な考えをもつ素人に生物多様性の大切さを理解させるためのものであるといってよい。森林美学、森林の景観施業、景観生態学に通ずるヒトのための公益的機能概念である。その生態系の多様性のうち、ヒトに利益をもたらす側面であるといって過言でない。しかしながら、これら新しいニーズに対して積極的な公的資金を投入しようとする法的な措置はこれまで整備されていない。特に経済林では、これら新しい公益機能への対策は、森林所有者や林業者の善意にまかせている感がある。公益機能重視の制度は充実したが、財政難などを理由に「自力で森林管理しなさい」と行政指導しているのが現場の実態といってよい。

(3) 保続と持続、管理か経営か

　森林経理学は、過放牧からの森林の保全、鉄・煉瓦需要の増大に伴う木材生産の維持、シカの適正管理などのニーズに基づき、領主が森林資源の保続を意図したことからヨーロッパにおいて18世紀に生まれた。日本でもスギなどの植林が奈良時代以前から行われてきたことが万葉集から読みとれる。これらはいずれも資源の保続を意図したものである。これに対し、持続の概念は、保続の概念を包含し、ヒトにとっても生物にとっても望ましい森林が、ストックとしても、またフローとしても維持されていくことを意味している。

　UNCEDなどで使用している「management」について、環境省は「管理」と訳し、林野庁は「経営」という用語をあてている。managementの用語の概念は、日本語の経営と管理の2つの概念を包含したもので、持つときは手、

歩くときは足といった意味合いがある。また、経営や管理には management とは違った概念をそれぞれが有しているといってよいだろう。今西錦司は生物に当てはまる英語がないことを嘆いていた。organism を個体とするか、生物とするか、有機体と理解するかは、文章のすじみちから適切に理解するしかない。母国語のもつ意味は、歴史的・文化的・宗教的な所産を背負っており、言葉の表す意味・深さ・幅に違いがあることを意識しなければならない。そこで、私たちは、持続的な経営や、持続的な管理の概念について、意図するものを適切に表現できるよう意識して使い分けすべきである。筆者は、経済性を有する森林を対象とするときには「持続的森林経営」を用い、保全を主たる目的としている森林には「持続的森林管理」を使用している。

（4）環境と開発を考える

　国の行政組織が削減・簡素化するなかにあって、環境省が創設されて以降、環境という言葉がひとり歩きしている。たしかに、環境省の創設を促した人間活動の影響は、地球上の隅々までいきわたっている。温暖化、オゾンホール、酸性雨などの現象は、人間活動の結果として生まれ、開発行為の集積は地球生態系を改変するまでになった。地球生態系にとって適切な人間活動を創造していくためには、環境に配慮した社会経済活動が余儀なくされている。地球の歴史をみると、地球上に生息する生命体は、何らかのかたちで地球生態系の改変にかかわってきた。鉄鉱石、石灰岩、石油、石炭、チャートなどの鉱石をはじめ、大気中の元素の組成は、過去の生物の生命活動の結果として生まれたものである。ここで注目しなければならないのは、陸上生態系にあって、生態系の変動の主導的役割を果たしてきたのは生産者である植物であった。ところが、地球温暖化ガス、NOx、SOxやダイオキシンなど人間の生態系への影響は、ヒトという消費者の活動によってもたらされたものである。これは、陸上生態系にとってはじめて経験した現象である。人類の歴史は、まず、食料を得るために大形動物を消滅させてきた。この結果、大

形動物と森林を構成する樹木の相互関係を変え、気づかぬままに森林生態系を改変してきた。産業革命の結果、19 〜 20 世紀になると、人類は地球上で生物活動の結果蓄積された石炭・石油・鉄鉱石などの資源を思うがまま消費してきた。そして築きあげた現代文明の負の遺産は、人類をはじめ多くの生物の生存をおびやかす地球生態系の出現をもたらしている。消費の極まった 21 世紀初頭の現在、わたしたちは開発と環境問題に直面しなければならなくなったのである。近代文明構築のため無秩序に開発を行ってきた現実を生態学的にみるならば、「陸上生態系は特異な変換点にたっている」と認識したい。

　生態学的にみて、人類の発展の歴史のなかで UNCED が開催された意義は、資源を浪費し開発してやまない消費者としてのヒトの本性を自ら反省し、自然との調和のとれた持続可能な開発を行おうすることにあると結論づけられる。そして、持続という言葉の裏には、環境と開発という現実問題が横たわっている。そこで、持続可能な開発を正しく理解するために、環境の概念について整理する。

4．環境問答

（1）月は環境か

　環境に興味を持ち環境を学ぼうとして大学に入学した学生に対し、筆者はこれまで講義に先立って「月は環境か、環境でないか」について質問を行ってきた。環境についてどれだけの知識と思索をしているのかを知るためである。月が環境であると答えた者はいつも少数で、環境でないとする者を下回り、また過半数の者が解らないと答える。そして、解らないとする者は一様に「そんなこと考えたこともない」という戸惑った顔をこちらに向ける。学生の顔は正直である。「月は環境であり、また環境でない」と答えると、みんな安心して、「なぜなの」という顔でその理由を催促する。「月のこうこう

と照る夜、恋人と語らって、気持ちが高まったときは、月は幸せに満ちたあなた方を演出してくれるのだから環境なんだ」、また「ある妊婦にとって月の満ち干が出産に影響を与えるならば、出産のときは妊婦にとって月に勝る環境はないだろう」と答えると、環境と答えた者はわが意を得たりと満面笑みを浮かべる。そして、環境でないと答えた者たちは「意識するしないにかかわらず、月が私たち個人の生活に影響を与えていないときには、環境でない。外界の一つにすぎない」と答えると、これは自分の主張と同じだとの顔つきになる。そこで、環境についての理解を深める一助として環境の概念についてまとめてみる。

(2) 環境を観る

　ア　環境とは

　環境（Environment、Umgebung、Umwelt）は、主体があって存在する概念である。このことをわきまえず、環境が主体であるかの発言をしている者があまりにも多い。また、多くの人々が胸にいだいている環境の主体がそれぞれ異なっているため、議論がかみ合わない場にたびたび接する。そこで、まず環境について定義する。「主体（たとえば生物、以下同じ）が存在している場、すなわち、ある主体（生物）に対するその外囲を、その主体（生物）の環境という」。したがって、主体（生物）を特定しない環境は、実体として把握できない。生物の環境という場合、主体としては個体ないしは個体の集団が意味されているのが普通である。生物の個体あるいは集団の環境は、それを取り巻く広義の自然全体にほかならず、その自然には人工物も不可分のものとして含まれる。

　イ　環境要因とは

　ふつうは主体に適当に近接した範囲が環境として意味されている。そこには、諸種の環境を構成する諸要素や状態量が認められ、これらは環境要因（factor）といわれる。諸種の環境要因の生物に対する働きは、それぞれ独

立的でなく、互いに関連し合っている場合が多い。

  環境要因→非生物的環境要因→◇物理的・化学的：光要因、温度要因、水分要因、酸素要因、炭酸ガス要因、土壌要因、塩分要因など

          ◇気候的 (climatic)・土壌的 (edaphic)

    →生物的環境要因→有機的なもの、生物の種間関係、相互作用

ウ　環境の認識

① 環境は単なる寄せ集めではなく、あくまでもそれらの総体として認識されるべきものとする見解もある。

② 環境（Umgebung）のあらゆる部分がすべて、主体である生物と等しくかかわり合いをもつとは限らない。

③ 環境要因を生物との関連性でいくつかの段階に区分する見解もある。その生物の生活に関与している部分に範囲・内容を限定して、それを環境（Umwelt；環境世界）とする立場がある。操作的環境（operational environment）とか、機能的環境（functional environment）という。

④ 環境（Umgebung）のなかで、その生物に対して直接的な重要性をもつ部分を取り出して、これを有効環境（effective environment）ということもある。

エ　環境要因と生物の反応

同じ環境要因の同じ条件に対しても、すべての生物が同じように反応するとは限らない。種により、場合によっては個体により環境の受け取り方が異なるとして、生物はそれぞれ別の主体的環境（subjective environment、Unwelt）をもつとする見方もある。

オ　主体的環境

主体的環境のみが環境であるとする考えがある。主体である生物の反応を

通して環境を知覚できるからである。その生物にとっての主体的環境としての状態は、その生物の反応量などを通してのみ評価される。そして、環境は、①環境認識の立場と②環境測定の立場で評価が分かれる。環境測定の立場から環境をとらえると、反応の測定技術水準によって環境が変動する。測定が不可能でも反応が大きい環境も存在する。

カ　主体と環境のとらえかた
① 生物と環境は厳しく対立する存在として位置づけられることも多い。
② 共に生態系という1つの系の側面をなすものとして、融合的にとらえようとする立場もある。

キ　主体は環境に従属か能動か
① 環境が生物に影響を及ぼし、生物はそれに規制され従属する存在とみる立場もある。
② 生物が環境の中で最適の条件を自ら選び適応して生活し続けることの能動性を強調する立場もある。

（3）生態学の立場：主体－環境系

　森の環境という用語から連想するのは、生態学の基本概念の1つである作用（action）、反作用（reaction）である。沼田真（1953）は、2つの言葉の意味を適切に表現する立場から、actionに対して環境作用、reactionに対して環境形成作用という用語を与えた。環境が生物に影響を与えるactionを「環境作用」とし、生物が生存している環境に影響を与え、環境を変えていくreactionを「環境形成作用」と表現したのである。生態系のなかで、生物とそれを取り巻く環境の相互作用を、素人でもわかりやすく理解できる用語である。

　環境は、その言葉だけではひとり立ちできない。生態学の分野では、主体と環境とは密接不可分の関係があるとしてとらえ、生態系を主体－環境系として認識している。森の環境は、樹木をはじめ森林を構成している多くの生

物を主体に据えてはじめて存在できる概念である。そして森林を構成する一種一種について、環境作用と環境形成作用のあることが理解できると、1つの森林群落のなかでさまざまな視点から森の環境が読めてくる。また、森全体を主体として環境との相互作用をとらえることもできて、環境作用を及ぼし続けているヒトの営為を評価することもできよう。さらに、文明を創造する過程で絶えず森林に影響を及ぼしてきた人類を主体としても森林環境をとらえることができる。このように、環境とは主体がなければ存在しない概念であるため、何を主体に何を基準に環境をとらえているのかをしっかりと見定めて森と接すると、森は秘密の扉を自然と開いてくれよう。

(4) 環境観

　どのような環境観をとるかは、生物観、自然観と離れては存在しえない。これは把える側の判断なのである。ここまでの記述は、生物を主体として環境について説明してきた。ただし、環境省の設置や一般市民が環境を考えるときの環境とは、人類が主体である。それは、日本国民であり、県民であり、市民であり、家族であり、自分である。多くの場合が、ヒトを主体として環境を判断している。

　1999年7月、環境アセスメント法が施行された。筆者は技術専門委員としてこの法律の制定を裏で支えてきたが、アセス法に規定している環境要素は、大気・水質・騒音など、ほとんどが人間活動によって生じた公害に相当するものである。生物を主体とした環境影響評価は、代替案の検討など応用課題が多く、また種の同定もおぼつかない分野や生活史の解明されていない分野が多々あり、生物相のすべての分野を評価できる体制は整っていない。こうした理由から、種・個体群をはじめ生態系の環境影響評価は十全でない。こうしたことから、些細なことに余計な投資を余儀なくされたり、逆に保全すべき対象を誤って消失させたりすることもありうる。自然環境の分野は、代替案をいかに検討するかがこれからの課題となろう。環境をとらえる

環境観が問われる時代である。

(5) 生物にとっての環境と開発

「持続可能な開発」という言葉の概念からみて、リオ宣言は人間中心主義、つまりヒトを主体として成り立っていると、とらえてよいだろう。そして環境という用語も、その大部分がヒトを主体として認識されたものである。したがって、UNCED は人類が賢く生きるための環境と開発とは何かを問う国際会議であり、持続可能な開発とは人類にとって有為な資源の持続、社会の安定を期するものだと理解するのがよい。森林原則声明は条約の締結を意図したものであったが、国家間の利害の対立の結果、声明のかたちで決着した。ヒトを主体とする環境と開発との調和が声明として妥協したのである。

ここで、皮相的ではあるが、生物を主体とした開発や環境の立場にたって、持続的開発の意義や体系を考えてみることにしよう。UNCED では、国連環境計画（UNEP）が推進した生物多様性条約が唯一生物を主体としたものといってよい。生物を主体とした環境と開発はヒトを主体としたものとはおよそ違ったものとなる。生物を主体とした環境を構築する開発とは何かが主題となるからである。そして、ヒトを主体とする森林経営のなかで、いかに生物を主体とする環境の最適化を図るかが科学技術の命題となる。

環境基本法をはじめ環境関連の法律のなかで、生物を主体とした環境をとりあげた施策は、原生自然環境保全地域に限定される。自然公園特別保護地区など他の施策では、生物を主体とした環境保全をうたってはいるものの、法制定の趣旨は国民の健康福祉の増進を図るものである。

生物を主体とした施策は、ヒトの開発行為を認めず、一切ヒトの行為を認めようとしない保存（preservation）を管理の中心に置いている。これは、生物主体の開発については「何もしない」ことを意味する。

モントリオール・プロセスにおける持続的な森林の管理では、生物多様性の維持を第一に掲げているが、これは森林の管理をヒトにとって必要な多

目的な利用とあわせて生物多様性を維持することを目的としている。生物にとって好ましい環境の実現のため、科学技術によって防御・保全・回復・修復・再生などの「開発行為」を行おうとするものである。以上、生物を主体としてみた環境の開発行為とは、森林生態系の隅々まで人間活動の影響が行き渡っている現在、保存・防御・保全・回復・再生など自然保護に必要な技術を持続的経営林のなかに展開することである。生物多様性の図れるモザイク施業、間伐法や土地利用のあり方などの開発技術が持続可能な森林で求められるゆえんである。

5．持続可能な森林の管理・経営

（1）公益性と経済性を両立できる持続的森林経営

　持続的森林経営を支えている森林所有者や林業者にとって、果実は木材やきのこなどの林産物である。木材価格が低迷し森林の再生産が困難となっているなかで、森林所有者や林業者に生物多様性の保全や地球温暖化防止への寄与を期待することはできない。不採算林は増大し、担い手不足のために放置された森林が拡大していくことは必定である。そこで、科学技術は林業者の立場にたって公益性を確保しつつ経済性を実現できる手法を提示し、行政は提示された新技術の定着のための森林管理マニュアルを作成しなければならない。

　最も望ましい持続的森林経営とは、個々の森林ごとに異なる公益的機能と経済的機能との間の相互矛盾を施業単位ごとに明確化し、適切な施業を行うことである。モントリオール・プロセスの日本の基準や指標のチェックリストを作成したからといって、何の役にもたたない。経済的な価値を生み、かつ公益機能を満たす現場に即した森林施業にかかる技術を確立し、それを林業の担い手に定着させる指導と助成が行政当局に求められている。二酸化炭素削減など受益の特定されない公益機能の確保のため、国民は公費を投入す

ることを支持し、国や県などの行政は森林を適切に管理しようとするのに必要な費用を負担する責務を負っているからである。

日本の人工林の多くは 40 年生に達し、経済性を確保できる林齢に達している。筆者は、経済的に自立できる森林づくりによって持続的経営林を造成する方途を研究してきた（渡邊、1995；Watanabe、1995）。山岳林の多い日本の森林において公益性と経済性を両立できる持続的森林経営は、路網から操作できる森林管理システムを構築することにある。防災水源涵養路網、ジグザグ路網、列状間伐、中層間伐、優良木作業級、長伐期モザイク施業などが、公益性と経済性を両立させる持続的森林経営のキーワードとなっている。

（2）持続的経営林

ア　森林の持続的経営と持続的経営林

持続的発展（sustainable development）は、1972 年にストックホルムで開催された国連人間環境会議で取り上げられた地球規模に達する深刻な環境破壊問題を解決するための「人間環境宣言」などを踏まえて、1987 年に環境と開発に関する世界委員会（WCED）が「持続可能な開発」の概念を提唱したのがはじまりである。そして、1989 年、環境問題を大きく取り上げたアルシュサミットを経て、国連総会で地球サミット（UNCED）の開催が決議される。1992 年のリオ宣言の主題である持続的発展は、このような経緯を経て世界のあらゆる民族、国家の共通認識となった。

持続的森林経営（sustainable forest management）は、UNCED の森林原則声明やアジェンダ 21 の主要な課題として提唱され、ヘルシンキ・プロセスやモントリオール・プロセスなど地球上の地域ブロック単位でその指標や基準の合意形成がなされてきた。だが、持続可能な森林経営の実施はそれぞれの国に任されているため、国家間、南北間の取り組みの違いは大きく、実効性には大きな課題が残されている。このように持続的森林経営は、その定

義や生まれたいきさつから、利害の異なる国家間や世代間の調整をいかに図るかが、政策や科学技術の課題となっている。そこで持続的森林経営をいかに現場に定着させるかの道筋を示す必要がある。持続的発展とか持続的森林経営がどうあるべきかを、地球規模で超長期の展望のなかでとらえ、地域ごとに最適な技術を個別に対応させることが肝要である。「Think globally, act locally」でものを考え、地域の実態にあった個別の対応を処していかなければならない。モントリオール・プロセスの基準や指標が合意されてから十数年が経とうとしている現在、技術先進国の日本は、基準や指標がどれだけ現場に定着しているのかを評価しておく必要がある。

筆者は1970年代より持続可能な経済林の経営について、北海道定山渓国有林や東京大学北海道演習林において事業的規模での実験を行い、持続的経営林（sustainable managed forest）の要件について明らかにしてきた。1993年、札幌市で行われたITTOシニアー・フォレスターのセミナーにおいて、「持続的経営林の要件」のテーマの下に、その技術体系についてはじめて紹介した。経済性を確保しつつ公益性を維持する、現場に定着できる森林施業のあり方を示したものである。

イ　持続的経営林の要件

21世紀以降の地球環境の管理にとって望ましい持続的経営林とは、高蓄積・高成長量・高収益・多目的利用・生物多様性の維持の要件を併せ有している森林である。

第1の要件は、高蓄積であることである。高蓄積の森林は、地球温暖化につながる炭酸ガスを、木材の形でストックしておくことができる。また、高蓄積でなければ、森林の構造上の多様性はなくなってしまう。よって、現時点における森林の資源価値を最大にしておくことができる。

第2の要件は、高成長量であることである。成長量の高い森林は、炭酸ガスを固定し地球温暖化の抑制の一端を担うことができる。また、高成長量で

あることは、循環資源としての森林の特徴が最大限に発揮されていることを意味し、用材や薪など木材の社会的需要を常に満たしてくれる。

　第3の要件は、高収益であることである。林業経営によって収益が確保できなければ、地球上の人々、特に先進工業国の人々の税金によって森林の造成や維持管理費用を負担していかなければならない。また、高収益性は地域に安定した就労機会をもたらし、地域経済の発展と生活水準の向上を約束する。また、安定した就労機会は、若い林業労働者を確保し、次世代の森林・林業の担い手を育てていくことを可能とする。

　第4の要件は、公益的機能を含む多目的利用が可能な森林であることである。森林から狩猟、釣り、山菜、果実の採集などによって食糧を得たり、薬を採集することができる。特に熱帯林においては、こうした食物に依存している人々が多数いるので、森林での食糧の採集は非常に重要である。また、水源涵養、土壌侵食防止、洪水緩和などの森林の公益的機能を維持していくことが大切である。さらに、森林はレクリエーション、教育などの機会を与えてくれる。

　第5の要件は、生物多様性を維持することである。これは、かけがえのない地球生態系における遺伝子資源の保全とともに、生物の存続にとって必須の要件である。

　この5つの要件のうち、第1、第2、第5の要件は森林の状態を捉えたものであり、第3の要件はヒトの経済の観点から森林を捉え、かつ伐採という森林の系の改変を前提にしたものである。また、第4の要件は森林のフローをヒトが社会的、経済的な恵沢を受ける視点から捉えたものである。5つの要件は互いに矛盾しあっている。どれかを大切にすると、他のいずれかがおろそかになる。高蓄積の森林の成長量は低く、また高い成長量の森林は蓄積が低いのが一般的である。さらに高収益の林業経営を行うと、森林からの過剰な資源の搾取を招きがちになり、その結果、低蓄積、低成長量の林になっ

てしまう。また、森林の多目的利用については、社会・経済の発展は無論のこと、森林をとりまくさまざまな状況次第によって、最適の森林は一様でなく、最適の状態は変動する。かならずしも、高蓄積、高成長量の林がよいとはかぎらない。さらに、経営林における経済性の追求と、公益機能を含む多目的利用との両立を実現することは困難であるとされている。また、第5の生物多様性の維持については、その他4つのすべての要件と矛盾している。

ウ　生物多様性の維持

　そこで最初に、第5の要件、生物多様性はどのようにすれば他の4つの要件との調和がとれるかについて明らかにしよう。原生自然環境保全地域や国立公園特別保護地区は、他の土地利用を排除することによって目的が達成できるが、持続的経営林の区域内においては、そうした制限を課することはできない。経営に際して、森林管理者の自主的な判断を待たねばならない。生物多様性を保つ1つの答は、持続的経営林の区域内の土地利用区分にある。経営林のなかで生物多様性を保っていくために必要な壊れやすい自然や、絶滅危惧種、貴重種の生息環境を、たとえ小面積でも保全区域として区分し、地域全体の森林のなかにモザイク状に配置させておくことである。

　筆者が1969年に定山渓国有林で行った、具体的な保全事例を紹介しよう。豊平川上流の奥定山渓国有林は、水源涵養機能のほか、国立公園特別地域としての森林景観の保全、鳥獣保護などの公益的機能を重視した経営林である。この地域の森林は、①公益性の確保・増進とあわせて、②高蓄積、③高成長量、④高収益の林業経営を確保し、さらに、⑤生物多様性の維持・保全を図ることが求められていた。こうした要件を満たす森林経営は、路網を基本とした択伐－人工補整の作業仕組によって達成できる。林道の開設は自然破壊であるとする反対意見や、高コストの択伐林よりも皆伐林が適当とする意見のなかでの経営実験であったが、定山渓営林署の職員や基幹作業員の支持によって、①〜④の要件を満たす経営林への転換を図った。また、⑤生

物多様性の完全な維持・保全は、基本的に①～④と矛盾していることから、森林経営を第一義とする一般の施業林分では実現できない。この矛盾を解決するためにとった理論的・技術的対応は、経営林区域のなかで、川岸などの弱い自然や、貴重植物の生育地、その他定山渓国有林にとって重要な天然林を、択伐林のなかにたとえ僅かの面積でも区画して保存したことである。現在、高密路網が張りめぐらされている択伐林のなかに、エゾマツ原生林、ダケカンバ原生林、漁入り（いざりいり）ハイデなど保護区域が点在している。それら保護区域は、存在することによって目的が達成される。こうした5つの要件を満たした森林経営は、数十年にわたり同じ経営理念をもって実践することによって、目的とする成果を得ることができる。

　奥定山渓国有林において生物多様性を維持するために採用したもう1つの手段は、笹生地の撹乱による天然更新補助作業とアカエゾマツ・トドマツなど主要更新樹種の植栽である。この作業は、上記①～④の要件とは矛盾しない。笹生地の撹乱の効果は、ヒロハノキハダ、ウダイカンバなど有用広葉樹をはじめ多くの低木類が埋土種子などから発生し、複層林化を促進させた。生態系の撹乱が生物多様性を高めたのである。撹乱は生物多様性を高めるとするのが、現在の最も有力な学説の1つとなっている。その地域に普遍的に生育している種の多様性は、撹乱によって高まる。

　森林の伐採は、生態系を撹乱する行為で、必ず系に影響を与える。その影響は、場合によってよいことも、悪いこともある。伐採が貴重動物によい影響を与えた事例を、東京大学北海道演習林におけるクマゲラの例から紹介しよう。北海道演習林におけるクマゲラの生息密度は世界一高いが、興味深いことに原生林よりも林分施業法を行っている第一作業級の営巣密度が高いのである。この主な原因は、高密度路網によって林冠が疎開された空間ができて見通しがよく、直径40cm以上の2～3°傾いた通直のトドマツが生えている森林にクマゲラは営巣するからである。

天然林に限らず人工林地域にあっても、渓畔、湖の周り、貴重種の生育地、壊れやすい自然は、人工林化せずに、たとえ微細な面積であっても林内に保護区を設定し、守っていく必要がある。弱い自然を保全することを、これからの森林管理の常識としたい。また、人工林域内に更新した有用広葉樹も育成し、人工林の複相・複層・林化、モザイク林化を図りたい。そして人工林を超長伐期化し、複相・複層林化することにより生物多様性の高い森林に誘導することができる。

以上のように経営林内の生物多様性は土地利用区分によって他の4つの要件と調整され調和を保つことができる。

引用文献

Fielder, P.L. and Jain,S.K. eds. 1992. Conservation Biology. The theory and practice of nature conservation preservation and Management. Chapman and Hall Inc. London.

Heywood, V.H. 1995. Global biodiversity assessment. Cambridge University Press. Cambridge .

国際林業協力研究会．1993．国際環境開発会議と緑の地球経営．日本林業調査会，388pp.

国際林業協力研究会．1996．持続可能な森林経営に向けて．日本林業調査会，454pp.

沼田真．1959．植物生態学Ⅰ．古今書院，588pp.

渡邊定元．1970．明日の林業を作るためのシステム化（Ⅰ‐Ⅳ）．スリーエムマガジン，109：18 − 22.；110：2 − 6.；111：20 − 24.；112：21 − 24.

渡邊定元．1971．機械化による新間伐法．間伐の実際．北方林業会，150pp.

渡邊定元．1982．森林施業と水源かん養機能．林業技術，485：7 − 13.

渡邊定元．1985．新採取林業の展開．山林，1215：2 − 21.

渡邊定元. 1989. 林業管理技術論. 北方林業, 41：113 － 118.

Watanabe,S. 1993. Sustainable managed forest base on selection cutting and natural regeneration -technical approach-. Presentation at the ITTO Senior Forester conference follow up seminar on sustainable forestry in Japan.

渡邊定元. 1995. 持続的経営林の要件とその技術展開. 林業経済, 557：18 － 32.

Watanabe, S. 1995. Five requestes proposed for sustainable managed forests. Proceed.IUFRO International Workshop on Sustainable Forest Managements, 477 － 486.

渡邊定元. 1998. 防災水源かん養路網の提唱. 山林, 1367：2 － 10.

Wilson, E.O.and Peter,F.M. eds. 1988. Biodiversity. National Academy Press. Washington D.C.

第1章
持続可能な森林経営・管理の基礎理論

第1節

生態系管理

大住　克博

1．森林管理と生態学

　生態系とは人が自然を理解するための概念の1つで、様々な生物とそれらが生活する環境との連環をいう。その中で森林生態系とは、相観的に森林が優占する生態系を指す。そもそもエコロジー（ecology）の語源が「家庭＝家族と家から成り立つ」にあることからもわかるように、生態系という捉え方の特徴は、それぞれの生物が他の生物や環境との間に持つ関係性に重きを置いていることにある。アカマツを例にとれば、分類学はその形態や遺伝的情報に注目し、植生学はその分布や生育する群落の構造や組成に注目するが、生態学では、アカマツがその場の生物的および非生物的環境とどのような関係を持ちながら生育しているかを考えるのである。ここで、生物であるそれぞれの個体は、成長し、また死亡するため、それらが持つ関係も常に変化する。その結果、群落も変化する。そのために時間的な変化、動態を重視することも、生態学のもう1つの特徴であろう。

　生態学的な視点を持って森林管理を行おうという考えは、森林を1つの生命体としてとらえようと主張するメラーの恒続林思想（A. Möller、1972）の中に、既に明瞭に読みとることができる。20世紀後半に環境保全や資源の持続が強く意識されるようになるとともに、人工林などの木材生産林を生態系として理解し、生態学の知識を管理に反映させていこうという考えが、世界的に大きな潮流となった。例えば日本では、1973年に打ち出さ

れた「国有林野における新たな施業方法」にその萌芽が見られ（坂口勝美、1975）、米国においては、天然林の維持メカニズムを森林管理の手本とせよとするニューフォレストリーが提唱され、1990年代になって米国国有林でエコシステム・マネージメント（大田、2000）と呼ばれる森林管理が始まった。国連環境開発会議が1992年に打ち出した「持続可能な森林管理」や、その具体化を目指した「モントリオール・プロセス」、さらに近年日本においても広がりを見せ始めている森林の認証制度なども、この流れにあるといえるだろう。

　これらは、生態系の重視や参照の程度においては様々であるものの、環境や野生生物の保護といった森林の公益的機能の発揮と木材生産を共存させることを目指し、森林の環境や生物資源としての持続性、安定性を尊重するという、共通した理念を持つ。そして、皆伐と一斉人工林の造成を排し、原生的な天然林の機能や機構を大きく評価する。これは、日本国内ではこれらの考えが、大規模に行われた伐採による急激な天然林の消失と（**図1**）、その後に再生した二次林、あるいは造成された人工林の生態系としての貧弱さへの

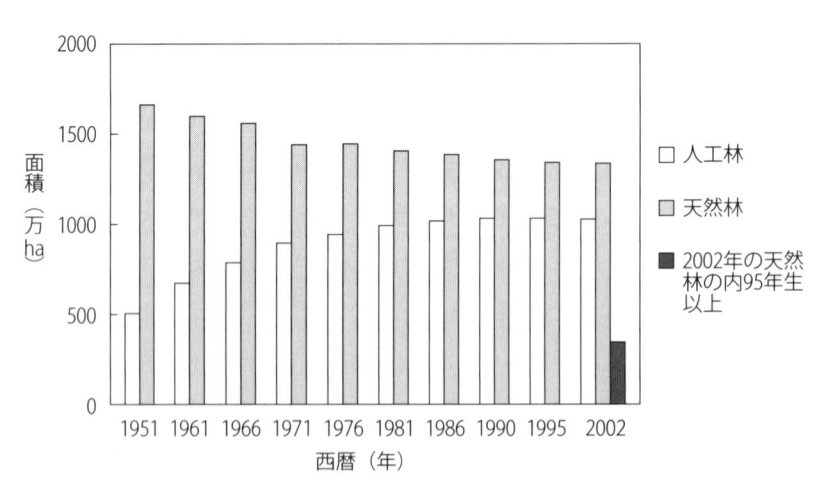

図1　全国の人工林と天然林の森林面積の変化

批判として生まれてきたものであることを考えれば、うなずけることである。

なお、森林の多様な生態的機能（サービス）の発揮、そのための広域的な森林管理、それを支えるための地域社会の合意形成といった問題は、近年、エコシステム・マネージメントや流域管理といった概念として大きな発展を見せている（例えば、柿澤、2000）。政策や社会のシステムとしての生態系管理の議論はそれらにゆずり、本稿では森林施業を行うものとして、生態系を重視した管理をどう受けとめるかということについて述べたいと思う。

2．森林の生態系管理とは

「林業」的な木材生産林管理は、歴史的に生態系を無視し続けてきたのだろうか？　そうではあるまい。林業は農業に比べて、はるかに人の管理や調整が及ばない条件で営まれ、自然への依存度が高い。立地を良く見極め、雑草木の繁茂や樹木の成長を注意深く観察しながら管理するという生態学的な視点を、古くから多少なりとも身につけていたはずである。

日本の国有林（山林局・御料林・内務省）における近代的な森林管理は、明治後期に始まった。当時の森林管理には、現在の標準的な皆伐施業と比較して、より生態学的な視点も盛り込まれていたことが読み取れる。例えば、造林樹種は適地適木を原則として一部にはカシ類やブナも含み、広葉樹造林もかなり行われている。また、伐期は現在よりも長伐期で、保続重視の傾向が強い。早くから学術参考保護林が設定されてきたことも指摘しておきたい。これは、天然林から森林管理技術を学ぶ姿勢があったことを示すものだからである。

戦後に至って、このような経営姿勢は少なからぬ変化を強いられる。敗戦により、海外からの木材の移入が途絶える中で復興用の需要は高まり、木材の生産力の増強が森林管理や林学の最大の課題となった（渡邊、2000）。そして自然な成り行きとして、森林を生態系としてではなく、生産される木材

の量としてとらえる傾向が強くなり、生産効率の点からも、モノカルチャーを基本とした森林管理が推し進められた。1960年代以降、森林管理における生態学の貢献が謳われるようになるが、それは生産生態学であり、森林生態系は、生命体の間の関係の集合としてよりも、樹木を中心とする物質の流れとして理解されていくのである。全国的な資源管理が導入され、森林資源の保続が広い範囲（大規模河川流域）で図られるようになり、中、小流域では資源の保続が省みられなくなってしまったことも、この時代の森林管理の特徴である。

　このような「生産力の時代」が1980年代初めまで続いた後、日本の森林管理政策は大きく転換する。森林が持つ木材生産以外の多様な機能と価値を認知し、生態系として森林を理解しなおし、森林管理に生かしていこうという考え方が、再び持ち出されるようになったのである。その動機はなんであろうか？　もちろん、環境保全や資源の持続への社会の関心が高まったため

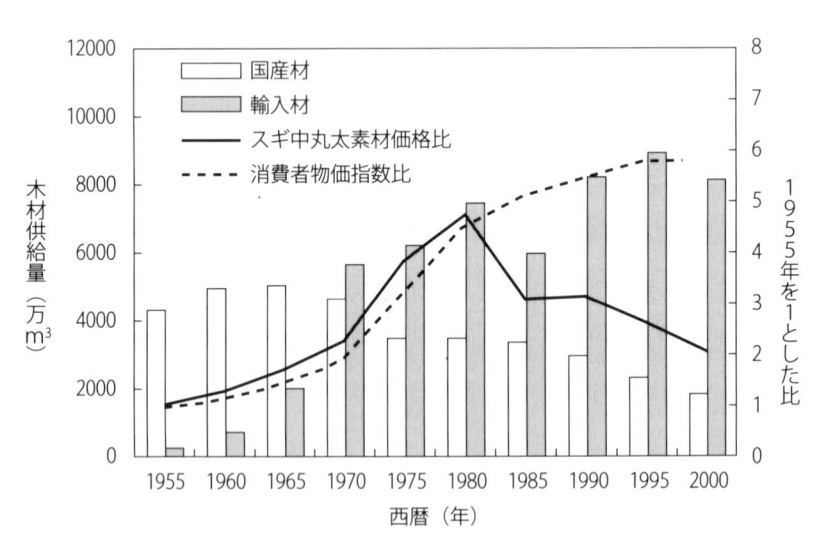

図2　木材供給量と木材価格の推移

であることは間違いない。しかし同時に、皆伐とその後の針葉樹一斉造林という拡大造林が極限まで推し進められた結果、不成績な造林地が多発したこと、拡大造林がほぼ完成されて人工林化の可能な対象地がなくなり、天然林を経営の対象とし始めたこと（天然林施業の推進）、そして木材価格の低迷が常態化する中で（図2）、従来の木材生産力を基本的な価値とする森林管理が行き詰まり、何らかの新たな枠組みが必要になったことなども忘れてはならない。

3. 生態系管理に必要な施業とは

　生態系としての森林管理では、森林を木材生産装置としてだけではなく、樹木をはじめとする個々の生命体の関係の集合として扱う。人工林を例にとれば、そこでは植栽された樹木、下層植生、野生生物、土壌、水など、生態系を構成する各要素と、それらが持つ相互関係に目を配りながら、その安定性、持続性と木材生産の両立を図っていこうというものになるだろう。

　しかし、生態系としての森林管理は、まだ試行錯誤の段階にあるというべきで、体系化されているわけではない。ここでは、現在提案されている様々な施業方法を概観することで、具体像を把握するための助けとしたい。

（1）目標とする森林の姿

　種組成の多様化：生物多様性の保全は、生態系管理の中でも極めて重視される点である。本来、生物多様性の種の多様性、そして種数は異なる概念であるが、モノカルチャー的な人工林への批判から、種数の増加を評価し、複数樹種あるいは針葉樹と広葉樹の混交を目標とすることが多い。種数の増加は、高木層のみならず低木層や林床層の低木や草本についても追求される。

　林分構造の多様化：林分あるいは群落構造の多様化も、しばしば目標とされる。階層構造の多様化のためには、複層林化や低木層などの林内植生の発達促進が提案されている。林分構造の多様化は、先に述べた種組成の多様化

とあいまって、野生生物に多様な生育環境を提供することになり、ひいては生態系としての健全性を高めていくものと考えられている。枯立木や倒木を従来の林業的管理のように除去することなく残置すること、また場合によっては積極的にそれらを造成することも、同様の目的で推奨される。

林分配置による多様化：各林分の配置により景観や流域内の空間的構造に配慮すべきことも提案されている。1つには、林種や林齢の異なる林分をモザイク的に配置することにより、空間的な多様性を形成することが挙げられ、いま1つには、尾根や渓畔等、地形や立地に従った植生配置を行うことが挙げられる。また、人の利用を排除する保護区やその緩衝帯（バッファー）の設置も重要とされ、これには希少種の分布地のほか、動植物の生活や水土保全の視点で重要な尾根や渓畔域などが該当するだろう。

（2）目標とする森林を誘導する方法

更新による誘導：植栽の場合は、植栽樹種や植栽種数が検討され、またそれらの遺伝的な系統も、しばしば問題になる。また、天然更新の採用も重視されるが、それには、人による作為を排除し、より自然な森林をつくりたいという志向がこめられている。

保育による誘導：下刈りや除伐をどの程度潔癖に行うかにより、樹種の混交や林分構造の多様性を図ることができる。間伐で林内の光環境を変化させることにより、林内植生を管理することも重要とされる。

撹乱による誘導：森林管理の場合、主伐は最も大きな撹乱である。皆伐から単木的択伐までの、異なった強度や広さを持った伐採は、林分の構造を直接変化させるばかりでなく、更新環境も変えるので、更新木の種組成や生育に大きな影響を与える。そのために生態系管理では、伐採方法への言及が積極的になされる。なお、過去に短伐期の薪炭林施業がコナラ林を形成し、火入れがアカマツやシラカンバ林を成立させてきたように、伐採周期や地拵え方法が次代の林分の組成や構造を大きく変えることも、今後認識されるべき

だろう。

4．なぜ生態系管理が必要なのか

ここでは、現在における生態系としての森林管理が持つ意味について考えてみたい。

（1）未知のリスクを避ける

そもそも、なぜ森林の生態系を考慮しなければならないのだろうか？　生態系としての管理が、過去の森林の量的管理偏重への反省から生まれたものであることは既に述べた。しかしなお、生態系としての劣化や種の絶滅が起きたとして、何か不都合があるのかという突き放した見方は可能である。これに答えるのは容易ではないが、少なくとも次のことはいえるだろう。つまり、地域において過去の一定の期間存在し続けてきた複雑なシステムが、急

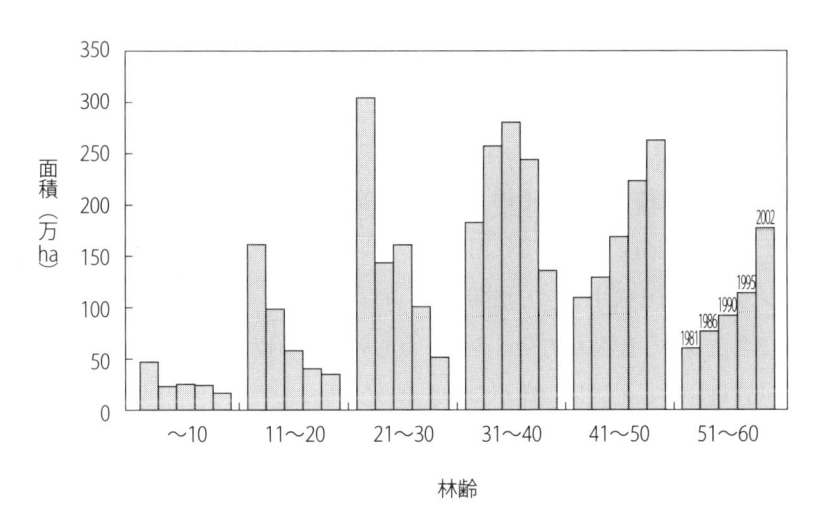

図3　全国の若齢天然林の齢級別面積の変化
若齢天然林の多くは旧薪炭林と考えられる。
林齢階「51～60」の縦棒の数字は統計率を示す。
各林齢階ともに同様の配列である。

速に変容したり消失したりした場合、それが人を含むその地域の生物にどのような影響を与えるのか、問題はあるのかないのか、我々はまだ正確には予測できない。そうであれば、そのような活動には慎重であるべきだ、結果のわからない変化はなるべく避けようということである。

20世紀における日本国内の森林の変化は、極めて急激なものであった。過去から行われてきたスギやヒノキの人工林管理についても、これほどの面積を対象とするようになったことは歴史上初めてである（図1）。一方、旧薪炭林に起源する広葉樹二次林もいまだ広大な面積を占めるが、これらは利用が停止し放置されたことで、一斉に高齢化するという過去にない状態に移行しつつある（図3）。このように現在、国内の森林の状態は、決して安定的ではない。

（2）森林管理の限界を知る

ではなぜ、森林生態系の変容がもたらす影響の評価や予測が難しいのだろう？ それは冒頭でも述べたように、生態系は生物から環境にいたる極めて複雑な要素と、その相互関係の絡み合いとして成り立っているからである。その複雑な森林生態系を可能な限り簡便に評価するために、キーストーン種やアンブレラ種といったその生態系の安定性や健全性を代表する種を抽出し、それらを観測することで代用しようという試みや、遠隔探知やさまざまなセンサー技術を援用した方法開発が行われている。しかし、樹木から微生物まで含む森林生態系が大変こみいったものである以上、人がその全体を評価し、管理することには困難がつきまとう。

このような事象に対して森林管理者がとるべき姿勢は、用いる情報や手法そして予測の限界に自覚的であるということであろう。森林管理は、農業以上に従自然的であり、工業生産のようには計画的な管理が行えない。ドイツ林学においても、数学的な論理性が先行した法正林思想の綻びから、メラー（Moller）の恒続林思想が登場した流れを思い出していただきたい。もちろ

ん、ここで森林を管理しようということの困難性をことさら強調したいのではない。何らかの形で森林資源を利用する以上、管理という考え方は必要である。限界を知ることで、失敗を可能な限り避けた、より適切な管理手法を考案できる。森林を生態系としてとらえることで、そのことを学ぶことができると考えたい。

（3）予測できる負荷は減らす

　このことから、生態系を重視した森林管理には、技術論として大きな特徴があることが明らかになってくる。つまり、生態系管理における技術は、必ずしも産業技術のように生産性を上げ、コストの削減を生むといった向上を指向するものではなく、システムの崩壊や劣化を防ぎ、失敗や損失を回避する安全保障を指向するものであるということだ。言い換えれば、森林の資源や機能がどのぐらい改良されるか、儲かるかという価値の増進ではなく、どこまでの破壊や変容であれば回復可能か、決定的な破綻による損失を防ぐことができるか、という負の低減という視点の重視である。これは中村（2004）が水源林整備と公益的機能発揮についての論考の中で指摘したことであるが、森林管理のみならず、環境と技術の関係を考えていく上での重要な論点だろう。

　この負荷の低減という価値は、長期にわたる森林管理の中で実現されるために、とかく認知されにくい。目的が商業的な木材生産であれ、公共的な環境資源の供与であれ、森林管理には経費がかかる。そして、そこでは短期的な視点によるコスト評価という市場の論理が優先されてしまうのである。

　以上のように、生態系に考慮した森林の管理は、経済的価値、短期のコスト評価、競争といった市場原則が、持続的かつ安定的な森林管理になじまないという点を補完する考え方でもある。今儲けることよりも、将来の損を減らすための技術である。しかし、このことは同時に、生態系を重視した森林管理が、受け入れられにくいことも示唆している。

5．望まれる森林の姿

　生態系としての森林管理は、対象とする森林生態系が多様であるため、一つの規範に収斂していくものではない。具体化には今後、それぞれの対象についての個別の検討と開発が必要である。しかし、そのような森林管理が具現すべきいくつかの要点は指摘できるだろう。

（1）多様なものであること

　生態系を重視した森林管理の対象として日本において想定されるのは、概ね針葉樹人工林であろう。そこで栽培される樹木は、通常、人により植栽された苗や播種された種子によるもので、形成される森林はその地域の植物の個体群とは遺伝的なかかわりを持たないことも多い。また、植栽や保育などの人の関与により、森林群落の構造も、その地域の天然林のものとは大きく異なったものになる。したがって、農業における耕作に近いものであるといえよう。

　このような人工林は、その生態系としての単純さや、在来の生態系からの異質さから、群集として自己修復が行われ安定的に維持されていく能力が低く、自然攪乱や病虫害に対する脆弱性が高いことが心配されている。そこで、生態系を重視した管理手法をとることにより、天然林が持っているような健全性を持たせることが期待されている。従来から行われてきた、地形や土壌などの立地に配慮した植栽もその1つであろう。また近年では、より多くの樹種の混交や下層植生の発達の促進により、群集構造や種組成を多様化させることで、生態系としての安定性を生み出すことも提案されている。ここで、生態系を重視した管理の重要な参照となるのが、地域の原生的な天然林やよく成熟した二次林であり、そのためにも、地域ごとにそのような森林生態系を保全することが必要なのである。

　一方、里山林など、過去の人の利用、攪乱により形成され維持されてきた

二次林を管理する場合には、異なった視点が必要である。これらは、基本的に萌芽あるいは種子による天然更新が行われてきたものであり、人工林のような農業的栽培ではない。しかし、その更新や成立する森林の構造は、伐採や地掻きといった人が森林利用のために引き起こす撹乱に、強く依存している。そのために、人の利用つまり撹乱が止み、遷移が進んで生態系に変容がおきることが問題となる。したがって、このような二次林の生態系管理では、人の撹乱をどう再現していくかということが、命題となるだろう。

（2）林分を超えた視点を持つこと

　生態系を重視した森林管理を検討する場合に、対象とする森林の空間的範囲をどう決定するかという問題が発生する。尾根と中腹、そして谷で樹種が大きく入れ替わること、一方で種子の散布はしばしばそのような地形を越えて行われること、また動物の場合でも、谷と中腹、尾根など複数の環境を、採餌や営巣など異なった目的で使い分ける種があることなどから考えて、小流域や、あるいは複数の植生タイプや立地を含んだ空間である景観（ランドスケープ）規模の空間を対象とすることが適切であろう。その地域の代表的な植物種が一通り出現する範囲、あるいは、多くの動物種が通常の生活で移動する範囲などと言い換えることもできよう。

　従来の森林施業は、個別の林分を、周囲から独立した存在として考えがちであった。しかし、実際に管理しようとする対象は個別の林分であるとしても、管理方法は、少なくとも小流域以上の広がりを念頭に置き、その中に対象とする林分を据えて考えるべきだろう（第3章第5節を参照）。

（3）人を含んだものであること

　生態系に重視した管理も人によって行われる以上、その中に人を位置づけておくことは当然である。これにはいくつかの意味合いがある。

　まず、日本のような過去から高い密度で人が居住してきた地域では、現在の森林は、利用や破壊、あるいは保護といった人の干渉の歴史を強く反映

している（深町ほか、1999；大住、2003）。それらの種組成や群集構造は、履歴を参照することで理解されることが多い（大住ほか、2005）。先に述べた里山林管理に典型的に見られるように、人の干渉、活動を組み込んだ生態系として考えることは、しばしば有効である。

次に、生態系に重視した管理は、経費や労働力、そして地域社会の慣行や行政制度などといった社会的要素を無視しては実行し得ないということがある。生態系を重視した森林管理は、生態系保全と同じではない。それが生態学的には精緻に裏付けられた理論であっても、それを実行するのは、往々にしてそのような価値観からは距離をもった人々である。何をおいても経済的な支持基盤は欠かすことができない。また、組み立てた施業も様々な理由で変形、省略され、そのとおり実行されがたいことも、過去の歴史が証明するところである。時には、実施のための妥協も必要になる。したがって、生態系を重視した管理を実施するためには、このような人がかかわることで発生する困難も事前に想定し、織り込んでおく必要があるだろう。

（4）破綻しにくいものであること

生態系としての森林管理の大きな役割は、失敗を防ぐことにあるべきだということは先に述べた。しかし、複雑な森林の生態系を対象にした管理では、実行時に様々な問題や失敗が発生するだろう。過去にも、優れた施業計画が台風などの予期せぬ撹乱を受け、放棄されていった例は多い（比屋根、1984）。長期にわたる森林管理では、管理担当者も頻繁に交代するため、初期の理念や熱意が持続されにくく、破綻に対しても正当な修復が行われることは少ない。管理の枠組みを柔軟にすると同時に、失敗からの復帰の回路を組み込んでおくことも必要であろう。

生態系を重視した森林管理はまだ十分確立されてはおらず、また、その正解も1つとは限らない。その時点で最善と判断される管理方法を適用しながら、それを固定せず、随時適用の結果を評価し、以降の管理方法を修正して

いくという適応的管理という考え方が、このような問題への対処として有効だろう。大事なことは、モニタリングを実行し、随時対象とする森林を観察し点検すること、その結果を積極的に管理経営方針に取り入れる体制を整備することである。そして、その管理を担当する人から人へ、途切れずに引き継いでいくことである。

引用文献

深町加津枝・奥敬一・下村彰男・熊谷洋一・横張真．1999．京都府上世屋・五十川地区における里山ブナ林の管理手法と生態的特性．ランドスケープ研究，63：687 − 692.

比屋根哲．1984．戦後北海道国有林における森林施業の展開（I）−苫小牧事業区内の平地林における施業の分析−．日本林学会大会発表論文集，95：151 − 152.

柿澤宏昭．2000．エコシステムマネジメント．築地書館，206pp.

大田伊久雄．2000．アメリカ国有林管理の史的展開―人との共生は可能か？．京都大学出版会，362pp.

大住克博．2003．北上山地の広葉樹林の成立における人為撹乱の役割．植生史研究，11：53 − 59.

大住克博・杉田久志・池田重人編．2005．森の生態史−北上山地の景観とその成り立ち−．古今書院，221pp.

坂口勝美編．1975．これからの森林施業．全国林業改良普及協会，444pp.

中村太士．2004．森林機能論の史的考察と施業技術の展望．森林技術，753：2 − 6.

渡邊定元．2000．生産力増強計画と林業技術−拡大像林を支えた林業技術の展開過程を中心として．林業技術，696：13 − 18.

第2節

機能区分と適正配置

伊藤 哲・光田 靖

1．機能区分の重要性と問題点

　戦後の画一的な一斉林造成に対する反省から、近年の森林管理においては「適正な」森林の管理のための森林のゾーニングが重要度を増してきている。例えば、現行の政策の中核部分においても、森林・林業基本法において森林ゾーニングが謳われており、重視すべき森林の機能に応じて「水土保全林」、「森林と人との共生林」、「資源の循環利用林」の3ゾーンの区分が設定されている。公益性や環境が声高に叫ばれる中で、この区分は一見適正のように見える。しかし、実際の森林管理への適用を想定したとき、重視すべき機能の設定や評価には多くの問題点が浮かび上がる。本節の目的は、森林の機能区分の問題点を、①機能の捉え方、②機能の評価方法、および③意志決定のあり方、の3つの視点から掘り下げ、森林の適正配置のあるべき姿に対して、長期的な森林管理の視点から1つの考え方を提示することである。

2．森林の構造と機能

　森林の機能は様々に捉えられている。それは単に木材生産や水源涵養といった機能の種類が様々であるという意味ではなく、機能をどのレベルで捉えるかという視点が人や場合によって多様であるという意味である。ケースによっては、森林の「機能」と呼ぶより「価値」と呼んだ方が妥当なケースもしばしば見受けられる。このような機能の捉え方の多様さが、森林の機能

区分を難しく奇怪なものにしている。そこで、まずは機能の捉え方から整理したい。

　まず、生態学者の考える一般的な森林の機能からみてみよう。そもそも、森林に限らずすべての生態系は複雑な「構造」を持っている。複雑な構造が生み出す生物間の相互作用や物質循環を通した環境形成の作用は、その生態系自身が安定して存続する上で重要な役割を果たしている。これが本来の「生態系の機能」である。同様に、複数の生態系が隣接しあう景観（ランドスケープ）のレベルでも、1つの生態系は隣接する他の生態系との物質やエネルギーの移動や広域を必要とする生物の生息場環境を部分的に形成することなどを通して、景観全体や他の生態系の構造や機能にも影響を与えている。このように、空間的なスケールが違っても、また、人間が気にかけるかどうかにかかわらず、さらには人間がそれを利用しようと考えようが考えまいが、生態系に構造がある限りそこにははじめから「機能」があるといえる。だからこそ、生態学者は生態系の構造を解析し、そこに介在する様々な作用の分析を通して生態系の機能を探求している。林学者は、これらの機能の探求に加えて、機能を発揮させるための構造誘導の方策を探求していると言えるだろう。

　一方、人間は森林に様々な機能を期待する。その機能の多様さは、例えば保安林や保護林の種類の多さに端的に表されている。しかも期待される機能は時代とともに追加され、機能の優先順位は変動する。実はここに、時間スケールの欠落という大きな問題がある。

　我々が森林に期待する機能（例えば木材生産機能や保健休養機能など）と、生態学者からみた「生態系の機能」との違いは、人間が何らかの資源管理・利用目的を設定しているかどうかである。木材生産や林地保全、水源涵養などは、その機能がかなり昔から認知されてきた。これに対して、保健休養などは物質的な豊かさやストレス社会を反映して意義が増してきたものであろうし、生物多様性保全を管理目的の1つとするようになったのはつい最近の

ことである。このように、人間が森林に期待する機能の種類は、その時代背景や価値観に左右されながら変化してきており、新たに気づいたというよりは、その時々に枯渇したものに対して「機能」を期待してきたと言った方がよいかもしれない。しかもその変化のペースは、近年特に速くなっているように思われる。機能の優先順位となると、最近の 30 〜 40 年で大きく逆転してきたのではないだろうか。ところが、目的とする機能を発揮させるために森林の構造を誘導するには、相変わらず非常に長い時間が必要である。ここに、時間スケールを考えない機能区分の危険性がある。今が"旬"の機能が、森林構造の誘導が完了する 100 年後の 22 世紀に耐えうるのだろうか。

3．評価したいのは機能？　効果？　価値？

　前項で、人間が森林に期待する機能の中身は時とともに変動することを述べた。かりにこれが今後変動しないとしても、機能を評価する際にはまだいくつか問題が残る。

　広く「機能」と呼ばれる中身を眺めると、いくつかの段階的な認識が混

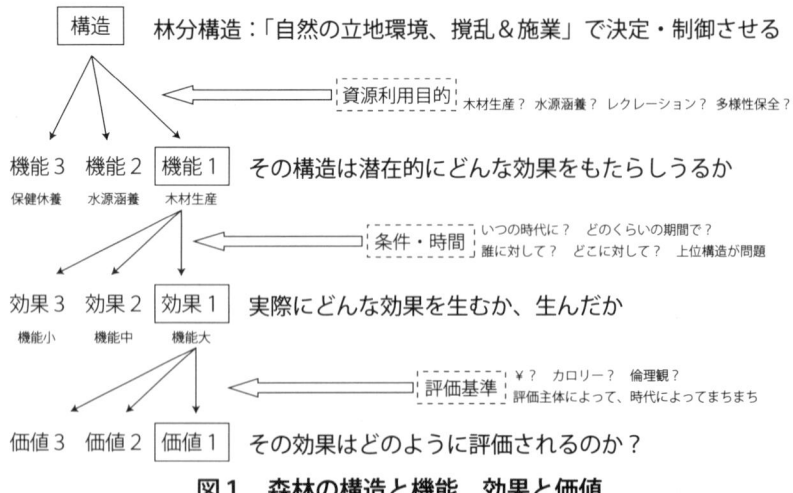

```
構造  　林分構造:「自然の立地環境、撹乱&施業」で決定・制御させる
 ↓↓↓    ⇐  　資源利用目的  木材生産？ 水源涵養？ レクレーション？ 多様性保全？
機能3 機能2 機能1   その構造は潜在的にどんな効果をもたらしうるか
保健休養 水源涵養 木材生産
 ↓↓↓    ⇐  　条件・時間   いつの時代に？ どのくらいの期間で？
                              誰に対して？ どこに対して？ 上位構造が問題
効果3 効果2 効果1   実際にどんな効果を生むか、生んだか
機能小 機能中 機能大
 ↓↓↓    ⇐  　評価基準   ￥？ カロリー？ 倫理観？
                              評価主体によって、時代によってまちまち
価値3 価値2 価値1   その効果はどのように評価されるのか？
```

図1　森林の構造と機能、効果と価値

第2節 機能区分と適正配置

在している（図1）。先に述べたように、ある構造を持つ森林に対して人間が何かの利用目的を設定したときに、機能が高いとか低いといった評価が与えられる。ここで機能とは、期待される森林の働きのポテンシャルを意味する言葉として限定的に用いている。例えば、均質高蓄積の林分は木材生産の機能が高いといった評価や、下層の発達した林分は表土保全の効果が高いといった評価がなされるだろう。つまり、構造が決まればポテンシャルとしての機能の高低はほぼ決まる。しかし、どのような優良（高機能）林分であっても、ある程度のまとまった面積や伐出のための路網がなければ（条件が整わなければ）、なかなか伐採は行われない（効果は現れない）であろう。水源涵養機能に関しても同様であり、潜在的に土壌の貯水機能が高くても、まずは雨が降らなければその効果は発揮されない。結局、機能とは期待される効果のポテンシャルであり、実際に効果が現れるかどうかには、景観レベルなどの上位構造やインフラなどの条件が整う必要がある。さらに、その効果を高く評価するかどうかの基準は、評価する人や時代によってまちまちである。生産された木材に対して市場はどのような値をつけるのか？　整備された市民の森をすべての市民が好ましく受け入れるのか？　同じ「効果」が現れたとしても、これにどの程度「価値」を認めるかは、評価者によって大きく異なり、評価基準も時代によって大きく変動する。前項で「森林に期待する諸機能が時間とともに変化する」と述べたのは、この「価値」の部分である。

　もう一度整理してみると、構造によってほぼ一意的に決まる狭義の「機能」、これが様々な条件の下で時間の経過とともに実際に発揮される「効果」、さらにある価値基準でこれを評価した「価値」、というように、広く「機能」と呼ばれる内容は、少なくとも3つのレベルで捉えられていることがわかる。このように異なる捉え方が混在した状態で機能区分を行うのは極めて困難であろうし、そこで得られる区分結果がどの程度妥当かは極めて疑問である。

4. 目的と手段の逆転

　森林の機能評価に使用される変数には、気象・地形・地質など人間による制御がほとんど不可能な自然立地条件と、すでに人間によって変革を受けた森林景観構造や施設、社会立地条件など（すなわち、これからも変革の対象となるもの）が混在している。そのため、評価の基準が機能の種類によってずいぶん異なる。最も問題なのは制御すべき「構造」と期待すべき「機能」とが混同されていることである。その典型が、「すでに人工林が多く造成されているから木材生産機能を重視する」という考え方であろう。

　本来問題とすべきは変革された林分構造（人工林が多いかどうか）ではなく、その林地が林業生産に向いているかどうか、あるいは林業生産を行っても他の機能に支障はないかどうかである。長期的な視点に立てば、変革の対象である森林構造や景観構造によって今後の変革の方向を規定すべきではない。森林の適正管理という目的と、その手段である森林・景観構造の誘導を逆転させないためには、森林構造に由来する機能区分ではなく自然立地条件の分析を長期的な管理の指針として用いるほうが賢明であろう。

5. 森林の機能に対する過度の期待

　自然立地条件のみに着目する"重視すべき機能"の評価においても、問題はある。例えば、山地災害防止機能は、山地災害のリスク評価に基づいて算出されることになっている。しかし、「雨が多いからそこには機能がある」で本当に機能を評価できているのであろうか？　そこに森林があれば本当に期待される機能が発揮されるのであろうか？　これを「森林の機能」と言うのならば、厳密には森林が存在する場合と存在しない場合との山地災害確率の差分によって評価されるべきである。この誤解は、立地のポテンシャル評価と森林の機能評価が混同されていることを意味する。

6. 機能評価と意志決定

　機能区分の問題点の最終局面は、機能評価という技術的な問題と、評価された機能のうちどれを重視するかという意志決定の問題とが、一体化されてしまっていることである。機能の定義やその評価方法の不確定さは先に述べた。これに加えて、意志決定は機能評価とは全く異なるプロセスである。機能の優先度比較には、人命等にかかわる比較的優劣のはっきりしたケースから、指導的な意見が重視されるケースや、当事者間の慎重な合意形成プロセスが必要なものまで、意志決定に至る様々なタイプがあるはずである。したがって、機能評価はあくまで意志決定の支援のためのプロセスであり、意志決定プロセスそのものとは切り離して考えるべきであろう。

7. 脱機能論：林業の原点に立ち返る立地区分

　ここまで述べてきたように、何をもって森林の「機能」と呼ぶのかは極めて不確定的で、未整理で、曖昧で、混沌としている。にもかかわらず、森林の機能区分の議論は堂々と展開され、実務レベルでこれが実行されていく。このような機能論アプローチのすべてを否定する理由はないが、少なくとも変動する価値基準に基づいた考え方や機能を捉えるレベルの混同、目的と手段の逆転については、改善すべきであろう。

　そこで、森林生態系の管理と森林ゾーニングの１つのアプローチとして、ここでは脱機能論を提示したい。要するに、基準や定義の曖昧な「機能」から一旦離れることにより、人為変革を受けやすい森林構造からも一旦離れて、自然立地条件の評価とその区分を試みる考え方である。

　より根本的に森林管理のためのゾーニングを考えるなら、まずは自然科学的に林業に向くところと向かないところをきちんと分けるべきであろう。その際、森林の時間スケールは長いのだから、すでに変革を受けており、か

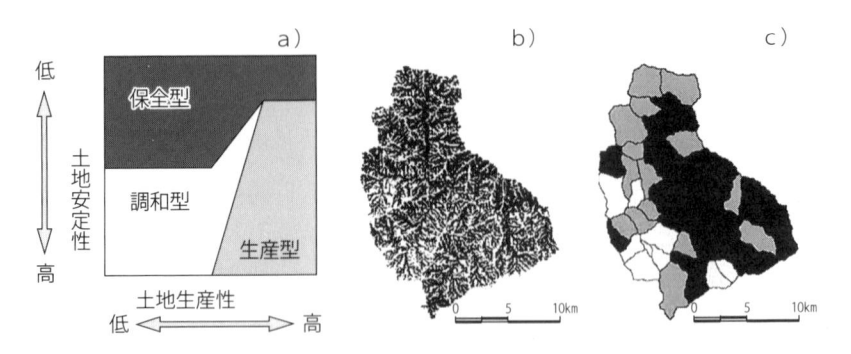

図2 土地の生産力と安定性に基づく立地評価の考え方と解析事例
a) 2軸による立地の序列と区分、b) 50 mメッシュでの解析例、c) 集水域単位でのタイプ分類例

つこれからも変革の対象となる「森林構造の現状」にはとらわれずに、人為的に変革できない土地の属性のみで評価することが重要だと考える。もちろん、残存する希少な天然林やよく整備された人工林の存在は我々の意志決定にとって重要である。しかし、ゾーニングの目的は、森林の状態を本来あるべき姿に誘導するための枠組みの提示である。最初から現状に縛られすぎていてはどうしようもない。

　では、そもそも林業的にみて生産を行いたいところと避けたいところはどこかを考えてみる。単純に言えば、地位（林地生産力）は高い方がよいし、災害危険度の高いところは長期的に見ると生産性が落ちるので避けた方がよいだろう（**図2**）。これ以上の単純化は困難であるし、これ以上に評価軸が多くても根本的な枠組みには不要と思われる。また、わずか2つの評価軸による整理は一見乱暴のようでもあるが、このような林業的な自然立地評価軸を生態学的見地から捉えると、林地生産力にかかわる条件（水分・養分・光など）は植物にとっての「資源」であり、災害とは風倒、崩壊などの「撹乱」のことである。自然状態の森林構造とその動態は、資源と撹乱のレジームによって決まるといっても過言ではない。逆に、自然状態の極相といわれる

ような森林構造は、その土地の自然立地環境に最も適した林分構造を有しており、最も必要とされる生態的な機能を発揮しているはずである。したがって、林地生産力や災害危険度に基づく森林の「あるべき構造」の模索は、実は生態学的に見た「合自然的な森林管理」を目指す方向と矛盾しない。そもそも森の営みは長いのだから、評価が難しく、しかも頻繁に変わる人間の価値基準に立脚した機能軸を短期的に乱立するよりも、自然の基本ルールである資源と撹乱の２軸によって、長期的な森林管理に資する立地の評価を単純に行うのが先ではないかと考える。個別の機能を考慮して他の制約を課すとすれば、立地評価の後ではないだろうか。ちなみに、このような自然立地に着目した林業的な考え方は、多くの先進国で生態学的立地区分として実際の森林管理施策に採用されている。

8．立地区分からゾーニングへ――スケール整理とレベル設定

　上記の区分は、ある意味では観念的な立地区分であり、意志決定されたゾーンではない。しかし間違いなく、重要な意志決定支援情報となり得るであろう。この支援情報を、実際のゾーニングに汲み上げるためには、いくつかのポイントを考慮して意志決定支援システムを構築する必要がある。第１は、森林の空間的なスケールの考慮である。ゾーニングの対象となる森林は地域・流域から所有林・林分まで様々なレベルがあり、その多くには相互に階層的な関係がある。その中でも、最終的な林型誘導（すなわち施業）の単位である「林分」に加えて、物質循環系の単位である「流域（集水域）」の視点は、合自然的な森林管理を目指す上で１つの重要なレベルであろう。

　第２は、これらレベルの違いに応じた目的および意志決定プロセスの考慮である。流域という大きな対象に対して、小流域ごとに管理目的を設定するゾーニングでは、対象が複数の所有形態や行政界をまたぐことが予想される。このようなゾーニングにおいては、長期的な視点にたって本来あるべき

姿を普遍的かつ不変的に模索することが肝要であろう。すなわち、長期的管理戦略のための地域・流域レベルのゾーニングと言える。長期的な視点に立つ以上、このレベルのゾーニングは、可能な限り自然要因のみに立脚した生態学的立地区分に準拠すべきであると考える。結果として、このレベルでは指導的・行政的なゾーニングを目指すこととなろう。

一方、小集水域の中で個々の林分の管理目的を設定する際には、対象林分に特定の所有者・管理者がいるわけであり、管理の時間スケールも短くなるため、ある程度は森林の現状に制約を受けざるを得ない。理想を追いかけて目の前の林況や管理者の意向を無視すれば、そこで生まれる管理指針は机上の空論となる。したがって、このレベルのゾーニングにおいては、現状の林況や生産基盤、法的規制等を考慮した個別的なオプションが多数提示され、その上で十分な合意形成が行われるべきである。このプロセスこそ、GISの威力が最も発揮される時であろう。同時に、管理の時間スケールが短い分、

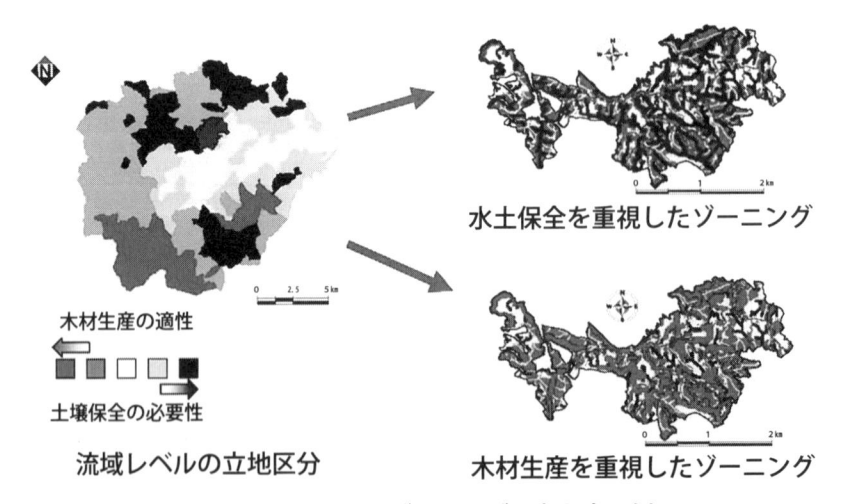

図3　2階層的ゾーニングの考え方の例
上位区分でのタイプに応じて下位区分で異なる閾値を与えることにより上位区分の制約に合わせた下位区分が可能となる

ゾーンも固定的ではなく順応的に随時改変されてしかるべきである。つまり、このレベルのゾーニングは、中・短期的管理戦略のためのゾーニングとなる。

　第3は、レベル間の整合性の考慮である。上記の2つのゾーニング・コンセプトは、それぞれに得失がある。一方は本来あるべき姿を目指した不変的な理想論であり、実現には膨大な時間がかかる。もう一方は、短期的かつ現実的である分、現実の制約に引っ張られやすいという危険性を秘めている。これら2レベルをうまく融合させることで、長期的視野に立った目標設定と、現状を踏まえた実際の森林管理との整合性を得る可能性があると考える。すなわち、より長期的・理想的な上位ゾーニングを、現実的・短期的な下位区分の制約に用いることで、森林の本来あるべき姿への段階的移行と順応的管理に近づくことができると考える（**図3**）。

第3節

集水域管理

鈴木　和次郎

1．生態系管理の最小単位としての集水域

　現下の日本における森林計画制度では、水系ないし流域といった大スケールでの機能区分と管理手法の大枠（基本方針）が、森林・林業基本法やそれに基づく各レベルの基本計画において示されている（森林・林業基本政策研究会、2002）。しかし、同一の機能区分に属する森林地帯にあっても、その主たる機能はもとより、他の多面的機能の維持・発揮にも努めなければならないのは当然である。特に木材生産を主に経営・管理される木材生産林（森林・林業基本法でいう資源循環林）において、持続可能な森林経営を推進する立場から、そのような多面的機能の維持・発揮が、強く求められる。そのため、それぞれの機能区分内においても、不均一な立地環境や森林の状態に対応した、よりきめ細かな森林施業管理が要求されている。

　これまでの森林管理・林業活動は、林分管理を基調として行われてきた。すなわち、林分管理は、面積的に広がりを持つ森林地帯の中で、比較的均一な立地環境や植生単位（林業地帯では同一樹種の同齢林分）を対象に同種の施業を実行するものであり、そのスケールは数 ha から数十 ha 規模にとどまる。民間の零細林家では、多くの場合、この面積は森林の所有面積に一致し、大規模経営の場合では、谷筋やと尾根部（瘠尾根）によって区画される一定面積の森林、いわゆる林小班に相当する。こうした林分を対象とする森林管理・経営にあっては、どうしても森林景観から対象となる区域（林分）

のみを取り出し、独立して取り扱いがちであり、景観的な広がりを持った森林生態系としての森林を、総合的に管理・経営していこうとする視点が欠落してしまう。実際の個別林分の施業が、隣接林分や景観全体にどのような影響を及ぼすか、周囲の施業林分とどのようなつながりを持つか、そうした林分施業の展開が累積することで、森林生態系にどのような組成・構造的な変化がもたらされるか、さらには、森林の持つ生態学的機能にどう影響するのかといったことについては、あまり考慮されていないのが実情である。その結果、林業者、森林管理者は、木材生産とともに、森林の持つ多面的機能（水土保全、生物多様性など）の発揮が、単一林分の適正な施業・管理のみで実現できると考えてしまう。しかし、個別林分を対象にどのような施業を実施しようとも、単独では森林の多面的機能の十分な発揮は困難である。このことを実現するためには、景観の一部をなす林分を他から切り離し、施業・管理の単位にするのではなく、森林生態系として機能しうる景観スケールを管理の基本単位とする「生態系管理」が求められる。

2．集水域生態系のスケールと構造

　持続可能な森林経営（管理）とは、森林の生態系としての健全性、多様性を確保する中で、木材生産活動はもとより、森林の持つ生態学的機能を最大限発揮するための経営・管理手法である。その際、生態系として自立的に機能する森林の最小スケールとは、生態系としての基本的な景観要素を兼ね備え、生息する生物相が集団を維持・再生産可能な生息場所を有し、生物間相互作用が健全に機能する範囲であり、それは源頭部から流れ下る河川と谷底から尾根までの地形を含む集水域と考えられる。集水域ないし小集水域を最小単位とする森林管理の中で、初めて生態系管理が実現可能であるともいえる。

　それでは、集水域の空間的スケールとはどの程度のものなのか？　森林

生態系の根幹をなすのは、紛れもなく森林の成立する立地と、その上に成り立つ森林群集、そしてそれをよりどころに生育・生息する多様な生物相（動植物相）である。一方、森林を生態系として結びつけるものの1つに水がある。この水は、大気から降雨として供給され、尾根部で分断される集水域単位で流れ下り、表層を流下ないし地下に浸透し、また土砂、有機物、栄養塩類を谷底に運搬しながら、河川水となって下流域に移動する。その間の生物相を介した物質・エネルギーのフロー、また生物間相互作用は、生態系を極めて複雑なものとしている。そこに自然撹乱体制が絶えず変化をもたらし、森林生態系の多様化と複雑化を増進するが、総体としては、系の動的安定と調和が維持される。そのような非生物的、生物的要素とその相互作用、維持機構を兼ね備えた生態系の最小単位が、集水域あるいは小集水域であると想定される。

　集水域（小集水域）は、水系の最小単位であり、源頭部から本流までの支流域を形成する。ストリームオーダーでは3－4次河川の流れる範囲が集水域と考えられ、その空間スケールはおよそ数十haから数百haである。こうした集水域（小集水域）は、あたかも樹木の枝分かれのように分岐した河川上流部（支流部）の最上流に位置し、下流に向かうに従って多くの集水域を統合しながら、流域生態系を形成する。流域生態系は一種のフラクタル構造になっており、その基本が集水域生態系である。

　自然度の高い集水域には、森林生態系を構成する基本的な要素がすべて含まれる。地形的に見れば、集水域には源頭部から本流への合流部までの河川地形、谷底から谷壁斜面を経て頂稜（尾根部）までの斜面地形が存在する。それら立地には、対応する様々な森林植物群集（植生モザイク）が成立し、また、それを拠り所に多様な動物相・昆虫相が生活している。そこには、食物連鎖をはじめ、共生や寄生、資源をめぐる競争などの多様な生物間相互作用が存在し、自然撹乱が集水域生態系を常時部分的に撹乱し、変化を与える。

こうして、集水域は生態系として自律的に機能し、その健全性が維持され、動的な安定と調和が図られていると考えられる。しかし、木材生産を目的として経営されてきた林業地帯の集水域においては、モノカルチャー（針葉樹の同齢単純林の造成）が推進されてきた結果、こうした植生モザイクは失われ、動植物相も貧弱となり、撹乱体制も人為的なものが支配的になり、総じて生態系としての健全性が損なわれているのが実情である。そうした中で、集水域での生態系としての健全性を回復させ、持続可能な林業活動と森林の機能維持のための新たな取り組みが求められる。以下、その方法などについて提案する。

3. 集水域の施業管理区分

　本節で、集水域管理の目的とするところは、生態系の健全性を維持しながら、林業すなわち木材生産を図るための施業・管理手法を論じるものであり、その対象とする集水域は、自ずと木材生産に適する中低標高の林業地帯に存在する集水域となる。自然維持あるいは国土保全を目的に管理される奥山・源流域の集水域は除くことにする。

　最初に集水域管理で行われなければならないことは、林地の施業管理区分である。区分の目的は、集水域内の不均一な立地環境や植生を考慮し、自然環境に過度の負荷を与えず、森林の持つ生態学的機能を維持し、最適な林業（木材生産）を実施するための立地区分である。まず、林地保全上、林業活動を回避すべき場所、林業の生産活動に不適な場所を区画し、生産活動から除外する。集水域内で対象となる場所は、急傾斜地、過去に地すべりや斜面崩壊が起こった場所、土地生産性の低い尾根部や岩石地であろう。一般に、こうした場所では、アカマツや広葉樹の二次林が成立している場合が多いが、ここでは「林地保全区」として区画し、自然林として維持する。次に、河川や湖沼、湿地周辺に成立する水辺域（水辺植生）を区分する。水辺域は、河

川生態系の環境形成や流域の環境保全、地域の生物多様性維持を図る上で、重要な役割を果たしている。したがって、水辺域は、土地生産性が高く木材生産が可能であっても、生態学的機能に考慮して、林業生産活動から除外し、「水辺管理区」として区画して、自然植生を再生・修復・保全するための取り扱いをすべきである。これ以外にも、林内に存在する湧き水や風穴などの繊細な自然環境や、動植物の特殊な生息場所などは、小面積であっても「保護区」として区画し、野生生物の保護と生息場所の保全を図る必要がある。

　こうした区域以外が木材生産の対象地となり、それは概ね谷底と尾根との間の緩やかな中間斜面（谷壁斜面）ということになるだろう。しかし、ここでも土地生産性や地利などによって、さらに細分する必要があるかもしれない。例えば、土地生産性が高く、生産基盤である路網が整備された場所であれば、柱材生産や高品質大径材生産などの具体的な生産目標を立て、きめ細かな作業を駆使した労働集約的な施業が可能である。そのため、「木材生産区（集約的木材生産区）」として区分することができる。しかし、土地生産性が低い、あるいは路網の整備がされていない地利の悪い場所では、なるべく労力をかけない粗放な施業が合理的であり、林業活動にとって不利な側面を長伐期施業で補うことなどが考えられる。この場合、侵入した広葉樹を積極的に取り除いて針葉樹の純林化を図るのではなく、「準木材生産区（粗放的木材生産区）」として区分し、侵入広葉樹を生態系管理の上で生かしていくことが考えられる。図1は、実際に関東森林管理局森林技術センター（茨城県笠間市）が、茨城森林管理署大沢国有林（茨城県城里町）で行っている集水域管理における施業管理区分の事例である。この区分は後に詳しく述べるが、微地形区分に従って行われたものである。林地保全区は「広葉樹育成区」に、水辺管理区は「渓畔保残区」、木材生産区は「針葉樹育成区」、準木材生産区は「針広二段林区」に相当する。

　このような集水域における施業管理区分を行い、それぞれの管理目的に

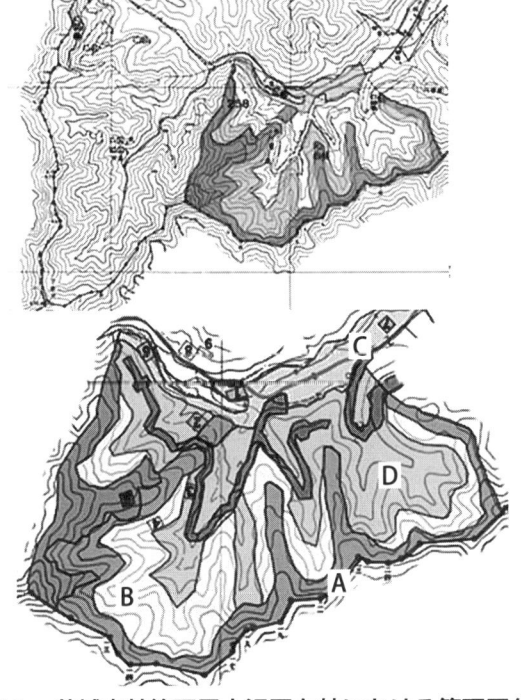

図1　茨城森林管理署大沢国有林における管理区分
A：広葉樹育成区（林地保全区）、B：針広二段林区（準木材生産区）、
C：渓畔保残区（水辺管理区）、D：針葉樹育成区（木材生産区）

沿って施業を実行することにより、将来的には集水域における植生モザイク（vegetation mosaic）を実現することが可能となる。そしてそれは、林業地帯におけるモノカルチャーの改善に大きく貢献し、集水域生態系の健全性維持に役立つものと思われる。こうした集水域の施業管理区分とそれに基づく経営・管理によって実現する森林景観は、人の手が加わらない森林生態系（自然度の高い天然林）の基本要素と類似した構造と配置を兼ね備えるものとなり、人為的な撹乱（個別林業活動）がこれを制御する形となる。こうした集水域管理は、自然林をそれが成立する自然環境に適合し、生態系として

健全性と安定性を維持し、結果として森林の持つ生態学的機能を最もよく発揮している"モデル＝理想型"とするところに根拠を持っている。

4．どのように施業管理区分を行うのか？

　次に、具体的にどのように管理区分を実施するのか、その方法について述べる。

　集水域管理では、施業区分とその適正な管理が、森林の生態系としての健全性確保と合理的な木材生産を図るための基本である。かつて林学では、「適地適木」と言って、立地環境に合わせて生理的に適した樹木の選定、植栽を行ってきた。斜面型に合わせた樹種選択としては、「谷スギ、尾根マツ、中ヒノキ」といったものがあり、それ自体では極めて合理的な考え方である。しかし、これはあくまでも、それぞれの立地条件における植栽樹種の選択であり、いわゆる"林分管理"の域を出ない。集水域管理とは、それを構成する林分（植生、林齢が異なる）の構成、配置を考慮した景観的な管理である。そこで、考えなければならないことは、むしろ、適地適施業である。この考え方は、立地環境に合わせた森林施業の実施である。先に述べたように、集水域は多様な立地環境より構成されており、林業を行うには、画一的な森林施業ではなく、そうした構成単位に合わせた施業の選択が求められる。そのための施業管理区分である。

　施業管理区分の手法としては、従来の立地区分に用いられる地形、土壌、植生などによる区分がその基礎となる。土壌について言えば、母材の風化や有機物の供給、土壌そのものの移動や堆積などにより、林地内に様々な姿で存在している。その多くの場合、土壌型、土壌の堆積深度などは、地形や水分環境などを反映するものになっている。また、土壌型は、その上に成立する植生や樹木集団の組成や現存量、成長量などに大きな影響を及ぼすなど立地環境に対する指標性が高い。したがって、土壌型の調査を行うことで、集

水域内での不均一な立地環境の空間配置を把握することができ、適正な森林管理のための施業管理区分に役立てることが可能であると考えられる。一方、林地に成立する植生（植物群集）は、その場の地形や土壌型、水分環境、さらに風倒や斜面崩壊などの自然撹乱や、伐採や火入れなどの人為撹乱後の植生遷移（植物群集の発達段階）を反映し、立地環境を総合的に指標するものと考えられている（前田・宮川、1970）。したがって、植生区分によっても、適正な立地評価がなされ、施業区分の資料とすることができる。植生区分では、上木（樹木集団）をのみ対象とする林型区分と林床植生のみを対象に行う林床型区分、そして樹木集団と林床植物群落を1つの植物群集として捉え、植物社会学的に類型化する方法がある。林床型では土壌水分環境など微細な環境を指標し、植栽樹種の選択には有効な手段となるものの、地形などの大きな環境を反映しない（前田・宮川、1970）。これに対し、林型区分では、大きくは地形を反映しながら、森林の発達段階をも指標し、区分も容易で森林管理の上で有効である。ただし、二次林の場合は、先駆的あるいは撹乱適応的な構成樹種の分布域が広いため、立地指標性が低下する。また、人工林地帯では林型区分自体が難しい。このように、従来の立地環境を知るために利用されてきた土壌型や植生型区分は、集水域の施業管理区分に有効ではあるが、実際問題として、従来の林分単位（林小班）にとらわれずに詳細に実施することは時間と労力を要し、困難が伴う上に、熟練した調査者（林業技術者）が欠かせない。そこで、こうした土壌条件や植生との結びつきが強いとされる地形に着目し、対象となる集水域内の微地形構造を解析、区分し、集水域管理の基礎となる施業管理区分を行うことを考えた。

5．地形解析に基づく施業管理区分

　地形は、土地の成り立ちを反映し、土壌形成にかかわり、水分環境などその他の立地環境あるいはそれを反映した植生との結びつきが強い。また、地

形はしばしば土地利用の大きな制限因子になる。したがって、地形解析を行うことにより、林業適地、不適地の抽出や造林樹種の選択なども可能となる。地形区分は、対象となる空間スケールによって異なるが、数十haから数百haオーダーが対象となる集水域（小集水域）管理では、田村（1980）が提案する微地形分類の適合性が高い。すなわち、斜面を構成する小地形単位を谷底、谷壁、頂稜に大きく区分し、さらに谷壁を上部谷壁、谷頭、下部谷壁、山麓あるいは丘麓などの亜小地形単位区分と細分し、さらに細かな微地形単位へと分類する手法である（田村、1996）。しかし、実際の施業管理区分では、小地形単位の下位区分である亜小地形単位区分で十分である。こうした地形区分は、実際の森林管理の作業で使用される基本図上でも概略的には可能であるが、適正な区分に当たっては現地踏査による確認は不可欠である。しかし、こうした地形に基づいた区分方法も、図上のみならず現地踏査を要し、しかも十分な調査経験を持つ者でしか的確な判断と区分が難しく、ややもすると主観的になりやすい。そこで、より客観性と自動化を図るため、DEMを使った管理区分の試みを行った（松浦ほか、2005）。

　現在では様々な地理情報（メッシュデータなど）を基に、森林の類型や管理システムの構築を目指すGIS（地理情報システム）が森林管理の現場に導入されつつあり、その基盤情報である地図情報が整備されつつある。これはDEM（Digital Elevation Model）と呼ばれるもので、日本全域では、地形図の等高線を50mないし10mメッシュの交点で読み、その標高をデジタルデータ化したものがある。このDEMを使って、地形の解析と類型化が試みられている。この手法は、対象となる空間（林地）において、10ｍメッシュでの標高データから谷底（斜面下端）から尾根（斜面上端）までの斜面形の中で、傾斜変換点などから各メッシュでの微地形を判別するシステムで、谷底から尾根部にかけて5つの小地形（谷底、麓部斜面、下部谷壁斜面、斜面上部、尾根）に類型化した。**図2**は、茨城県旧七会村にある関東森林管理局

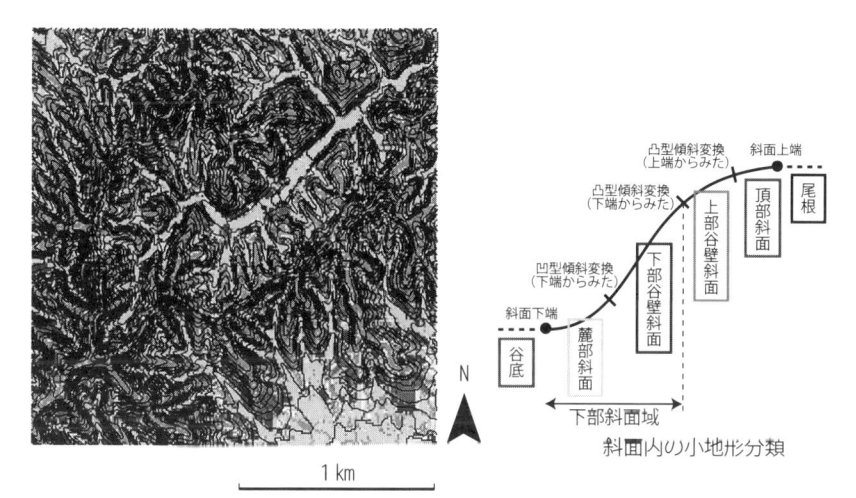

図2　DEM（10 m）を使った大沢国有林付近の地形区分
谷底が「水辺管理区」、麓部斜面、下部谷壁斜面が「木材生産区」、上部谷壁斜面が「準木材生産区」、頂部斜面および尾根が「林地保全区」に相当する。

森林技術センターの大沢試験地において、10 m DEM を使って地形解析を行って作成した地形区分図である。なお、この手法では、各微地形において、斜面傾斜が 35 度以上の急傾斜地（造林困難地）を抽出することも簡単にできる。

　この手法により作成した地形区分図から、谷底を河川流域の保全と生物多様性確保を目的とする「水辺管理区」、尾根部および急傾斜地は林地保全を図る「林地保全区」、その他を木材生産を目的とする「木材生産区」とした。その中でも特に斜面上部については、土地生産性が低いことを考慮し、粗放的な林業生産を行う「準木材生産区」とし、土地生産性の高い下部および麓部斜面の「（集約的）木材生産区」と別区画とした。その結果、現地踏査によって地形区分を行った施業管理区分（図1）と、かなりの部分で一致し、解析の有効性が確認されている。

　一方、この手法による施業管理区分は、集水域管理を実際に計画する場合

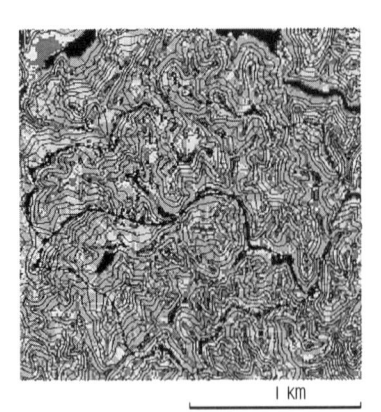

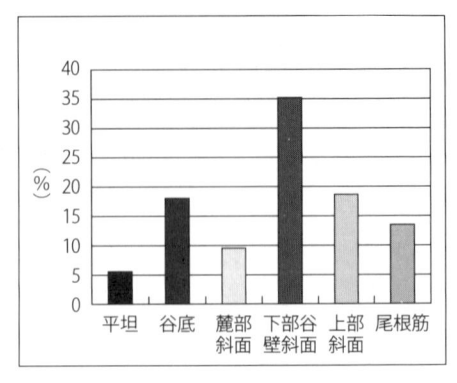

図3　DEM（10 m）を使った横山国有林付近（茨城県高萩市）の地形区分とその構成割合

に、集水域生態系の健全性を確保し、木材生産を図る上で、集水域全体でどのような区分の割り振りが必要かを推定することが可能となる。実際に、茨城県高萩市下君田地区にある国有林で、このシステムにより地形区分を行った結果、**図3**のような各施業管理区分となり、おおよその地域的な各区分の面積割合を知ることができた。この場合、谷底氾濫原をすべて「水辺管理区」としているため、この区は過大に評価されている。こうした地形区分に基づく施業管理区分は、集水域管理の基礎となり、この上に立って、各区域において目的に沿った適正な施業管理が実行されれば、集水域生態系の健全性・多様性を確保し、生態学的機能を維持しつつ、木材生産を図ることができると考えられる。

6．集水域管理の基本

　集水域管理の目的は、先に述べたように、森林の生態系としての健全性を確保し、森林の持つ生態学的諸機能を維持しつつ、持続的な木材生産（林業活動）を図ることである。そのためには、適正な林地の施業管理区分に基づき、目的に沿った事業を実施することである。その際、十分に配慮すべきこ

とは、森林生態系の基本的構成要素である土壌や植生の保全であり、その場所に生息する野生生物の生息場所、そして、それらが織り成す生物間相互作用を確保することである。集水域における林地の施業管理区分と林分の適正配置はその基礎をなすものであり、水辺管理区や林地保全区あるいは特殊な生物種の保護区は、集水域生態系としての基本構造（骨格）を定めるものである。したがって、その他の木材生産区において、多少不適切な施業が行われた場合にあっても、生態系全体を大きく損なうことはないように設計されるべきである。

以上の前提に立って、区画された集水域内の施業管理区分にしたがって、それぞれの構成林分について、具体的な施業や管理を行うことになる。まず「水辺管理区」は、河川生態系の環境形成、流域保全、あるいは集水域内の生物多様性保持、野生生物の移動・分散のための回廊機能を確保するため、河川に沿って谷底氾濫原に設定するものであり、本来の自然植生の保全を原則とすべきである。しかし、実際問題、木材生産を主に経営管理される地域では、こうした水辺域に自然植生が残されている場合はほとんどなく、人工林化が進んでいる。したがって、人工林化した水辺域においては、自然林の再生＝広葉樹林化が当面の課題となる。水辺域における自然林（水辺林）の修復あるいは再生は、天然更新であれ、より確実な人工更新であれ、多くの時間がかかる。しかし、急ぐあまり、水辺に成立している針葉樹人工林を一挙に皆伐すると急激な環境変化を招き、河川環境やその他の環境への負荷が大きい。したがって、水辺林の再生・修復に当たっては、現存する針葉樹人工林を間伐あるいは小面積で部分伐採を繰り返し、天然更新により広葉樹の導入を図りながら、時間をかけて徐々に広葉樹林へと誘導する施業が一番安価であり、環境負荷も少なく、しかも林業的にも負担が少ないと思われる。この際、問題となるのが、更新の成否である。広葉樹が幾分でも残存する場合は、天然更新も十分に可能と考えられるが、数代にわたる人工林の場合は、

種子の供給源となる広葉樹の母樹が存在せず、水辺林再生が困難である。こうした場合には、水辺林構成樹種の植栽導入を検討しなければならない。詳しくは、渓畔林研究会編（2002）の『水辺林管理の手引き』などを参考にされたい。

　尾根部や岩石地、急傾斜地などに設定される「林地保全区」は、木材生産林であっても、植栽対象から外されることが多く、広葉樹の二次林化している場合がある。こうした林分については、林地保全のため広葉樹の状態を維持し、老齢な広葉樹林に誘導管理する。また、従来の土地利用である薪炭やパルプ、シイタケほだ木の生産を目的とする皆伐と萌芽更新による施業も差し控えるべきである。尾根部や急傾斜地まで植林してある場合は、漸次、抜き切りなどで林冠を疎開させ、広葉樹の侵入・生育を促し、将来的には広葉樹林へと誘導することが望まれる。

　土地生産性が高く、路網などの生産基盤が整っている中下部の緩斜面は、最も木材生産に適した「（集約的）木材生産区」にあたり、通常行われる林業活動（木材生産）を主に施業を実行できる。一般に、林業地帯の集水域にあって、この区域は比較的広い面積を占めると考えられ、極端に林地破壊的な施業をとらない限り、木材生産に特化した経営管理を行っても、問題は生じない。ここでは、生産目的に合わせた自由な施業法が選択でき、労働集約的な林業が可能となる。一方、斜面上部などの土地生産性のやや低い立地や、路網の整備が難しく林業活動に不利な場所に設定される「準木材生産区」では、集約的な木材生産は経営的に難しく、粗放な取り扱いがより合理的であると考えられる。具体的には、緻密な密度管理や枝打ちなどの実施による良質材生産を目指すのではなく、できるだけ作業の省力化を図り、長伐期施業を採用することで付加価値の高い大径材生産を目指すなどにより、土地生産性の低さや不利な生産条件を克服する。また、粗放な取り扱いをすることで、林地保全やその他の生態学的機能を損なわせる恐れがあることから、厳格な

針葉樹一斉林として造成することを避ける。除伐段階で潔癖な広葉樹の排除を行わず、一部混交させるとか、成林後に、間伐率を高めながら間伐回数を減らし、その間、侵入してくる広葉樹を針葉樹に混交させ、針広葉樹の二段林を造成するといった施業も選択肢としてはある。いずれにせよ、粗放的な施業と伐期の延長で、木材生産に不利な条件を克服することが、この準木材生産区における合理的な施業法と考えられる。

この他、集水域内には、希少な野生動植物の生息する場所や自然遺産、歴史的な遺構が存在する場合もある。そうした場所は「保護区」として囲い、それらの保護に努めることが必要であり、周辺の林分の取り扱いについても配慮しなければならない。

7. 集水域管理において配慮すべきこと

集水域管理（集水域レベルでの生態系管理）において、基本設計に相当する施業管理区分に基づき、集水域の森林が経営・管理されれば、絶えず集水域全体を意識しなくとも生態系の健全性は大きく損なわれることはなく、持続可能な林業経営が実現できると考えられる。しかし、実際に施業管理区分を行うことにより、異なる区の境界が多く生まれることになる。こうした境界区域では、互いの目的とする林型なり機能に、悪影響を及ぼさないような配慮が必要となる。例えば、水辺管理区に隣接する木材生産区において伐採作業を実施する場合、当然、水辺管理区さらに河川への影響が考えられる。特に谷底氾濫原が狭く、水辺管理区が狭く設定されている場所で問題となる。こうした場合、水辺管理区に隣接する木材生産区においては、施業管理上、隣接する別区域への特別の配慮が求められる（渓畔林研究会、2001）。こうした施業管理区間の調整は、集水域管理では多かれ少なかれ必要であり、特に水辺管理区および保護区の隣接地では考慮しなければならない。

林道や作業道など路網の整備は、効率的な林業経営を進める上で、極めて

重要である一方、開設時の地形・植生の改変に止まらず、斜面崩壊を誘発するなど環境破壊や環境負荷を与えているのも事実である。そこで、集水域管理では、このような問題を生じることない、合理的かつ効果的な路網の整備が求められる。集水域の場合、面積も数十 ha ～数百 ha と狭いため林道の開設は必要でなく、作業道が主流となる。しかし、この作業道は、施業対象地（林分）における伐採、搬出などの作業にのみ対応する一過性のものではなく、集水域全体の総合的かつ長期的な施業管理に資するものとして位置づけ、維持管理されるべきである。また、これら作業道の開設にあたっては、路網を河川の流路沿いに網の目上に延ばすやり方は、水辺管理区を破壊、分断することから避ける必要がある。中間斜面や尾根部の緩斜面を利用し、集水域を循環する勾配の緩やかな（10 度以下）恒久的な基幹作業道を開設し、実際の作業現場には一時的な支線でアクセスする方法が最も合理的、経済的で、環境負荷も少ないと考えられる（渡邊、1998）。しかし、実際の急峻で複雑な地形的特長を持つ日本の林業地帯の多くでは理想的な路網整備は難しいと考えられ、実情に合わせた対応が求められる。

　日本の森林面積のおよそ 40％が人工林で占められるが、低標高の斜面下部や緩斜面など木材生産の生産適地における人工林率はさらに高いと考えられ、集水域のほぼ全域が人工林化されている場合も少なくない。施業管理区分を実行し、それぞれの目的林型に誘導する中で、集水域生態系を健全で多様な形に再編・修復し、持続的な木材生産を図るためには、多くの労力と時間を要するため、その過渡的な処置、施業が求められる。実現を焦るあまり事業を対象集水域で短期かつ全面的に実行し、急激な変化を引き起こしてはならない。あくまでも自然のプロセスを重視し、長期の時間的な経過の中で実現することに努めなければならない。また、集水域管理も林業経営の一形態であることから、必然的にその時々の社会・経済的な影響を受けるのは必至であり、将来の資源的到達目標を見据えつつも柔軟に対処しなければなら

ない。その期間の長さを考えれば、こうした集水域管理と森林経営の理念を次世代に確実に伝えてゆくことも重要である。

引用文献

渓畔林研究会編．2001．水辺林管理の手引き．日本林業調査会，213pp.

松浦俊也・安仁屋政武・横張 真・鈴木和次郎．2005．斜面規模・形状と斜面間距離にもとづくDEMを用いた自動地形分類手法．地形，26（3）：299.

前田禎三・宮川清．1970．林床植生による造林適地の判定．日本林業技術協会，90pp.

森林・林業基本政策研究会編．2002．逐次解説 森林・林業基本法解説．大成出版社，298pp.

田村俊和．1996．微地形分類と地形発達．恩田裕一・奥西一夫・飯田智之・辻村真貴（編）．水文地形学．古今書院，177 − 189.

渡邊定元．1998．防災水源かん養路網の提唱．山林，1367：2 − 10.

第4節

林分施業

鈴木　和次郎

1．林分施業とは何か？

　前節において、生態系としての健全性を維持しつつ木材生産など林業活動を組み込んだ森林管理を行うために、その管理の最小単位である小集水域ないし集水域について、その不均一な立地環境を考慮しながら、施業管理区分を行い、経営・管理の基礎的枠組みとすることを提案した。こうした区分に基づき多様な林分を適切に配置することで、それぞれの区分では特定の管理目的を達成するための施業を実施しても、集水域全体としては生態系の安定性や健全性を基本的に確保することができるものと考えられる。例えば、木材生産区に属する林分では、その目的に特化した施業法を選択、実施することができるだろう。しかしながら、各区分に応じて管理目的が特化した林分ごとの施業においても、集水域生態系の健全性確保ための配慮を図ることは、当然必要である。

　ここで、林分とは同一の管理を同時に行うための基本単位となる空間的にまとまった森林を指し、その取り扱いを林分施業とする。集水域管理も、主に自然条件（立地環境）によって区分されたそれぞれの施業管理区分ごとの林分施業に還元できる。木材生産を主目的に経営・管理される集水域でも、木材生産区ないし準木材生産区以外の区域では、過渡的に自然林の修復あるいは再生のための施業が実施されるが、その後は自然の推移に委ねられる。したがって、集水域内では木材生産区ないし準木材生産区が実際的な林分施

業の対象となる。木材生産のための区域は、これらの集水域では、広い面積を占めることになるため、実際上の林業活動ではさらに細分化し通常数 ha からせいぜい十数 ha という小面積で事業が実行される。したがって、木材生産区は、植栽樹種やその林齢、取り扱い履歴、施業法などで区分された林分（通常林小班と呼ばれる）の集合体として管理・経営されることになる。林分施業は、あくまでもその対象林分において、それぞれに生産目標あるいは将来の林分の姿を想定し、それに向けた施業を実施することを指す。森林生態系の持つ多面的機能発揮の一翼を担うものであっても、個々の林分施業でこれらを実現できるものではなく、それを主たる目的とするのでもない。木材生産区においては、あくまでも木材生産のための施業を行う。森林生態系としての多面的機能は、こうして個別に施業・管理された林分の集合である集水域として発揮される。したがって、林分施業は、集水域における生態系の構造や機能に直結するのも事実である。

現在、持続可能な森林管理（林業経営）が社会的に強く求められる中、木材生産をはじめ森林の持つ多面的な機能発揮に向けた森林整備の方向が「森林・林業基本計画」の中で打ち出され、これに基づく様々な施策が実行されている。その柱が「長伐期林施業」、「複層林施業」、「混交林施業」などの林分施業の推進である。本節では、このような施業法について、森林の持つ多面的機能発揮を目指す持続可能な森林管理（林業経営）の視点から検討を加えつつ、前節において提案した集水域管理の中での林分施業の新たな方向性を提案する。ここで扱う施業法は、いずれも木材生産を主たる目的としたものであり、集水域管理においては、主に「木材生産区」の一翼を担うものである。なお、従来型の通常伐期での皆伐一斉林施業に代表される一般用材生産を目的とする林分施業については、「保育形式」（坂口、1961）などとして、これまでにほぼ確立されているため、本節では言及しない。

2. 長伐期施業

　長伐期施業の具体的な内容については、本書別項（第2章第1節）に譲ることとし、ここでは人工林の生態系管理あるいは生態学的管理を実行する上で、高齢級化が持つ意味を考える。具体的には、高齢級化に伴い針葉樹人工林はどのような組成的、構造的変化を起こすのか、間伐などの人為的管理はそれにどのような影響を及ぼすのか、そして森林の持つ多面的な機能とはどうつながるのかについて検討する。

　藤森氏は、アメリカ・ワシントン大学のOliver教授やFranklin教授らの、自然林の大規模撹乱後に成立した二次林の発達過程に関する研究（Oliver、1981；Franklin and Spies、1991）に着目し、それをモデルに針葉樹人工林の老齢化に伴う構造的変化を予測するとともに、老齢化した人工林の生態系としての発達が、森林の多面的機能の発揮につながることを指摘した。また、一斉人工林においてそのような構造的変化を誘導するための、間伐などの人為的管理の必要性を提起してきた（藤森、1997）。このような主張は、森林の多面的機能発揮が求められるようになったという時代的背景ともあいまって、高齢級人工林が自然林と同等の生態学的機能を有するものと評価されることにつながっていった。高齢な人工林は、人の手で造成され管理されながらも、自然林に類似した複雑かつ多様な群集組成、林分構造を獲得し、生物多様性や生態系としての健全性も高いことが期待されたのである。その結果、長伐期施業には、大径材・高品質材生産を目指した木材生産機能以外の役割、すなわち多面的機能の発揮という役割が付加され、強力に推進されていくことになった。しかし、残念なことに、高齢級の人工林に関しては、蓄積、成長など生産生態学的情報の蓄積はあるものの、その林分の群集構造（種組成や個体群構造など）や動態、動植物などの生物相あるいは土壌の理化学的構造、特性などについての情報は限られている。また、こうした高齢級人工林

の生態系としての発達過程、とりわけ過去の伐採などの管理履歴がそこにどのような影響を及ぼしているかについては、調査・研究がほとんど行われていないのが実情である。つまり、こうした高齢級人工林に求められる林分構造が形成され、それに付随する生態学的機能が獲得されるまでに、どれほどの時間と、どのような取り扱いを必要とするのかについては、何も明らかにされていない。

そうした中で、私たちは、関東森林管理局茨城森林管理署管内の国有林に現存するスギ、ヒノキ、サワラの高齢級人工林の林分構造と過去の取り扱い履歴を調査するとともに、こうした林分の動態を継続調査するための長期モニタリングに着手している（鈴木・池田、2002）。これらの高齢級人工林は、江戸期藩政時代に造成され国有林に引き継がれたものや明治期に植林されたもので、林齢は100年～240年生である。調査を通じて明らかになったことは、確かに200年近い高齢級人工林は、壮齢人工林と比べ、多様で複雑な群集構造を有するが、意識的であれ無意識であれ、あるいは維持管理を目的としたものであれ、単なる資源略奪であれ、相当人の手が加わって今日に至っているということである。一方、100年前後の人工林では、通常の間伐による密度管理を行ってきた場合、林冠閉鎖以降の林分構造に大きな変化は見られなかった。つまり、100年生前後ではまだ林冠閉鎖が継続していて、高齢級人工林の特徴とされる構造的な複雑さも種多様性も見られず、自然林に類似した森林の構造は生み出されていない（鈴木ほか、2005）。長伐期の定義は「通常伐期のおよそ2倍の伐期齢」とされる。多くの場合、スギ、ヒノキの標準伐期齢はおおよそ45－55年と定められていることから、現在想定されている長伐期施業の伐期齢はその2倍、およそ90－120年となる。しかし、通常の密度管理による施業の場合、この程度の時間的な経過の中では、人工林が期待するほどの成熟段階に達することは難しいと考えられることから、長伐期施業の導入に当たっては、具体的な管理のあり方を

見直す必要があるかもしれない。自然林に類似した人工林の群集構造を生み出すためには、伐期を通常のおよそ2倍よりもさらに延長し、林分の老齢化と自然撹乱による構造的な変化を待つか、あるいは若い林齢段階（例えば、通常の伐期齢段階）で強度の間伐を行い、個体成長を促すとともに、広葉樹の進入を促しつつ伐期を延長するなどの処置が必要と思われる。

　次に、長伐期施業には、伐期に達した高齢級人工林の収穫（伐採）とその跡地更新についても問題が残る。つまり、林分としての成熟度と群集の多様性、安定性あるいは健全性を確保した老齢な人工林であっても、木材生産を求める限りにおいては、最終的な収穫行為を行わなければならない。ところがこのように成熟した林分を伐採することは、環境への負荷がより大きくなる。つまり、急激な環境変化を森林生態系に及ぼすことになる。これを回避する具体的な手法としては、部分的な抜き切りにより急激な環境改変を回避する択伐的な施業も考えられるが、これにはその後の更新などに技術的な困難が伴う。そこで考えられるのは、小面積の分散伐採である。この点については、次の複層林施業の中で具体的に述べる。

　いずれにせよ、長伐期施業は、集水域生態系の中で一番人為的な影響が及ぶ木材生産区にあって、生態系の健全性を安定的に維持しつつ木材生産を行うための有効な施業方法と結論づけられるかもしれない。特に準木材生産区域のような、立地的にも生産性の上でも木材生産にとって不利な場所においては、粗放な管理しか行えないので、林業経営の上で合理的な施業法である可能性がある。

　しかし、長伐期には残された課題も多い。その最大なものは、長伐期施業においては生産期間が長くなるが故に必然的に生じる気象害のリスクの増大であろう。風倒などでは、一瞬にして財産価値が失われる恐れもあり、その被害は高齢級であればあるほど大きい（**写真**）。また、これに対する効果的な対策がないのも事実である。長伐期施業を採用するか否かは、林地の置か

1991年、台風19号により壊滅的な風倒被害を受けた80年生のスギ人工林
（秋田県北秋田市）

れた自然環境、社会経済的諸条件を十分に考慮する必要がある。病害（例えば、カラマツ腐心病など）も、長伐期化で顕在化する可能性がある。

3. 複層林施業

複層林は、皆伐一斉造林によって造成された同齢単純林施業の弊害を見直す施業として提案され、実行されてきた。今も、様々な問題が指摘されながらも、複層林への志向は強いものがある。従来の皆伐一斉造林の弊害で一番指摘される点は、収穫時の皆伐による悪影響である。すなわち、林地の樹木が取り除かれ、林地が裸地化する中で、土壌中に蓄積された有機物が分解され、降雨により有機物や土壌養分が流亡し、地力の低下が引き起こされる。また、林地斜面の崩壊を誘発し、それにより発生した土砂は河川に流入し、流域生態系に大きな環境負荷を与えるとの認識である。さらに同齢単純林

は、生物多様性も低く、森林としての健全性に欠き、気象害や病虫害など自然災害を発生させ、生態学的機能も低いとされている。そうしたことから、皆伐による急激な環境改変の回避と多面的機能発揮を目指した複層林造成が提唱され、実践されるに至っている。

　このような皆伐一斉造林の弊害は、戦後、森林に木材生産機能の高度発揮が強く求められ、昭和30年代以降、天然林の伐採と人工林化を推進する拡大造林政策が進められる中で、明瞭に認識されるようになってきた。拡大造林政策のもとに行われた皆伐一斉造林施業では、1つの伐区（造林地面積）が数十haに及び、小集水域が全域伐採され、人工林化することも稀ではなかった。特に、国有林でこの傾向が顕著であった。その結果、豊かな自然環境が失われたばかりでなく、水土保全機能をはじめとした森林が持っている様々な公益的機能も損なわれ、地域や流域の産業や住民生活に少なからず悪影響を及ぼしてきた。また、こうして造成された人工林では、立地選択の誤りや手入れの悪さから不成績造林地が奥山、多雪・高海抜地帯を中心に多発したため、大面積一斉造林は見直しが迫られ、伐区面積の縮小や分散化、さらには非皆伐施業や天然林施業の推進が図られるようになってきた。このような背景から、皆伐施業に対してはマイナスイメージが根強く、非皆伐施業、特に複層林施業推進の論拠となっている。

　しかし、皆伐施業自体は、否定されるべきものだろうか？　通常の林業活動において行われてきた皆伐施業まで否定的にとらえる見方には、偏見や誤解があるように思われる。皆伐一斉林（同齢単純林）施業は、伐採、搬出、跡地更新などの作業を考えれば、木材生産活動を行う上で、むしろ効率的で合理的な施業法と考えられる。もちろん、大面積に及ぶ皆伐一斉造林では、環境破壊や森林の機能低下も心配されるが、現在、通常の林業活動で採用されている伐区面積は、特殊な場合を除けば数ha以内である（国有林では普通林地で20haが上限）。また、保安林など制限林地では、皆伐は許されて

も 5 ha の上限が設けられている。このため、河川周辺や急傾斜地などにおける作業場の配慮を行えば、皆伐を行ったとしても、大きな環境破壊や負荷を避けることは十分に可能である。さらに生態学的見地に立てば、風倒など自然撹乱は、しばしば小面積皆伐と同程度の規模を持つが、むしろ生態系の多様性や複雑さを維持する上で重要な役割を果たしていると理解されている（中静、2004）。人工林における皆伐施業（人為撹乱）は、小面積に止まる限りにおいては、その役割を肯定的に評価することができるかもしれない。集水域管理の中で、適正に配置された木材生産区域の中で小面積の分散伐採を行う限りでは、皆伐作業において危惧される問題の多くは生じないものと考えられる。

　ところで、皆伐施業を見直す中で生まれてきた非皆伐作業（複層林施業）の原型は、岐阜県の今須などで行われてきたような人工更新による択伐林施業であり、極めて労働集約的で特殊な林業形態である。当初、複層林施業は、表層土壌の破壊や流亡の防止、水源涵養機能の維持、上木の被陰による作業環境の改善、植栽や下刈り保育の省力化などの利点が強調され、導入が進められた（藤森、1989）。複層林施業は、非破壊的な施業＝環境配慮型施業と理解されたのである。さらに「森林・林業基本法」において施策の中心に置かれたこともあって、行政によって強力に推進されることとなった。特に、森林の機能区分で言うところの「水土保全林」内の人工林において、水源涵養、国土保全機能を高める施業として重視され、現在の計画によれば、将来的には全人工林の面積の 66.4％（870 万 ha）にまで拡大することになっている。

　しかし、複層林の提唱者の 1 人である藤森氏も認めるように、その科学的な根拠は乏しい（藤森、1989）。針葉樹による複層林化は、林冠が常時の閉鎖状態におかれるところから、林床の光環境は単層林と変わらず、しかも、伐採による軽度の撹乱しか生じないため、むしろ下層植生の衰退や単純化が

進行する。複層林は、林冠層を常時維持することを最大のメリットとしているが、実はこれが災いともなる。その上に、複層林施業には技術的な困難が伴う。最も大きな問題の1つは、樹下植栽した下木の健全な成長を促すための好適な光環境の確保で、このためには上木の林冠閉鎖を破る適切な受光伐が必要である。加えて、いずれ上木は、収穫のために伐採しなければならないが、この時、なるべく下木の損傷を避けるように上木伐採を行わなければならない。収穫時に下木の多くが損傷し、再造林を余儀なくされることがある一方で、下木の損傷を恐れるあまり上木の伐採を手控えて、被陰により下木が成長不良に陥ったりするケースも生まれている。また、複層林化を急ぐあまり、50－60年の壮齢林を間伐して樹下植栽を行うため、林冠の閉鎖が早く、その下で被圧された下木が放置されている場面も多く見られる。以上のように、現在推進されている複層林施業、とりわけ二段林施業は、生態学的な機能発揮も期待できず、合理的な木材生産活動や良質材生産にもつながっていない。

　人工林において生態学的機能発揮を図りつつ、合理的な木材生産を行うために、複層林（二段林）施業とは別の施業方法が提案されている。すなわち、収穫期に達した林分で、一斉に皆伐・新植を行うのではなく、数年ないし数十年ごとに帯状あるいは小面積の分散伐採と新植を繰り返し実行し、林齢の異なるいくつかの小林分群からなる、モザイク構造を持った林分をつくり出そうというものである。樹冠層の垂直な多層構造からなる複層林に対し、水平的に異なる林冠層を配置した複層林で、"複相林"あるいは"モザイク林"と呼ぶべきものである。こうした林分構造は、必然的に林縁部が拡大し、林内に側方からの光が期待され、これが植栽木の林冠層下に多様な植物群集の成立を促すため、小林分の垂直的な多様化、複雑化にも貢献できる。こうした小林分からなるモザイク構造は、自然林の林分構造に類似し、伐採は"自然撹乱"に相当すると見ることもできる。加えて、帯状皆伐や小面積の分散

伐採による"複相林化"あるいは"モザイク林化"は、一斉林の収穫期を分散させることで、将来の継続的かつ持続的な木材生産（収穫の保続）に貢献するなどの利点もある。このようにして生み出された多相（多層）構造からなる林分は、皆伐一斉林施業の合理的な側面を引き継ぎつつ、空間的に複雑な林分構造と多様な生物群集を兼ね備えるため、これまでに指摘されてきたモノカルチャーの弊害の改善にもつながることが期待される。こうした施業法については、第2章の4節ないし5節で詳しく述べられている。

4. 混交林施業

「森林・林業基本計画」の中で、「水土保全林」を中心に森林の整備する施業法として、先に述べた長伐期化や複層林施業とともに、"混交林施業（広葉樹の導入）"が打ち出されている。しかしながら、その中身については、具体例が示されず、その実態について理解しづらい面がある。混交林の目指すところは、モノカルチャーの改善にあるが、それをどのような地域、環境、林分で実行しようとしているのか、どの空間スケールで実現しようとしているのかが明らかにされないままに、事業的な取り組みが進められているように思われる。そもそも期待されるような環境保全的な、あるいは多機能型森林の育成につながるという科学的な根拠すら乏しいようだ（中村、2004）。

一方、このような施業は、過去に取り組みの事例もなく、技術的な蓄積は乏しい。そもそも、広葉樹と針葉樹は成長特性に大きな違いがあり、互いに相性が悪い。マツ類を除けば、針葉樹はその成長特性として上方への伸長を優先し樹冠の広がりも狭い。一方、広葉樹は空いた空間であれば、できるだけ側方に枝を伸ばし、樹冠を広げようとする傾向がある。その結果、同所的に両者が存在する場合は、成長するにつれて、光を求める競争が激化し、共存が難しいとされている（谷本、1990）。樹種によって多少の違いはあるだろうが、針葉樹と広葉樹の単木混交による混交林の造成は至難の業と思われ

る。にもかかわらず、針葉樹人工林の下に樹下植栽し、針広二段林を造成するとか、針葉樹人工林内に穴を開け、広葉樹を植栽するなどの取り組みが検討されているのである。

　矛盾する言い方ではあるが、実際には技術的蓄積がないにもかかわらず、混交林は多く造成されてきた。造林後、初期保育の段階で適切な保育作業が行われなかった場合には不成績造林地が生まれるが、その多くは針葉樹と広葉樹の混交林となっている。こうした混交林は、尾根部や岩石地、高標高、多雪地帯など、針葉樹人工林の造成困難地あるいは成長不良地などで多く見られる。こうした不成績造林地を混交林の好例とみなし、"機能上、優れた森林"と主張する技術者がいないわけではない。確かに不成績造林地においては、侵入した広葉樹を除伐して育成した成長や形質が不良な植栽木からなる人工林よりも、針広混交状態の方が機能的に優れ、価値が高いと見るべきではあろう。しかし、このことは、本質的には造林の適正な立地選択あるいは管理を誤ったということである。これをもって混交林化を推奨することは本末転倒である。

　もちろん、このような混交状態を積極的に取り入れなければならない場合や、過渡的には採用しなければならない場合もある。確かに、針葉樹の同齢単純林には、生態学的見地からは様々な欠点や弊害が存在する。しかし、これらの問題は、先に述べた集水域での適切な施業管理区分と、目的に応じた林分管理（施業）を実施することにより、基本的には解決されるものである。その際、現在は人工林化されている水辺管理区や林地保全区には、将来的に自然林（多くは広葉樹林）を再生し、保全・管理していくことになる。この場合、こうした施業管理区に存在する人工林を伐期において一斉皆伐し、天然更新であれ人工更新であれ広葉樹林化することは、急激な環境変化を引き起こし、環境保全のためという混交林の本来の設定目的に反することになる。また、長期間、針葉樹一斉林が維持されてきたところでは、一気に広葉樹林

へと誘導することも困難だろう。こうした区域における自然林の修復再生に当たっては、過渡的には針葉樹と広葉樹との混交状態をつくり、漸次、広葉樹林へと誘導していく必要が生じる。すなわち、保育段階で、人工林としては生育不良の状態にあり、広葉樹との混交状態が生まれている場合は、必要最小限度の保育作業に止め、混交状態を維持しつつ、伐期に達した段階で、植栽木を伐採し、広葉樹林への転換を図る。また、十分に植栽木が成長し、通常の林分を形成する場合は、保育段階で強めの間伐を実施し、広葉樹の侵入を促して上方林冠層に植栽木、下層に広葉樹の混交状態をつくり出し、伐期に達して以降、漸次、上木の伐採を進めて、最終的に広葉樹林へと誘導する。

　先にも述べたように、木材生産を主たる目的として管理・経営される集水域においても、適切な施業管理区分とそれに基づく林分施業を実施する限り、例えば木材生産区において木材生産に特化した施業を実施しても、集水域生態系全体の健全性や生態学的機能を大きく損なうことはない。さらに、それぞれの施業管理区分内の林分施業に工夫や配慮を加えることにより、集水域全体の生態系としての森林の健全性を高め、多面的機能発揮を促進することもできるだろう。木材生産区におけるモノカルチャーの改善策として、小面積分散伐採によるモザイク林施業と長伐期施業とを組み合わせ、上方林冠に植栽木、下層部に広葉樹の針広二段林という混交状態を創出し、生産林分であっても林分構造の複雑化と多様化を図ることが可能である。一方、木材生産区でも、土地生産性がやや低く、路網などの生産基盤が十分に整備されていない立地では、少量多間伐などの労働集約的な施業がとれない。この場合は、初期間伐の段階で、将来良質材の生産が見込まれる個体（植栽木）を選択的に残した強度間伐を実施し、その後も低頻度の間伐を基調とする長伐期施業を採用することにより、良質の大径材生産を図る施業が考えられる。空いた空間には自然に広葉樹が侵入して混交状態が生み出されるので、同齢単

純林の弊害の軽減に結びつくものと考えられる。いずれにせよ、木材生産以外の公益的機能発揮を混交林施業に求めるのであれば、それはあくまでも自然林へ誘導する過渡的な措置と位置づけるべきである。

引用文献

Franklin, J.F. and Spies, T.A. 1991. Composition, function and structure of old-growth douglas-fir forests. USDA Forest Service, Pacific Northwest Forest and Range Experiment Station. General Technical Report PNW-285, 71 − 80.

藤森隆郎．1989．複層林の生態と取り扱い．林業科学技術振興所，96pp.

藤森隆郎．1997．日本のあるべき森林像からみた「1千万ヘクタールの人工林」．森林科学，19：2 − 8.

中村太士．2004．森林機能論の史的考察と施業技術の展望．森林技術，753：2 − 6.

中静透．2004．森のスケッチ．東海大学出版会，236pp.

Oliver, C.D. 1981. Forest development in North America following major disturbances. For. Ecol. Manage, 3：153 − 168.

坂口勝美．1961．間伐の本質に関する研究．林試研報，131：1 − 95.

鈴木和次郎・池田伸．2002．針葉樹人工林における「生態学的管理」を目指して．森林科学，36：16 − 24.

鈴木和次郎・須崎智応・奥村忠充・池田伸．2005．高齢級化に伴うヒノキ人工林の発達様式．日林誌，87：27 − 35.

谷本丈夫．1990．広葉樹施業の生態学．創文，245pp.

第5節

天然更新施業

正木　隆

1．今、東北のブナ林は

　都会に生れ育った私が東北地方の森林と言って真っ先に思いつくのは、ブナ林だった。白神山地、鳥海山、森吉山……有名なブナ林が何と数多いことか。どれもブナ林の「ブランド」である。これ以外にも、「無印良品」のブナ林がたくさんあるに違いない。もしも、いつか東北で暮らすことができれば、きっと素晴らしいブナ林に出あえるだろうに……。という私の願いがかなえられたのは、1993年の5月のこと。森林総合研究所に新規に採用され、早々に盛岡勤務を命じられた私は、菜の花の頃、心も軽く旧南部藩の都に降り立った。遠くの山の森は、まさに新緑が始まらんとしていた。

　しかし、もはや東北地方ですら、鬱蒼としたブナ林がほとんど残されていない、ということを理解したのは、着任してからすぐだった。

　私が山でもっぱら目にした広葉樹の天然林は、申しわけ程度に尾根沿いに残された保残帯であり、山を占拠していたのは、それに囲まれたスギやカラマツの人工林だった。

　こう書くと人工林を非難しているようだが、いやいや人工林だって、高齢級に達すれば人間に自然の畏敬を感じさせるに十分な貫禄が備わってくるものだ。それに、森林から木材を生産することは、肉や野菜を食べるのと同種の、人間の「業」である。だから、私は人工林施業自体は肯定する。しかし、私が東北のブナ帯で見た人工林の多くでは、スギがことごとく雪で曲が

り、まだ若いのに樹冠の先端が既に丸くなりつつあるものだった。まさに貧弱。植えられた針葉樹にとっても、いい迷惑であったに違いない。もとの天然林の方がマシだったのではないか。

　そして、さらに目を覆いたくなったのは、標高の高いブナ林の状態だった。そこは、天然更新施業が行われた後だったが、ブナの後継樹なぞほとんど見られない。どこもかしこも高さ数mのチシマザサやチマキザサで覆われ、藪の中からコシアブラが数本ひょろひょろと頭を出しているような有様だ。

　件の人工林は、たとえパッとしなくてもまだ「森林」と呼べる。しかし、更新不良な天然林はもはや林の呈をなしていない。なぜこんなことになってしまっているのか？　これは林業・林業政策の問題であると同時に、天然更新の技術の問題でもある。ゆえに、科学者の目をもって現状と原因を分析する必要がある。本稿は、私なりの試みである。

2．天然更新を定義する

　そもそも、広葉樹林の天然更新の技術開発とは何か？　また、技術開発研究は成功していると言えるか否か？

　これらは、簡単な問いに見えて、なかなか答えることが難しい。なぜならば、まず言葉の定義が、人によって千差万別だからである。

　天然更新とは何か？

　技術開発とは何か？

　まずは、私なりに定義してみよう。ここはひとつ、「なんとか辞典」とかに頼らずに、ちょっと自分のアタマで考えてみたい。

　最初に「天然更新」からである。大きく整理すると、私は以下の4つの定義があると考える。

　① 天然林伐採後に目的樹種の実生集団を天然に（つまり植栽せずに）成立させること

② 天然林伐採後に実生集団を天然に（つまり植栽せずに）成立させた後、目的樹種で構成される森林を再生すること
③ 天然林伐採後に前生稚樹によって森林を再生させること
④ 天然林伐採後に切株からの萌芽によって森林を再生させること

　１番目の定義は、時間スケールを、数年程度の短い期間にして森林を見た場合である。ブナを伐採した跡地に、ブナの実生が高密度（例えば、ha 当たり 30,000 本以上）で成立するように誘導する技術と考えればよい。これはどちらかと言えば、定義としては狭いと言える。また、実生更新を前提としているから、大面積の皆伐、数 ha ぐらいの小面積皆伐、孔状の皆伐など、皆伐作業後に次世代集団を新たに形成する技術と位置づけられる。より具体的には、母樹保残法や傘伐施業が、これに含まれる。北海道でよく行われている、皆伐後のかき起こしによるカンバ類の更新施業もこれに該当するとしてよい（梅木、2003）。

　次に２番目の定義では、森林の更新をより長い時間スケールで捉えている。①の定義で重視する短期間での実生の成立は、長い森林の更新過程のほんの一断面である。次回の伐採が可能になるまでの長期にわたって森林をきちんと仕立てることで、天然更新が完了する、という立場である。

　そして、３番目の定義。これは、森林を伐採した後に、前生稚樹を利用して森林を再生することである。いわゆる択伐施業後での更新、松川恭佐による「森林構成群」に基づくヒバ林施業、東大北海道演習林での「林分施業法」などが、この定義に含まれるとする。また、第４の定義は、薪炭林での萌芽更新施業にあてはまる。

　一見してわかるように、どれも普遍的な定義ではない。第１、第２の定義は、ブナ林の施業で戦中・戦後に実施されてきた皆伐母樹保残法が行われた地域や北海道の天然更新にあてはまるだろう。一方、第３の定義の天然更新

施業は、現在ではもっぱら北海道で見られるだけだが、かつて大正・昭和初期には日本中の国有林に導入されたことがある（渡邊、2003）。第4の定義の天然更新は、かつて里山で普通に見られたものだが、燃料革命とともにほとんど廃れてしまた。

　本稿では、この定義の順番に沿って話を進めていく。ただし、筆者の研究履歴のせいもあって、定義ごとの論考に浅深はある。その点はご容赦願いたい。また、針葉樹に関するものや、萌芽更新に関する考察は、本書の他章にゆずることとしたい。

3．実生はどうすれば成立するのか？

　ではまず、第1の定義を基にして、天然更新技術を点検してみよう。

　北海道では、天然林を皆伐したあとに、地表を攪乱することによってカンバ類を天然更新させる施業が普通に行われている（梅木、2003）。ダケカンバなどのカンバ類は、風にのって遠くに運ばれる軽くて小さな種子をもっている。その散布能力は、数十ha以上の大面積を皆伐しても、トラクタなどで地面をかき起こしておけばカンバ林になるのに十分な実生が生えてくることで、立証されている。北海道では、この技術に30年近い実績があり、ほぼ確立されているといってよい。

　では、ブナはどうか？　著名なのは、前田による皆伐母樹保残法の研究である（前田、1988）。その概要は、①ブナ母樹をha当たり30〜50本残してあとは伐採し、②入念な下刈りをしてブナ実生の定着を促進し、③高さ30cm以上のブナ稚樹を3万本/ha程度成立させる、というものである。東北地方でもブナの皆伐母樹保残施業については、岩手県の黒沢尻ブナ林総合試験地で行われた柳谷らによる研究がある（柳谷・金、1980）。柳谷の示した基準はやや緩く、残す母樹は15本程度、成立させる実生は1万本/ha程度というものである。

このブナの更新技術で大切なことがある。それは、種子の大量結実にあわせて施業を開始しなければならない、ということだ。種子がそこになければ、どんなに下刈りをしてもブナの実生は出てこないのであるから。しかし、これが実に難しい。更新に寄与するほどのブナの結実、つまり大豊作は、5～7年に一度しか起こらない。柳谷の黒沢尻の研究でも、1969年に母樹を残して伐採したものの、ブナの豊作が1973年まで来なかったことから、その間、毎年丹念に下刈りをして待ち続けなければいけなかった。黒沢尻はある意味、採算を度外視する試験研究だからそれができたものの、「あがり」を得なければならない事業の現場であったとしたら、あのような入念な下刈りを続けたかどうか疑問である。

　しかし、ブナの結実を予測する術はまだ確立されていない。北海道の渡島半島のブナでは、4～5月の気温（低温が鍵らしい）と過去数年の結実量から的中率8割という精度で、翌年のブナ結実を予測するシステムを開発している（北海道立林業試験場道南支場、http://www.hfri.bibai.hokkaido.jp/11donan/donan.htm）。しかし、その法則は本州のブナ林にはあてはまらない。私が調べた限りにおいても、東北では6月のむしろ高温で翌年の豊作が起こるという作業仮説が妥当そうである。しかしいずれにしても、ブナの豊凶メカニズムは、まだ何もわからない、ということだ。

　豊凶予測を伴わずして、天然林の皆伐作業は不可能である。つまり、ブナの結実が予測できない限り、皆伐母樹保残施業などは絵に描いた餅にすぎない。しかし、各地のブナ林でそれを実際にやってしまった。その結果を我々は今、東北の山で見ているのである。

　では、ミズナラはどうか？　日光の中禅寺湖にほど近いミズナラ林で、前田のブナ研究と同様の発想——複数の母樹保残率と複数の地表処理タイプを組み合わせる——によって、天然更新技術の研究が行われている。私は、まだ学生だった80年代後半に、その試験地での調査を手伝いにいったことが

ある。そして、今でも鮮明に覚えている。上にミズナラの母樹があろうとなかろうと、ミズナラの実生がまったく見られなかったのだ。その代わりに更新していたのは、ウダイカンバやミズメ、アカシデなどのカバノキ科樹木だった。まるでミズナラの天然更新試験ではなく、カバノキ科樹木の更新試験のようだった。

　一体、ミズナラはどのような結実パターンを示すのだろうか？　東北地方では、20年近く継続してミズナラの種子落下量を調べている試験地があるので、私はそのデータを分析してみたことがある。なんと驚くなかれ、ミズナラの大豊作は約20年間に2回しかなかったのである。その大豊作時には、健全なミズナラ種子が1 m^{2}当たり100〜200個落下していた。それ以外の年でもミズナラの種子は多少はなるが、1 m^{2}当たり30個に満たない落下密度にすぎず、低空飛行を続けているようなものであった。どうやらミズナラは、ブナ以上に実がなりにくい樹種らしい。そして、おそらくそれがミズナラの実態である。ミズナラは、皆伐母樹保残法で天然更新を図ることがほとんど不可能と思われる。

4．実生がたくさん成立すれば安心か？

　前説でブナの実生を計画どおりに定着させることが、今の技術ではほとんど不可能なことは述べた。それでも、前田や柳谷の試験地のように、ブナの豊作が来るまで手間をかけ続ければ、更新を「成功」させることはできる。では、それで安心してよいだろうか？　ここで第2の定義、つまり森林の再生までをもって更新完了とする基準にしたがい、更新技術を吟味してみよう。私が調査にかかわった黒沢尻試験地を中心に述べてみる（正木ほか、2003）。

　結論から言えば、黒沢尻での皆伐母樹保残施業によるブナの更新は失敗した。確かに、施業直後は基準を満たすブナ稚樹集団の成立が見られた（柳

谷・金、1980)。しかし、30年後の2000年に試験地を再び調べてみたところ、稚樹集団の上層(胸高直径10～25 cm)はウダイカンバ、ウワミズザクラ、ホオノキなどで占められていた。あれだけ高密度だったブナ稚樹はどこへ行ってしまったのか？　それは、胸高直径5 cm未満のサイズのまま、下層にとどまっていたのである。当時想定していたような、ブナ二次林の林相にはほど遠かった。この森林は、当面ブナ林に移行していくことはない。天然更新の第2の定義にしたがえば、明らかな失敗である。

　しかし、ここから1つの教訓は得られる。実生段階での状況だけをみても、森林の将来は予測がつかない、ということだ。

　では、北海道でのかき起こしによるダケカンバの更新はどうだろうか？多くの事例を分析すると、ダケカンバが優占した状態のまま、林分は成長を続けているそうだ。ではこれは成功したとみてよいか？　実は、「目的樹種」の定義が曲者である。果たして、カンバだけで構成される森林が再生されることを目的としているのだろうか？　もちろん、そういう場合もあるだろう。しかしその一方で、森林に期待される機能が、ますます多様化しているのが、今の時代の特徴である。生物多様性の保全、二酸化炭素の固定、環境調節作用など、いろいろな機能が森林にはある。人々は森林に対してこれらを期待する。しかし、カンバの林で本当にそれらの機能が十分に発揮されるかどうかは疑問である。例えば、生物多様性などはずいぶんと低いレベルに留まってしまう(梅木、2003)。

　これはブナの更新施業にもあてはまることである。前田は自らの論文の表題に「ブナの更新」という用語を使っていた。「ブナ林の更新」とは言っていないことは、刮目に値する。ブナの更新ならば、文字どおりブナだけが更新すればよい。その哲学は、スギの一斉造林とほぼ同じである。

　しかし、ブナ林となると、事情が異なる。そこにはミズナラもあれば、ハリギリもあれば、カエデ類なども生育している。多種多様な植物に多種多様

な動物や微生物がかかわって、生物の複雑なネットワークが形成されている生態系である。そして、それは世界的に求められている持続可能な森林管理が目指す森の姿でもあろう。となると、ブナやカンバなどの当面の実生の定着だけを見て、更新の成否を判断することはできない。将来は樹種がどのように混交する森林になっていくのか？　それを見極め、制御するための方法が必要である。これこそが、第2の定義に基づく天然更新技術であろう。そして残念ながら、そのような技術など、まだないことを我々は認めなくてはならない。欧米などでは、シミュレーションモデルによって、曲がりなりにも将来の森林動態を予測するための技術開発が進められているのだが、日本ではあまり盛んではないのが不思議である。

5．伐った後の自然任せは是か否か

　最後に、第3の定義である。これは、主に択伐施業を念頭においたものである。主に行われているのは、北海道だろう。しかし、これも先に述べたことと同様、生態系の構造まで踏みこんで体系づけられているものではない。トドマツやエゾマツなど、いくつかの主要樹種だけは考慮しているのみである（北畠ほか、2003）。東大の北海道演習林で行われている林分施業法は工夫されている。択伐だけですまさず、積極的な補植、また場合によっては小面積での皆伐後の植栽などを組み合わせて、なるべく将来の組成をコントロールするように努めているようだ。ただそれでも、択伐後の前生稚樹の組成の変化は、ある意味「自然任せ」である。

　ブナ林でも最近、弱度の伐採のみを加えてブナ林の構造や組成を保つための施業が行われている。人によっては、それを育成天然林施業と呼ぶ。しかし、結局優占してくるのはウダイカンバが主だったり、でなければ林床にササ類が繁るだけで、もとのブナ林の構造に復していく傾向はほとんど見られない（正木ほか、2003）。これを「育成」と呼ぶことに、私は抵抗を感じ

る。それに、この技術などは、どのような科学的知見をもとにしているのかまったくわからない。私は、「育成天然林施業」は技術として論評に値しないと思っている。

6．天然更新を「期待」する愚

　ここまで3つの定義の順に従って、天然更新技術を点検してきた。私の考えでは、どれも現時点では不備があり、細心の注意をもって扱うべき技術であるか、または技術とは言えないようなものもある。技術とは諸刃の剣であり、使い方を誤ると不測の事態を招くものだ。それにもかかわらず、天然更新技術が現場で安易に適用されてきた理由は何か。それに対する回答として、どの定義にも暗黙のうちに含まれているものがある。それは「期待」である。

　私のこの考えは、中川昌彦氏（現北海道立林業試験場）の学会での発言等から啓発されたものである。中川氏は、科学的なデータに基づいて天然林管理を論じることのできる人だと思う。いつだったか日本林学会の本大会で、彼が北海道でのかき起こしによる更新施業地の土壌を分析した結果を報告していた。彼の結論はおおよそ、「かき起こしの結果、土壌のA_0層とA層がほとんど失われており、今は広葉樹が密立しているが、将来の成長は保証できない」というものだったと記憶している。私はその発表に得心したが、ある大ベテランの研究者が手を挙げ、「でも現時点でちゃんと更新しているのだから、施業としては成功ではないのか」という意味の質問をした。彼は答えて曰く、「これは将来、森林になることを漠然と期待しているだけで、いわば天然更新「期待」施業です。天然更新施業ではありません」と明言した。それを聞いて、私の隣に立って聞いていたある御仁は、我意を得たり、とばかりに大きく頷いていた。私には、今でも忘れられない1シーンである。

　ちなみに、質問をした研究者は暗黙に第1の定義に従っているが、中川氏は第2の定義に従っている。ゆえに、話がかみ合わないのも当然なのである。

それはともかく、私は中川氏の言うとおりだと思う。そう、戦後の天然更新施業の現場を支配していたものは、合理的かつ客観的に技術と向き合う姿勢ではなかった。そこにあったのは、「なんとかなるだろう」という非論理的な空気、ムードだったのではないだろうか。

7．技術開発研究を定義する

　では、前田や柳谷らの皆伐母樹保残法は、まったく間違っていたのだろうか？　第1の定義に従えば、決してそんなことはない。先達の名誉のためにもそれは断言しておく。彼らが体系化した技術に従って天然更新施業を忠実に行えば、必ずやブナの実生で林床は埋めつくされるだろう。ただ、現場でそのとおりにはやらなかっただけのことだ。ブナの結実の豊凶に関係なく事業を行い、丹念な下刈りを省略すれば、更新に失敗するのは自明の理である。
　しかし、見方を変えると、この失敗は技術の未完成によるものであったとも言える。これは「技術開発研究」とは何か、という定義にかかわってくるものである。今までこれについては触れていなかったので、ここで定義してみたい。
　以下は、民間企業で研究開発に携わっている人から伺った話である。彼の研究所では、技術開発研究には3つの段階があるという。まず第1に、基礎研究。これは直接利益には結びつかない、海のものとも山のものともつかない原石のような研究のことである。ちなみに、その人に言わせると、「今すぐの利益を必要とする民間企業には、のんびりと基礎研究をやっている暇はないから、基礎研究はぜひ公的な研究機関でやってもらいたい」そうだ。なるほど、そういう考え方もあるのか、と思う。
　次の段階は開発研究。これは、基礎的な研究成果をもとに、実際に応用できるような技術を開発し、より実用的なものに磨きあげていく研究である。求めている品質の製品が、この技術を適用してできるかどうか、が焦点にな

る。

　そして、仕上げが商品化研究。民間企業はこの商品化研究を最も重視しているそうだ。要するに、マーケットはあるか、適切なコストで生産可能か、などの経済的な確実性を徹底的に研究・追求するのである。商品化研究で成果が出なければ、どんなに有望そうな技術であっても日の目を見ない、というのが民間企業の論理である。

　以上を参考に天然更新（に限らないが）の「技術開発研究」を私なりに定義すれば、以下の3つの研究によって構成される。すなわち、

　①　基礎研究：基盤となる科学的な知識・方法を体系化し高度化するための研究

　②　応用研究：目的の森林を再生するための具体的な更新技術を開発する研究

　③　実用研究：実際の施業現場で、経済的に無理なく更新技術が使われるようにするための研究

　さて、ブナの皆伐母樹保残法に関して言えば、この方法は本当に現場で実行可能な技術だったかどうか疑問が残る。母樹保残法の開発に携わったOBの研究者が「私たちが提案した方法で天然更新を行えば、きっとうまくいくのですが、なぜか誰もそのとおりにやってくれないんですよ」と語っていたのを覚えている。その悲嘆はよくわかる。しかしそれは要するに、技術が使いにくかったことを示しているのでなかろうか。コスト面の検討、結実の豊凶の予測手法などを欠いた、片肺飛行の技術だったのではないか。

　私の見るところ、実用研究に取り組む林学の研究者は少ないと思う。最後の詰めの研究を怠っていれば、技術開発は不完全である。しかし、私たちはそのことに気がつかず、あるいは確信犯として目を瞑り、天然更新技術が完成したものとしていたように思う。だとすれば、研究者の責任も重い。現場の「空気」のせいだけにしてはいけない。

8．学ぶべき自然がある

　以上述べたとおり、天然更新はなんとも難しそうに見える。しかし、その一方で、なぜか天然更新がうまくいっている森林も存在しているのだから不思議だ。自然は、まだまだ未知に満ちていると言わざるをえない。例えば、以下のような事例がある。

　1970年代に母樹保残施業で更新を図った黒沢尻では、ブナ林の更新（第2の定義）に失敗していることは説明した。ところが、同じ林班内で、昭和初期に斬伐施業を行った場所では、期待どおりのブナ二次林が成立している。その現場に行くと、なかなか見事な更新状況に感心する。

　似たような例は、他の地域にもいくつかある。例えば、岩手県の安比や秋田県の田沢湖周辺にも、一斉に更新したブナ二次林がある。そういえば、白神山地の粕毛川流域の一部にも同様の二次林があった。また、越後の方にも美しいブナの二次林があるのを写真で見たことがある。

　安比などは、単に薪炭用に皆伐したらそのままブナ林になったという話である。また、黒沢尻には保存区とよばれる一見原生林のように見えるブナ林もあるのだが、目を凝らすと林内の至るところに炭窯跡があり、この原生林（？）も、皆伐後に成立した二次林が成熟した姿であることを暗示している。

　というわけで、我々が現在どんなに苦労してもなかなかブナ林に戻らないのに、昔の人は無邪気に――おそらく何も先のことを考えずに――皆伐して、いとも簡単にブナ林を再生させていたようだ。もちろん、皆伐してブナ林に戻らなかった場所も多々あるだろうけれども。では、これらの天然更新の失敗と成功の分かれ目は一体何だろうか？

　ここでは仮説を2つあげ、将来の検証を待とうと思う。まず第1に、森林の林床の状態が今と昔で異なっていた可能性があげられる。昔は日常生活に入り用なものは、すべて身近な森林から得ていた。また、製鉄などに必要な

燃料も手近な森林から繰り返し採集していたであろう。となれば、森林の植生は今よりもずっと貧弱であったと予想される。そういう環境では、容易にブナの前生稚樹バンクが形成されたはずだ。皆伐した後にそれらのブナが一斉に育ち、現在のブナ二次林や成熟林となったのではないだろうか？

　第2に、昔は今よりもシカなどの草食獣が多く、それらの動物が林床でブナと競合する植物を除去していた可能性である。シカばかりでなく、人間による牛馬の林内放牧なども当たり前だった。これらの動物の採餌活動により、やはりブナ稚樹バンクが濃密に形成されていたのかもしれない(Nakashizuka、1988)。

　この2つは、どちらも仮説にすぎないし、妥当かどうかは今後の検証課題である。しかしいずれにせよ、我々は成功した事例、失敗した事例、どちらからも学ばなければならない。失敗の原因を突きとめ、その要因を取り除くという作業プロセスが、同じ過ちをおかさないためにも必要である。ひょっとすると戦後の林学研究者は、成功した事例だけを見てきたのではなかったか？　だが、背景にある前提条件が、時代や場所によって変化することを、忘れてはならない。

　シカの話が出てきたので一言付け加えるが、この動物は最近急激に増えて森林被害をもたらしている。樹皮や植栽木などを食べてしまうのだ。シカの密度が昔に比べて高いのか低いのか、私には判断できない。しかし、少なくとも天然更新のためには、いや、今日的には施業が失敗して広葉樹が育っていない森林を再生するためには、増えたシカをしたたかに利用することはできないものかと思う。シカがさんざん林床を食い荒らしたあとに、森林をフェンスで囲むと、樹木が勢いよく更新してくる現象はしばしば観察される。この草木豊かな日本で樹木が天然更新するために必要な条件の一端を、今のシカは我々に示しているような気がする。

9．今、必要な研究は

　これからの天然更新技術の開発に必要な研究は、いくつかに絞られよう。

　第1に、樹木の生活史（動物との相互作用も含める）の解明。これはあらゆる空間・時間スケールで行う必要がある。特に、①豊作のメカニズム、②実生定着に影響する環境因子、③稚樹の成長が可能な最低ギリギリの光条件など個体レベルでの生理反応、④樹木の各生活史段階において競争、片利共生、相利共生などの相互作用をする植物・動物・菌類の解明、などが必須の課題だろう。このどれもが、第1～3の定義に基づく天然更新技術の核になる。

　幸い1980年代後半から、日本各地で長期的かつ広いスケールで森林群集をモニタリングする研究が開始されており、森林生態系を構成する樹木種の生活史を網羅的に研究する基盤ができてきている（Masaki *et al.*、1999）。これを大事に活用すれば、天然更新技術の確実なる基礎ができあがるはずだ。

　惜しむらくは、昭和初期からの試験が戦争で中断してしまったことである。あの戦争で日本は多くのものを失ったが、林学では、長期的な視野に基づく多くの試験研究が頓挫したことだろう。その中に天然更新施業の試験も多く含まれていた、と想像するのはたやすい。もしも昔から今に至るまでなんとか潰れずに残っている天然更新の試験地があれば、それに再び息を吹きこむことは極めて大切なことだ、と私は思う。

　そして第2に、天然更新技術をビジネスモデルとして体系化する研究である。都市に目を向ければ、電子機器や画像インフラなどの個別要素を配備・ネットワーク化させて企業の生産性を高める研究は、今や立派な技術開発である。これは、今まで林学の研究者が真剣に取り組んでこなかったものだが、日本の林業が活性化するためには、同様の視点の研究が必ずや求められてくる。

哀しむべきか、もっけの幸いというべきか、現在すぐに天然更新技術が必要とされるような広葉樹の天然林はほとんど存在していない。残されている広葉樹の成熟林分は生態系保護地域であったり、世界遺産であったり、国立公園であったり……要するに完全に保護されてしまっている。見方を変えれば、今は将来のために、基礎研究にじっくりと取り組む時間の余裕がある。

しかし、ここまで考えてきて、つくづく思う。日本人はじっくりと基礎を固める作業が苦手なのかもしれない。基本を疎かにし、今すぐに役に立ちそうな皮相的研究に終始してきたように見える。それでいながら、根拠のない楽観的な「期待」のもとに、未成熟な更新技術を無批判に現場に導入してきたのである。

似たようなことは以前にもあった。例えば、太平洋戦争がそうである。この戦争で、日本海軍は計画をよく吟味せず、かつ米軍をなめきって戦線を南方に拡げ、ガダルカナル戦などの悲惨な事態を招いてしまった。しかも状況が変わっても、海軍は戦略の小手先の改訂に終始し、結果として日本の国土が空襲にさらされる事態になってしまったわけである。戦後の森林施業は、まさに50年前の日本人の姿そのままではないか。

そろそろ口先ではなく、心の底から反省しなければならない。先の大戦で言えば、多大な犠牲を強いる戦争という最終手段に訴えることに決めたのならば、なぜ勝つための戦略をもっと十分に練ろうとしなかったのか、よくよく省みる必要がある。天然更新技術も、今こそ長期の視野に立って、技術開発研究を推し進める必要がある。それが成果となって実を結ぶのは、100年後、200年後であるかもしれない。つまり、我々の研究が礎となって、遠い未来の日本の天然林施業を支えることになるだろう。森林の研究をするものにとっては本望である、と信じたい。

引用・参考文献

北畠琢郎・後藤晋・高橋康夫・笠原久臣・犬飼雅子．2003．冷温帯針広混交林における択伐施業がトドマツの個体群動態に及ぼす影響．日本林学会誌，85：252－258．

前田禎三．1988．ブナの更新特性と天然更新技術に関する研究．宇都宮大学農学部学術報告特輯，46：1－79．

正木隆・杉田久志・金指達郎・長池卓男・太田敬之・櫃間岳・酒井暁子・新井伸昌・市栄智明・上迫正人・神林友広・畑田彩・松井淳・沢田信一・中静透．2003．東北地方のブナ林天然更施業地の現状－二つの事例と生態プロセス－．日本林学会誌，85：259－264．

Masaki, T., H. Tanaka, H. Tanouchi, T. Sakai, and T. Nakashizuka. 1999. Structure, dynamics and disturbance regime of temperate broad-leaved forests in Japan. Joournal of Vegetation Science, 10：805－814．

Nakashizuka, T. 1988. Regeneration of beech (*Fagus crenata*) after the simultaneous death of under‐growing dwarf bamboo (*Sasa kurilensis*). Ecological Research, 3：21－35.

梅木清．2003．北海道における天然林再生の試み－かき起こし施業の成果と課題－．日本林学会誌，85：246－251．

渡邊定元．2003．天然林施業技術の評価と課題－天然林施業が定着できず森林劣化が起こった技術的問題点の総括－．日本林学会誌，85：273－281．

柳谷新一・金豊太郎．1980．ブナ皆伐母樹保残作業の更新初期の成績－落葉低木型植相ブナ林の例－．日本林学会東北支部会誌，32：66－69．

第6節

遺伝的多様性の保全

金指　あや子

はじめに

　生物の多様性は、「遺伝子」、「種」、「生態系」、さらにより高次のレベルである「景観」など、さまざまなレベルで捉えることができ、それぞれのレベルにおいて生物多様性を保全することが重要であることは、すでに周知のとおりである。しかし、一般に「生物多様性」をいう場合、その多くは「種の多様性」であって、景観や遺伝子といった異なるレベルでの多様性については、まだ十分に認識されていない場面がしばしば見られるのも事実である。

　では、遺伝的多様性がなぜ必要か。ここでは、特に生物多様性の中の「遺伝子の多様性」とその保全の意義について、さらに、遺伝的多様性を撹乱する最近の森林管理上の問題について述べてみたい。

1．遺伝資源確保のための遺伝的多様性の保全

　遺伝的多様性を保全することが何故必要なのか。この問いへの答えとして、2つの理由を挙げることができる。その第1としてよく言われる理由は、品種改良のベースとして遺伝的変異が高いことが必要だからである。例えば、私たちが日頃食卓で触れている農作物や食肉のほとんどは、長い年月をかけて品種改良された生物である。コメ、ジャガイモ、トウモロコシ、みかん、豚、ブロイラー、などなど…。人間は野生状態でその生物群が保有していた遺伝的変異の中から、食品などとして一定の目的に合った形質を持つものを

選抜し、互いにかけ合わせるなどしてさまざまな品種を生み出してきた。最近は、遺伝子操作によって短期間で遺伝的な改変を加える動きもあるが、品種改良のベースとなる元の遺伝的変異は、より多様性に富んでいる方がいいことに変わりはない。

「種子戦争」に象徴されるような最近の過激ともいえる品種改良競争では、原種や原原種（品種の元になった種を「原種」、さらにその元になった種を「原原種」という）の確保がますます重要となっているが、これも、ベースである幅広い遺伝子を確保するためだからである。でき上がった品種ばかりを大切にして、基本の生物群の遺伝的多様性を保存しておかないでいると、次に別の目的で品種をつくろうとしても、選抜できる可能性は狭まってしまうのである。

このような理由は、人間に都合の良い理由として具体的で、一般にわかりやすく説明することができるため、遺伝的多様性保全の第1の目的にされている感もある。しかし、限りない人間の欲望のためにこの遺伝変異の高さが必要だという、この次元だけで、その保全の意義を説明して事足りるのだろうか？

生物の多様性の保全の意義については、上のように人間の利益にのみ焦点をあてる立場だけでなく、アマミノクロウサギ訴訟のような純粋にすべての生物の生存権を認めようとする倫理的立場もある。もちろん、本来、地球上にあるべき生物が人間の勝手な都合や無配慮によって消失することに対しては、大いに反省すべきであり、倫理的理由は決して否定されるものではない。しかし、一般社会の中では、単に倫理的問題として捉える立場は、どうしても劣勢にあるように思われる。

一方、特に日本の林木に限っていえば、林業活動は衰退の一途をたどり、林木育種の目標もいま1つ明確にできない時代にある。大企業による品種改良の独占も、農作物に比べてさほど厳しい状況ではない。まして、森林・林

業基本法では森林管理の目標の中で、木材生産のウェートは下がるばかりである。このような社会的背景の中で、林木の遺伝的多様性を維持する必要性はどこにあるのだろうか？

遺伝的多様性保全の意義を説明する第2の理由として、そして実はこちらこそが最大の理由であるのだが、「地域の固有性」が多様性にとって重要であるからである。この「地域の固有性」を考える前に、まずは林木の遺伝的多様性について、概観しておこう。

2．林木の遺伝的多様性

遺伝的多様性を示す基本的なパラメータとして主要なものに、遺伝子多様度と遺伝子分化係数がある。遺伝子多様度（He）は、遺伝的多様性の大きさを示す尺度である。0〜1の値をとり、多様性が全くない場合は0となる。また、1つの集団がその中でさらにいくつかの分集団に分かれているとき、その分集団間の遺伝的違いの程度を表す尺度として用いられるのが、遺伝子分化係数（G_{ST}）である（根井、1992）。0〜1の値をとり、遺伝的に全く共通で分化していない場合は0となる。一般に、アロザイムやDNAな

表1　日本における樹木集団の遺伝的多様性
（アロザイムマーカーを用いた解析例）

樹種名	解析対象集団数	遺伝子座数	平均遺伝子多様度 (He)	遺伝子分化係数 (G_{ST})	文　献
スギ	17	12	0.196	0.034	Tomaru et al. (1994)
ヒノキ	11	12	0.202	0.045	Uchida et al. (1997)
トドマツ	18	4	0.157	0.015	Nagasaka et al. (1997)
オオシラビソ	11	22	0.063	0.144	Suyama et al. (1997)
クロマツ	22	14	0.259	0.073	宮田・生方 (1994)
ミズナラ	12	14	0.176	0.047	Kanazashi et al. (1997)
ブナ	23	11	0.194	0.038	Tomaru et al. (1997)
シデコブシ	9	15	0.092	0.254	河原・吉丸 (1995)

どの遺伝マーカーを用いて対立遺伝子頻度を求め、それをもとに算出する。

これまでに調べられた植物に関する事例をみてみると、アロザイム変異における遺伝子多様度は永年性の木本植物で平均0.177、風媒性植物で0.162、遺伝子分化係数は永年性の木本植物で0.076、風媒性植物で0.099という結果が示されている（Hamrick and Godt、1990）。また、日本の樹木集団についてアロザイムマーカーを用いて遺伝子多様度と遺伝子分化係数を求めた例を、**表1**に示す。

これらの例からもわかるように、アロザイム変異では風媒性の木本植物では遺伝的多様度の大きさはおおよそ0.2前後、また、遺伝子分化係数は0.1に満たないものが多い。特に日本で調べられた例をみると、遺伝的分化の程度は0.05以下と、全体に低い傾向にあることがうかがえる。これらの樹種は分布範囲が比較的広く、花粉も広範囲に飛散するものが多く、それぞれの地域集団が互いにあまり孤立していないためと考えられる。

これに対して、同じような風媒性樹木でも、オオシラビソの遺伝子多様度は0.063にすぎず、他の樹木集団と比べて非常に低い一方、遺伝子分化係数は0.144と、他と比べて分化の程度が高い傾向がみられる。オオシラビソは亜高山地帯に分布するが、氷河期以降の集団の移動や縮小、孤立・分断の歴史の中で多様性が減少し、何世代にもわたって地域集団ごとの遺伝的交流が少なくなったことが反映したものと考えられる（Suyama *et al.*、1997）。

さらに、絶滅危惧種（II類）であるシデコブシについてみてみると、オオシラビソと同様に遺伝的多様性は低く、遺伝的分化の程度はさらに高い。周知のとおり、シデコブシは周伊勢湾要素植物として岐阜県東濃地域を中心に点在する湿地に分布している希少樹種であるが、このようにごく限られた地域においても、シデコブシの局所集団間で遺伝的分化の程度が高いことに注目してほしい。この結果は、虫媒性樹木であるシデコブシが、風媒性樹木集団と比べて、近隣の局所集団とは遺伝的な交流が十分に行われていないこと

を示すと同時に、このような希少樹木の地域局所集団の保全の重要性を示すものでもある。

3．地域集団の重要性

（1）固有性の保全

このような地域に固有な地域集団の遺伝的多様性は、例えば、その分布の中心にある大集団と比べて、多様性の大きさは必ずしも同等でなく、むしろ集団が小さくなるにつれ、多様性も低くなりやすい。このような多様性が低い弱小の集団をそれぞれ保全するよりは、多様性が高い1つの大きな集団をしっかりと保全する方が、遺伝資源の確保の観点からは有利であるとする考え方がある。これは、先に述べた遺伝変異を品種改良のベースとして捉えている場合には当然のことである。もちろん、多様性が高い集団にすべての遺伝子が含まれていれば、理論的には、その1つの集団を保全することで、その種のすべての遺伝資源を確保できることになる。しかし、たとえ全体としての多様性は低くても、ある地域集団にのみ独自に変異が保有されている場合もある。

分類上は1つの種として捉えられても、それぞれの地域集団は長い年月、多くの世代を通して、その地域の環境変動に適応しながら、変異を拡大したり、変化させたりしながら生育し、世代を重ねてきた。このような地域に固有の集団は、その地域固有の遺伝的多様性を保持していると考えられる。これらの地域固有の遺伝変異も、やはり生物多様性の重要な要素である。地域の局所集団の遺伝的多様性を保全する意義は、このような地域の固有性の保全にあるといえる。

人間は、自然界にある生態系の中で、「ヒト」という生物の一員である。生物としての「ヒト」が属する生態系を、本来自然の中であるべき姿に近い形でとどめることが、「ヒト」の生存を保障するのであり、ひいては人類の

幸福にもつながるのである。したがって、長い年月をかけて地域に固有に成立した生態系を構成する地域個体群と、その基礎となる地域集団が保有している遺伝的変異は、「ヒト」の生存のために必要なのではないだろうか。そして、これが「遺伝的多様性」を保全する意義を説明する理由として、あくまで人間にとっての功利的立場からみた最も重要な意義なのだと、私は考えている。

（2）ヒノキは絶滅危惧種！？

1999年、世界レベルでレッドデータブックを編纂しているIUCN（国際自然保護連合）の針葉樹部会のA. Farjon議長（英国Kew植物園）は、日本のヒノキを絶滅危惧II種にランクインさせることを検討したといわれている。IUCNで定めたレッドデータブックの評価基準では、定量的判定と定性的判定があるが、定量的判定の1つとして個体数の減少率によって判定する基準がある。それによれば、10年間または3世代の長い方の期間における減少率が80％以上の場合は「絶滅危惧IA類」、また50％以上では「絶滅危惧IB類」、20％以上は「絶滅危惧II類」と判定されることになる。ヒノキは、この「減少率20％：絶滅危惧II類」の要件に該当したと考えられる。結局、別の評価基準（現存個体数の基準値や絶滅確率など）で判定することによって、この時点では、ヒノキはレッドリストにはランクインされずに、事無きを得たようだ。

しかし、ここで注意すべきは、このような評価対象は、あくまで本来の自生地に分布する個体群、つまり天然林だけを対象としていることであって、人工植栽された個体は評価対象に含まれないことである。木材資源としては林木の中でもひときわ豊富なスギやヒノキであっても、遺伝資源として考える時は、人工林はカウントされず、天然林しか対象にされない。現存するスギやヒノキの天然林のあまりにささやかな実態が、はからずも露呈したのである。1999年のIUCNの動きは、決して笑い話ではすまされない、深刻な

問題を私たちに提起していることを忘れてはならない。天然林は、地域に固有に成立した地域集団の代表選手である。スギやヒノキの天然林に限らず、このような地域固有の集団は、基本的には日本中いずこも同じ、危機的状態にあるといっても過言ではない。天然林に代表されるこのような地域に固有な集団の保全については、森林管理の中でも十分に認識される必要がある。

4．森林管理における遺伝的多様性の保全と問題点

（1）森林への遺伝子撹乱の動き

先に述べたとおり、遺伝的多様性を求める際の基本情報は、遺伝子頻度である。それぞれの集団における遺伝子頻度は、集団の大きさや配置などさまざまな要因が変化することによって影響を受ける。例えば、集団が小さくなると、もともと低頻度にしか存在しなかった遺伝子が消失したり、集団が分断化されることによって、それまで行われていた遺伝子交流が遮断されることもある。このように、さまざまな要因によって遺伝子頻度は変化し、それは集団がたどった長い歴史を反映する。また、その変化は新たな多様性を生む可能性も秘めている。変化そのものは避けられないし、本来は無理にとどめる必要もない。しかし、近代以降、人間の活動によって引き起こされる大規模な人為撹乱は、自然に起こる変化とは比べようもないほどの大きな影響を遺伝的多様性に及ぼすため、過看できない場合が多い。

近年、森林への広葉樹苗木の植栽導入が進められるようになってきた。これは、森林・林業基本法の改訂（2001年）によって、森林の価値が、従来の木材生産よりむしろ多くの公益的機能の発揮におかれるようになり、これに伴って、日本の森林管理の方向も「多機能型森林」の育成へと大きくシフトしたためである。新・森林・林業基本法では、森林に期待される機能として、「水源涵養」や「国土保全」など従来からお馴染みの森林の機能と並んで、「生物多様性の保全」も重要な機能として謳われている。

このため、単一林相から複層林へ、また単一樹種から多様な樹種へと、多様で多くの機能を発揮する森林の育成が求められている。その結果として、広葉樹の植栽導入の動きが各地で見られるようになった。森林の中で、多様な広葉樹が育成されること自体は、それぞれの森林生態系において種の多様性を高める点では意義がある。

しかし、本来の森林の姿を復元しようとする活動の中で、人為的に他地域から種苗を導入することは、地域固有の遺伝子頻度を直接歪めることとなり、いわゆる「遺伝子撹乱」を引き起こす可能性が高い。まして、導入しようとしている森林は、多様性を保全するための森林である。多様性を保全するということは、その集団の多様性が高いことが重要なだけではない。それぞれの集団が独自に持つ個性を保全することが重要なのである。遺伝子の流入移出が大規模に行われれば、いずれは地域の固有性は失われ、日本全国、金太郎飴のような同じ変異を持つ、個性のない集団になってしまう危険があるのだ。

最近は、ボランティアによる広葉樹の植栽の動きなども、各地で見聞きすることが多くなった。また、2004年の秋、突然騒がれ出したクマの出没対策として、ドングリを全国から集めて森林内に置くなどの民間グループの動きも伝えられた。このような場合も、苗木やドングリが他地域から導入される場合は、例え善意の行為であっても遺伝子撹乱に変わりはない。本来の地域の固有性を守る観点からは、他地域に由来する苗木の植栽やドングリの導入は避けるべきである。このような活動を行う際には、遺伝子撹乱を起こさないか否かを十分に検討する必要があることを、特に強調したい。

（2）苗木の移動範囲は？

では、広葉樹導入で苗木の移動が許容される範囲とは、どの程度の距離なのか…？　自然状態で種子が移動できる範囲に限定するのが理想であろう。したがって、その答えはそれぞれの樹種の生活史特性によって異なるはずで

ある。このような「種子の移動範囲」を示すのに好都合な遺伝マーカーとして、葉緑体 DNA やミトコンドリア DNA がある。先に遺伝的多様性を示す遺伝マーカーとして示したアロザイム変異は、基本的に核 DNA に支配されている。このような核 DNA に支配されている遺伝マーカーは、花粉親と種子親の両方の遺伝子の動きが反映されているため、風媒樹種のように、花粉が広範囲に移動する可能性が高い場合は、種子の移動範囲を知るにはあまり適さない。

一方、葉緑体やミトコンドリアの DNA は細胞質にあり、被子植物では母親からの遺伝子だけが子に伝わる(ただし、針葉樹の場合は、葉緑体 DNA は父性遺伝をする。また、ミトコンドリア DNA はマツ属では母性遺伝であるが、ヒノキ属では父性遺伝をするなど、樹種によって遺伝の仕方が若干異なる)。このような母性遺伝する遺伝マーカーを用いると、その遺伝変異は種子の散布状況を反映することになる。種子散布の範囲は、通常は風媒の花粉散布に比べて狭いため、地域の違いも現れやすいのが一般である。

母性遺伝をする遺伝マーカーを用いて、地域的な遺伝的相違が示された研究例は、日本でもすでにいくつか報告されている(岡浦、2002；Tomaru et al.、1998；Kanno et al.、2004)。しかし、これらの事例は、いずれも調査対象とした地域集団の数が限られているため、この結果をもとにすぐに種苗の配布区域の線引きを行うことはできない。日本列島において、それぞれの樹種の種苗の移動可能な範囲を直接示すためには、今後、よりきめ細かな調査を進める必要がある。

(3) 広葉樹種苗の生産・供給の困難性

現在、広葉樹の種苗の生産に関しては、採種や養苗に関する明確な基準もなく、配布区域の制限もない。このため、他地域からの広葉樹種苗の導入が安易に行われやすく、遺伝子撹乱や遺伝的劣化を引き起こす原因となっている。すでに、このような遺伝子撹乱の発生に危機感を持つ地方自治体の中に

は、地元産種苗のみを用いることを明確に示し、実行している県もある（例えば、神奈川県など）。しかし、全体的にみれば、そのような取り組みはまだごく一部にすぎない。現行の広葉樹種苗生産・供給体制におけるいくつかの大きな問題について整理すると以下のとおりである。

その第1は、広葉樹の種子を安定して供給・確保することが困難なことである。ブナやミズナラなどの広葉樹は種子の生産に豊凶があり、また、有効な種子の長期保存法も十分に確立されていないものも多い。このため、補正予算による事業などで急に広葉樹種苗の供給が求められた場合、やむを得ず他地域からの種子を利用するような場合も多々見受けられる。遺伝子撹乱を起こさずに広葉樹種苗を導入するためには、年度を越えて臨機応変に対応できる生産・供給体制が求められる。

さらに、広葉樹種苗の生産現場で起こる第2の問題は、特定の少数の母樹からのみ種子を採取することがしばしば行われることである。カエデ類などは、種苗の生産業者が近所の公園や神社の境内などに植栽されている単木から採種する事例も多い。1本の母樹からだけ採取した種子由来の種苗を用いると、その集団の遺伝的な構成は非常に偏ったものとなり、遺伝的多様性保全の上で大きな問題となる。しかし、作業効率上の問題もあり、実際の採種現場ではこの問題に対する認識は極めて低いのが現状である。できるだけ、多くの母樹から少しずつ採種することの重要性を、現場で十分に理解してもらう必要がある。

第3の問題は、種苗の由来を追跡することが非常に難しいことである。関東地方のある県において、平成14年度に広葉樹種苗の生産業者を県種苗連の段階で把握できたものは、県全体で使われた広葉樹種苗の約2割程ということであった。種子の調達、播種、種苗の養成（稚苗と2年生苗）、流通などのそれぞれの段階で生産業者は分業化している場合が多く、採種業者や育苗業者が各地域に満遍なくある訳でもない。また、採種業者と育苗業者が兼

ねることもあれば、由来不明の市販のタネが使われる場合もしばしばである。従来の林業用の山林種苗や緑化用種苗の生産体制をそのまま、造林用広葉樹種苗の生産に用いると、必然的に起こりうることである。このような複雑な生産体制の中で、種苗の由来を追跡するのは容易ではない。

　このように、広葉樹種苗の生産と供給体制には、解決すべき問題が多い。真の意味で多面的機能が発揮されるような森林を整備するため、広葉樹種苗導入の現場における担当者のみならず、採種、育苗業者のそれぞれが、遺伝的多様性保全に対する認識を広く理解し、そのためのきめ細かい配慮がなされることが望まれる。

おわりに

　本稿では、遺伝的多様性の保全の意義と森林管理上における問題点を述べたが、十分に言い切れていない感が否めない。それは、最後に記した「期待」が机上の空論で終わることがあまりに予見できるからである。

　人間（特に日本人か？）は、「植樹」という行為が好きである。神聖な行いとしての認知度も高く、植樹祭や緑化運動もそのような背景と社会的な要請が相俟って進められてきたといえる。私は、決してこれらの活動が果たした役割を否定するつもりはないし、原理主義的に自然の改変を一切否定する立場をとるものでもない。しかし、昨今の「多様性ブーム」で担ぎだされた広葉樹の植栽導入は、単純に「善良な行為」という意味だけでとらえるわけにはいかない重要な問題を孕んでいる。多くの批判を受けることを承知で敢えて言うならば、多様な森林の復元のために広葉樹種苗の植栽導入は安易に行うべきではない。個体数が極端に少なくなり、人為的管理をしなければ次世代が立ち行かないような特別な希少樹種などを除いて、日本の森林において、樹木種苗の植栽は木材資源を得るための行為にとどめた方がよい。現在のような種苗供給の問題点の多さを考えれば考えるほど、そう思う。

本来の多様な森林を取り戻すためにまず実行すべき課題は、本来の森林生態系を維持するための森林管理を追求する「施業研究」であるはずだ。それを疎かにして、遺伝的な種苗の供給範囲の線引きだけを進めても、決して多様な森林の復元には貢献できない。一方、森林管理が適切に行われれば、自然の力を利用して多様な森林が復元できる場は、今こそ開かれているのではないだろうか。渓流のギリギリまで植栽された人工林、不成績造林地などは、すぐにとりかかってしかるべき格好の対象であろう。種レベル、生態系レベルのみならず、遺伝子レベルにおいても、"多様な"森林の復元を目指すための重要なキーは「施業」であることを、本稿の最後に蛇足ながら強調しておきたい。

引用文献

Hamrick, J.L. and Godt, J.W. 1990. Allozyme Diversity in Plant Species, in Plant Population Genetics, Breeding, and genetic Resources (edited by Brown, AHD et al.) Sinauer Associates Inc. Sunderland, 43 − 64.

Kanazashi, A., Yoshimaru, H. and Kawahara, T. 1997. Very small differentiation among local populations of Japanese white oaks. Proceedings of "Diversity and Adaptation in Oak Species" (Pennsylvania State University), 147.

Kanno, M., Yokoyama, J., Suyama, Y., Ohyama, M., Itoh, T. and Suzuki, M. 2004. Geographical distribution of two haplotypes of chloroplast DNA in four oak species (*Quercus*) in Japan. Journal of Plant Research, 117：311 − 317.

河原孝行・吉丸博志．1995．シデコブシとその遺伝的変異．プランタ 39：9 − 13．

宮田増男・生方正俊．1994．クロマツ天然生林におけるアロザイム変異．日本林学会誌，76：445 − 455．

Nagasaka, K., Wang, Z.M. and Tanaka, K. 1997. Genetic variation among natural

Abies sachalinensis populations in relation to environmental gradients in Hokkaido, Japan. Forest Genetics, 4：43 − 50.

根井正利. 1992. 分子進化遺伝学. 培風館, 153 − 179.

岡浦貴富・原田　光・生方正俊. 2002. 日本列島におけるコナラ節4種の分子系統地理学的研究. 113日林学術講, 580.

Suyama, Y., Tsumura, Y., and Ohba, K. 1997. A cline of allozyme variation in Abies mariesii. Journal of Plant Research, 110：219 − 226.

Tomaru, N., Mitsutsuji, T., Takahashi, M., Tsumura, Y., Uchida, K. and Ohba, K. 1997. Genetic diversity in *Fagus crenata* (Japanese beech)：influence of the distributional shift during the late-Quaternary. Heredity, 78：241 − 251.

Tomaru, N., Takahashi, M., Tsumura, Y., Takahashi, M. and Ohba, K. 1998. Intraspecific variation and phylogeographic patterns of *Fagus crenata* (Fagaceae) mitochondrial DNA. American Journal of Botany, 85：629 − 636.

Tomaru, N., Tsumura, Y. and Ohba, K. 1994. Genetic variation and population differentiation in natural populations of *Cryptomeria japonica*. Plant Species Biology, 9：191 − 199.

Uchida, K., Tomaru, N., Yamamoto, C. and Ohba, K. 1997. Allozyme variation in natural population of hinoki, *Chamaecyparis obtusa* (Sieb. Et Zucc.) Endl. And its comparison with the plus-trees selected from artificial stands. Breeding Science, 47：7 − 14.

第7節

種多様性の保全
―種数が多ければすばらしい森林か―

長池　卓男

はじめに

　生態的な持続的森林管理に向けて、生物多様性は必要不可欠な評価項目となっている。

　例えば、モントリオール・プロセス（冷温帯における温帯林等の保全と持続可能な森林管理の基準・指標）や Forest Stewardship Council（FSC）による森林管理認証の基準・指標では、生物多様性保全を考慮するための評価方法に大きな比重がおかれている（**表1**）。

　生物多様性とは、「すべての生物の間の変異性を指すものとし、種内の多様性、種間の多様性、および生態系の多様性を含む」という幅広い概念である。生物多様性の中でも種間の多様性（以下、種多様性）は、わかりやすい指標であり、「日本列島には何千種の植物が生育する」とか、「この池には何十種の魚類が生息する」というのは一般的な例である。異なる生物群集間（例えば、隣接する二次林と人工林）を比較する際には、種多様性を比較することになる。

　種多様性は、簡単に言えば、単位面積当たりにどれだけの種数が生育・生息しているかを示すものである。しかし、「1 ha に各 20 匹の種 5 種、計 100 匹がすんでいる群集と、96 匹の種 1 種と 1 匹ずつしかいない種 4 種とを含む群集（やはり 5 種、計 100 匹）」（伊藤、1994）を比較する場合、種数のみの比較でどちらが群集として多様であるかを判断するのは困難であ

表1 モントリオール・プロセス※における種多様性

基準1　生物多様性の保全
生態系の多様性
a. 全森林面積に対する森林タイプごとの面積
b. 森林タイプごと及び、齢級又は遷移段階ごとの面積
c. IUCN又は他の分類システムにより定義された保護地域区分における森林タイプごとの面積
d. 齢級又は遷移段階ごとに区分された保護地域における森林タイプごとの面積
e. 森林タイプの分断度合
種の多様性
a. 森林に依存する種の数
b. 法令又は科学的評価によって、生存可能な繁殖個体群を維持できない危険性があると決定された、森林に依存する種の状態（希少、危急、絶滅危惧、又は絶滅）
遺伝的多様性
a. 従来の分布域より小さな部分を占めている森林依存性の種の数
b. 多様な生息地を代表する種の、それら分布域にわたってモニターされている集団（個体数）のレベル

※林野庁監修の冊子（温帯林等の保全と持続可能な経営の基準・指標モントリオール・プロセス）より引用。

る。そこで、個体数や生物体量を加味した様々な指数（種多様度指数）が考案されてきた。種多様性の科学的・生態学的な解説、種多様度の算出法等は伊藤・宮田（1977）、小林（1995）、鷲谷・矢原（1996）、島谷（2003）、Begon *et al.*（2003）、宮下・野田（2003）等を参照していただくこととし、本節ではこれからの森林管理上、重要となる種多様性の考え方に焦点を当てたい。

　ある集会で森林認証に関する専門家が、「林冠が閉鎖した広葉樹二次林における下層植生の種数は、隣接する間伐後の針葉樹人工林よりも少なかった。人工林の方がすばらしい森林生態系である」と発言した。この解釈は正しいのだろうか？　森林認証における審査等で、生物多様性、中でも種多様性を評価することが今後も多くなると思われる。本節では、種多様性を評価する上で、それが示す意味ついて森林管理と関連づけて解説する。

1. 日本海側多雪地帯のブナ林における植物の種多様性

　豪雪地帯である日本海側のブナ林の樹種組成は、ブナの優占度が高く種組成が単純であり、寡雪地帯である太平洋側はブナの優占度が低く、多くの樹種によって構成されていることが明らかにされてきた（例えば、本間、2002）。したがって、同じ面積当たりの樹木種数を比較すれば、日本海側ブナ林の方が太平洋側ブナ林より、種数でみた種多様性は低い。これは、日本海側ブナ林が生態的に劣っていることを示すのであろうか？　答えは一見してわかるように、種数が多いから、少ないからと言った一断面によって森林の生態的な優劣や健全性を判断することはできない。それは、地域によって積雪や気温などの気候が異なり、それに応じて森林を構成する樹木やその種数が異なっているからである（例えば、八木橋ほか、2003）。それでは、気候が同じである地域内での異なった森林タイプ間の種多様性の比較について考えてみよう。

　日本海側豪雪地帯に位置する新潟県上川村で、残存するブナ原生林や、もともとブナ原生林であったが皆伐母樹保残施業林（育成天然林）・薪炭林・スギ人工林へ転換された森林で植生調査を行い、下層植生の植物種多様性を比較した（長池、2000）。その結果、調査区当たりの平均出現種数、森林タイプごとの出現種数ともに、人工林が最も多かった（**表2**）。このことは、人工林が最も優れた森林であることを示すのであろうか？　森林タイプご

表2　日本海側ブナ林域における各森林タイプの植物種多様性
（Nagaike *et al.*, 2005 を改変）

	調査区当たり 平均出現種数 (/0.1ha)	各森林タイプごとの 総出現種数
原生林	45.2	99
皆伐母樹保残施業林	41.7	145
二次林	47.3	220
人工林	65.4	355

第7節　種多様性の保全　133

との出現種数で原生林が最も少なかったことは、原生林が最も劣った森林であることを意味するのであろうか？　この疑問に種多様性の面から答えるには、「どのような種によって、その種多様性が生み出されたのか？」を明らかにすることが必要である。なぜならば、人工林と原生林が全く同じ種によって構成されていると考えることは困難であるからだ。

そこで、この調査で出現したすべての種（419種）について、どの森林タイプによく出現したかを統計的に検定した。その結果、「出現頻度の低い種」が177種と最も多く、次いで「人工林によく出現する種」が100種であった。「原生林によく出現する種」は、最も少ない8種であった。しかし、それぞれの種群を構成する種が雑草種かどうかを調べたところ、「人工林によく出現する種」は雑草が占める割合が非常に高く、「原生林によく出現する種」では少なかった（図1）。これは、人工林での出現種数の多さが、多く出現した雑草種によってもたらされていることを示す。南西諸島や小笠原諸

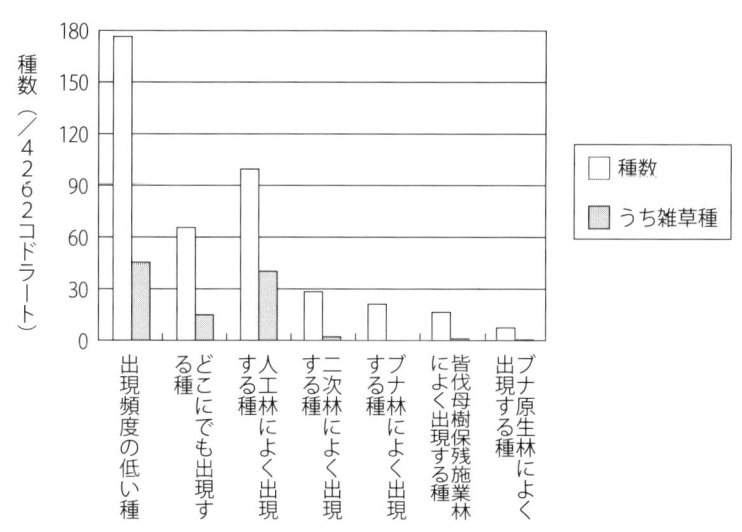

図1　日本海側ブナ林域の各森林タイプに出現する種数と雑草種数
（Nagaike *et al.*, 2005を改変）

島のように、その地域にしか生育しない固有種や絶滅危惧種が多く構成することによって高い種多様性が示される場合とは異なり、人工林の高い種多様性は、雑草の侵入によってもたらされていたのである。

2．山梨県のカラマツ人工林における植物種多様性

次に、カラマツ人工林を対象にして、林齢と植物種多様性の関係を見てみよう。図2に示すように、林齢と出現種数には明瞭な関係は見られない。では、若齢林と高齢林での種数は同じ意味を持つのであろうか？ ここでも、どのような種でその種数が生み出されているのかを見ることによって、この疑問に答えてみたい。

図3は、カラマツ人工林と近隣のミズナラを主とする二次林における下層植生の種組成を、多変量解析の一種（除歪対応分析、DCA）で比較した結果である。各点が近いほど、各林分の種組成が類似していると考えてよい。大

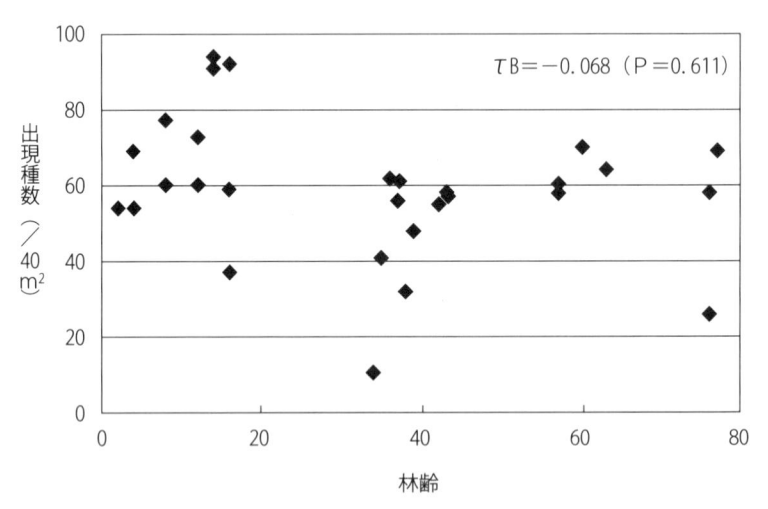

図2　山梨県北部のカラマツ人工林における林齢と林床植生の出現種数の関係
（Nagaike *et al*., 2006 を改変）

第7節　種多様性の保全　*135*

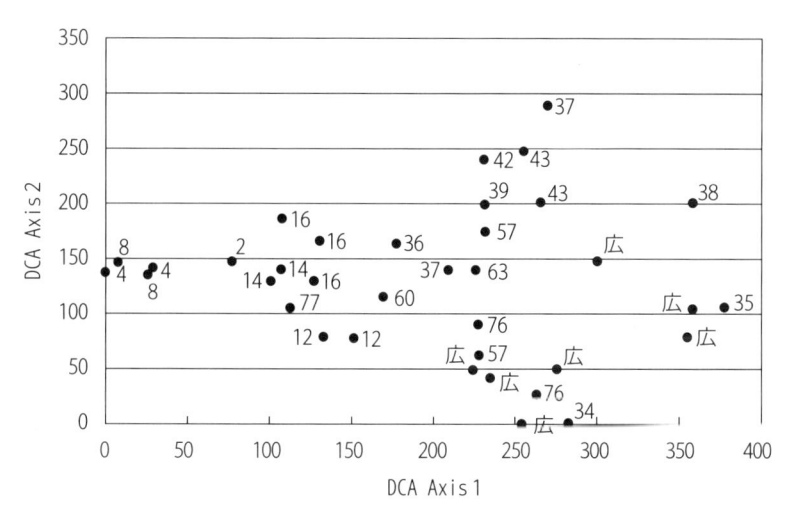

図3　山梨県北部のカラマツ人工林・ミズナラ二次林における下層植生の序列化
（Nagaike *et al*., 2005を改変）
数字はカラマツ人工林の林齢を、「広」はミズナラ二次林をそれぞれ示す。

まかな傾向として、図の左から右に向かって、林齢の増加とともに配列され、右側には二次林が配置された。すなわち、カラマツ人工林の林齢が増加するほど二次林と種組成が類似してくることを意味する。前述のように、林齢と種数の関係は明瞭でないことから、林齢が増加することによって構成している種が変化している（＝入れ替わっている）ことがこの結果から読みとれる。これは、種数の結果だけからは読みとれないことであり、「どのような種」が出現しているかを考慮しなければわからないことなのである。

おわりに

間伐手遅れ林分のように、林冠が閉鎖し真っ暗な林床ですべての下層植生が排除されているような人工林において、間伐されることによって下層植生が繁茂し種数が増えるような場合もある。「不毛」だった下層植生が回復したという意味においては、種数が増えたことは喜ばしいことである。しか

し、このような場合は、種多様性の面から考えるよりも、植被が回復したことにより土壌流出が抑制されたという面からの評価が適切であろう。

　人間による管理が加わることによって、種数が増加する（＝多くの種が侵入・定着可能になる）ことが多くの例で示されている。しかし、それは上述のように攪乱に耐性のある雑草種、外来種や移入種が増えることによってもたらされていることが多い。種数に変化がなくても構成している種が異なっていることは珍しくない。一方で、管理が加わることによって、それに耐性のない種はその場所から消失し、種数が減少することも多々見られる。日本の絶滅危惧種を考えた場合、森林施業、林道開設およびそれに伴うヒトの立ち入りと乱獲等によって、多くの種が絶滅の危惧にさらされている（環境庁、2000）。種多様性の評価は、「種数のみならず、どのような種によって構成されているか」が重要なのである。

　したがって、冒頭の例（「種数の多い人工林は種数の少ない二次林よりも豊かな生態系である」）は、どのような種がそれぞれの森林を構成しているのかを明らかにしない限り、判断できない。種数のみによって森林を比較する議論は、多くの場合で不可能かつ危険な判断となることを認識していただきたい。

引用文献

Begon, M., Harper, J. L., Townsend, C.R. 堀道雄（監訳）. 2003. 生態学―個体・個体群・群集の科学―. 京都大学学術出版会.

本間航介. 2002. 雪が育んだブナの森―ブナの更新と耐雪適応―. 梶本卓也・大丸裕武・杉田久志（編著）雪山の生態学―東北の山と森から―. 東海大学出版会.

伊藤秀三・宮田逸夫. 1977. 群落の種多様性. 伊藤秀三（編）. 群落の組成と構造. 朝倉書店.

環境庁編. 2000. 改訂・日本の絶滅のおそれのある野生生物　植物Ⅰ（維管束植物）. 自然環境研究センター.

小林四郎. 1995. 生物群集の多変量解析. 蒼樹書房.

宮下　直・野田隆史. 2003. 群集生態学. 東京大学出版会.

長池卓男. 2000. ブナ林域における森林景観の構造と植物種の多様性に及ぼす人為攪乱の影響. 山梨県森林総合研究所研究報告, 21：29 － 85.

Nagaike, T., Kamitani, T., Nakashizuka, T. 2005. Effects of different forest management systems on plant species diversity in a *Fagus crenata* forested landscape of central Japan. Can.J.For.Res., 35：2832 － 2840.

Nagaike, T., Hayashi, A., Kubo, M., Abe, M., Arai, N.（2006）Plant species diversity in a managed forest landscape composed of *Larix kaempferi* Plantation and abandaned coppice forests in cantral Japan. For. Sci., 52：324 － 332.

島谷健一郎. 2003. 生物の種多様性指数―多様性を数値で図る―. 森林科学, 39：78 － 83.

鷲谷いづみ・矢原徹一. 1996. 保全生態学入門. 文一総合出版.

八木橋勉・松井哲哉・中谷友樹・垰田　宏・田中信行. 2003. ブナ林とミズナラ林の分布域の気候条件による分類. 日生態会誌, 53：85 － 94.

第2章

持続可能な森林管理のための個別施業

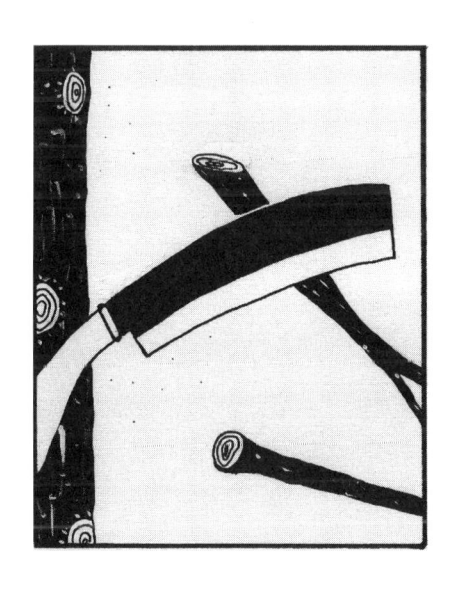

第1節

長伐期施業

澤田　智志

はじめに

　20年以上も前から「来たるべき国産材時代のために」という言葉が使われてきたが、自然を破壊しないとされている地域からの外材の攻勢も厳しくなり、国産材時代は未だ到来していない。今の日本の森林は、高付加価値のついた天然林を伐採した跡地に植林された40年前後の森林が主体であり、このような資源に付加価値をつけられるような要因はまだ見当たらない。日本の人工林はこれまで材積収穫効率を重視（大住ら、2001）した短い伐期が採用されており、60年以上の高齢な人工林を収穫する計画は立てられてこなかった。そのため、大住らも指摘しているとおり、過去の収穫表では現実の林分に適合しない事態も生じてきている。現在、人工林をより長いサイクルで維持せざるをえない社会情勢を背景に、長伐期に向けた森林の管理方針を立てようとする努力が各地で進められている。しかしながら、遠藤（全林協、2006）は現在奨励されている長伐期施業は、かつての良質材生産とは性格を異にしており、その内容は単に問題（伐期）を先延ばししていると指摘している。確かに遠藤が指摘するように、全国一律に長伐期施業を推奨することは問題があるものの、伐期延長は現実的な問題となっている。ここでは、長伐期施業を導入する場合の注意点や、高齢級での管理方法について最近の研究成果を紹介する。

1. 高齢林とその生育環境

(1) 高齢化に伴う土壌表層部の変化

　かつて酸性雨の問題が華やかだったとき、研究者の間でも針葉樹の林は土壌の酸性化が進行し、環境に悪い影響を与えるとされてきた。しかしながら、樹種によってその状況は異なり、スギとヒノキでは高齢化することによって、土壌表層部の化学性がまったく異なることが最近の研究で明らかになった。例えば、澤田ら（1993）は、栃木県の民有林で林齢別に土壌表層部の化学性を調べ、ヒノキ林では高齢林でも土壌の酸性が強いのに対し、スギ林では高齢林ほど土壌の酸性が弱まり、pHが中性に近づくことを報告している。これは、両樹種の落葉の堆積様式の違いと、葉中の養分含有率の差異によるものである。つまり、スギの葉にはカルシウムの養分含有率が高いことや落葉が流れずに堆積するために、高齢林では表層部ほど土壌のカルシウム含有率が高くなり、pHの酸性が弱められる。一方、高齢になっても土壌の養分含有率が低く酸性が強いヒノキ林については、広葉樹と混交すれば土壌養分特性の改善に有効であるという報告（高橋、2000）もある。

(2) 高齢化と森林構造

　針葉樹の人工林は種の多様性という観点で広葉樹林と比較すると、乏しいと言われる。人工林では植栽後しばらくは下刈りを行い、侵入する広葉樹を排除するが、針葉樹の成長が悪かったり、手入れが不十分な場合は混交林化し、種の多様性が高くなる場合もある。時系列で見ても、一斉林は林冠閉鎖に伴い下層植生は貧弱になるものの、その後間伐で空間が空くことにより、広葉樹が進入して下層が豊かになる（紙谷、2000）。秋田地方でも、100年を超えるようなスギ林ではスギの下に広葉樹が亜高木層まで達し、スギの純林とは思えないような彩りのある階層構造を形成している例がある（**写真**）。**表1**は山梨県のカラマツ人工林の例であるが、高齢になるほど他樹種の密度

スギ天然林の亜高木層を形成する
トチノキ
(秋田県上小阿仁村上大内沢)

表1　林齢の異なるカラマツ人工林における林分構造の比較

	幼齢林		壮齢林		高齢林	
	平均値	標準偏差	平均値	標準偏差	平均値	標準偏差
平均胸高直径 (cm)	11.3	1.4 a	15.6	3.5 b	12.7	1.9 ab
立木密度 (ha)	1548.6	242.4	1257.0	293.3	1675.7	559.9
胸高断面積合計 (㎡/ha)	16.6	3.4 a	31.5	48.0 b	34.7	6.7 b
カラマツ平均胸高直径 (cm)	11.9	0.9 a	23.4	1.7 b	34.0	5.8 c
カラマツ立木密度 (ha)	1350	149.9 a	603.0	148.3 b	285.7	172.1 c
カラマツ胸高断面積合計 (㎡/ha)	15.8	3.6 a	26.3	3.7 b	24.7	8.8 ab
他樹種平均胸高直径 (cm)	8.3	2.7	6.4	2.4	8.4	1.5
他樹種立木密度 (ha)	198.6	192.2 a	654.0	383.8 b	1390.0	479.0 c
他樹種胸高断面積合計 (㎡/ha)	0.8	0.6 a	5.3	5.1 b	10.0	4.2 b
カラマツの胸高断面積合計の割合 (%)	95.0	40.0 a	84.3	12.6 ab	69.6	16.7 b

(注) 異なるアルファベットを付した項目は多重比較の結果、有意差があったことを示す。

と胸高断面積合計が増加している。高齢林では上層のカラマツの本数が減少することで、開いた空間の種組成が多様化したものと判断される（Nagaike et al.、2003）

2．高齢林と気象害

　森林を維持していく場合は、風害、雪害などの気象害に対する対策も重要になる。風害に関しては、平成3年の台風19号の被害は九州から東北の日本海側を中心に、大きな被害をもたらした。石田ら（秋田県林務部、1994）はこの台風の被害を調査し、秋田県では過去30回の台風の風向は南西方向が主体で、それに対して高齢林の存在する斜面は北東方向が多いことを指摘している。ただし、南の方向に風をさえぎる山があるような場所では、南向き斜面でも風害の影響は少ないものと考えられる。また、大きな山の麓では、その山特有の強風によって被害が起きる場合もある。いずれにしても、地域の過去の激害地を記録に残しておき、そのような場所での長伐期施業は避けたい。秋田県でも台風19号の時には、二段林施業のように強度な間伐を行った場所での被害が大きかったことから、長伐期の場合は、弱度の間伐を繰り返したほうがよく、複層林でも階層の連続した状態や広葉樹が混交した状態で耐風性が高くなることが指摘されている。

　凍害とは、冬季に林木の幹が胸高部付近から縦方向に割れることであり、40年生以降の壮齢期以降で発生する。この凍害については、今川ら（1996）の東北地方での調査によると、高齢級林分でも林分内の被害木の本数割合は30％以下で、心材中の含水率が高くなると発生するという結果をまとめている。安藤（1992）も同様な傾向を認めており、今川や安藤が指摘するように、凍裂木の出現率の高い林分では、間伐の時に凍裂木を優先的に間伐し、除去するような施業を行うのが妥当である。

　雪害については、根元曲がりに代表される雪圧害と、湿った雪が樹冠部に

積もり幹が折れる冠雪害に大きく分けられる。このうち長伐期で問題になるのが冠雪害である。前田（2000）や吉武（2001）は冠雪害について、樹幹形状比の高い（細長い幹を持った）スギに被害が多いことを指摘しており、長伐期施業の冠雪害対策として形状比を70％以下に維持する必要性を強調している。平成18年豪雪では、秋田地方の高齢林でも、本数密度の高い林分で冠雪害が発生した。これは高齢級でも前田らの指摘するとおり、適正な除間伐を行うことが大切であることを示している。

3．高齢化に伴う人工林の成長

（1）高齢人工林に適応する収穫表

　収穫表とは、ある樹種について単位面積当たりの本数、材積などの林分因子の値を時系列的に表示したもので、地域別に各因子ごとの成長曲線の作成が行われてきた。植物の成長は細胞の増殖に起因しているため、その成長曲線は基本的には指数型であるとされている（箕輪、1990）。ここでは、秋田地方の現実の高齢級林分に適した収穫予測のために、既存の資料に高齢級の林分データを追加して解析した結果を紹介する。上層木平均樹高の成長曲線は飽和型のS字型となるため、ミッチャーリッヒ、ロジスティック、ゴンペルツの飽和型曲線3式を用いて比較を行った。各曲線のパラメータを算出した後の理論値と実測値の差の自乗和（残差平方和）はミッチャーリッヒ式が最も小さく、遺伝的な要因と水分の供給で決められるとされる最大樹高（Thomas、2000）を示すパラメータが適正であったのも同式であったため、秋田地方スギ人工林での高齢級（100年生）までの理論式としてミッチャーリッヒ式を採択し、平均地位曲線を以下のように求めた。

　　$H = 57.376 (1 - 0.97651 \exp(-0.008902t))$ …①

　　　　　　　H：樹高（m）、t：林齢（年）

　こうして求めた新たな地位曲線と従来の秋田県民有林の地位曲線を**図1**

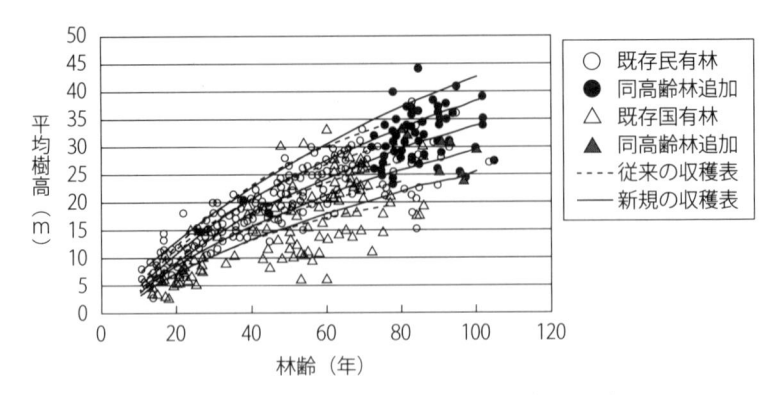

図1　新旧地位曲線の比較（澤田、2004）

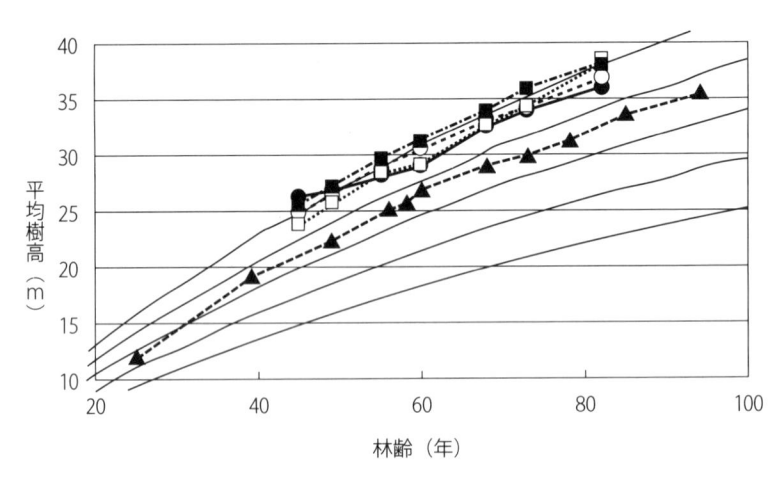

凡例：
○ 既存民有林
● 同高齢林追加
△ 既存国有林
▲ 同高齢林追加
---- 従来の収穫表
── 新規の収穫表

図2　固定試験地の樹高成長と新成長曲線の適合性
（大住、2000に加筆）

に示した。図に示したように、現実の高齢林のデータを加えると、高齢級での平均樹高は従来の収穫表よりも高くなり、地位の悪い所の成長も高くなっていく。同様の結果は鹿児島県でも確認されており（長濱、2006）、林地生産力の基準となる地位曲線を現実林分に適合したものに修正する作業が各地で必要となるものと判断される。

新しい地位曲線との現実の林分成長との適合性を検証するために、**図2**では秋田県内の高齢級の収穫試験地の過去40年間以上の調査結果（大住ら、2000）との比較を行った。林分の密度によって多少の変動はあるものの、比較した2つの収穫試験地の樹高成長との当てはまりは良好で、新しい成長曲線は長伐期の予測に適しているものと判断される。現在新しい地位曲線を適用したシステム収穫表プログラムが開発されており、LYCS、シルブの森などのパソコンで予測できる次世代収穫システムが普及し始めている（全林協、2006）。

（2）高齢林の望ましい密度管理

　箕輪（1990）は、「森林は1つのシステム」であるとし、「森林は樹木の集団であり、安定性を有し、樹木相互に影響をなし、且つその成立する環境に対しても影響をなす」、というモロゾフの定義を用いて説明している。さらに箕輪は、閉鎖された林分内の個体の樹高成長と肥大成長の間には、競争の開始とともに肥大成長が抑制される相対成長の関係が成立するという点に注目し、成長に伴う樹木の形状変化を成長モデルに取り込んだ。ここでは、秋田スギ人工林の林分データを個体間競争に注目して解析し、高齢級での密度管理の方法について検討を行った結果を紹介する。

　秋田地方の高齢林でも、地位の上下にかかわらず収量比数は疎林から密林状態までの林分が存在している。そのため、調査地26林分を地位別、収量比数別に区分し、そのうち地位Ⅰ・Ⅲ、収量比数0.8・0.6に相当する4林分を代表として樹幹解析による成長解析を行った（**図3**）。初期（約20年まで）の定期材積成長量（5年間の値）は地位に対応し、地位が良いほど大きな成長量となっていた。50年以降の成長量は、収量比数つまり林分密度の影響を受け、収量比数が0.8以上の林分では材積成長が低下していた。地位がⅠと高い林分（能代市常盤）では、優勢木以外は成長が低下しており、地位がⅢと低い林分（田代町岩瀬沢）ではすべての解析木で成長が低下してい

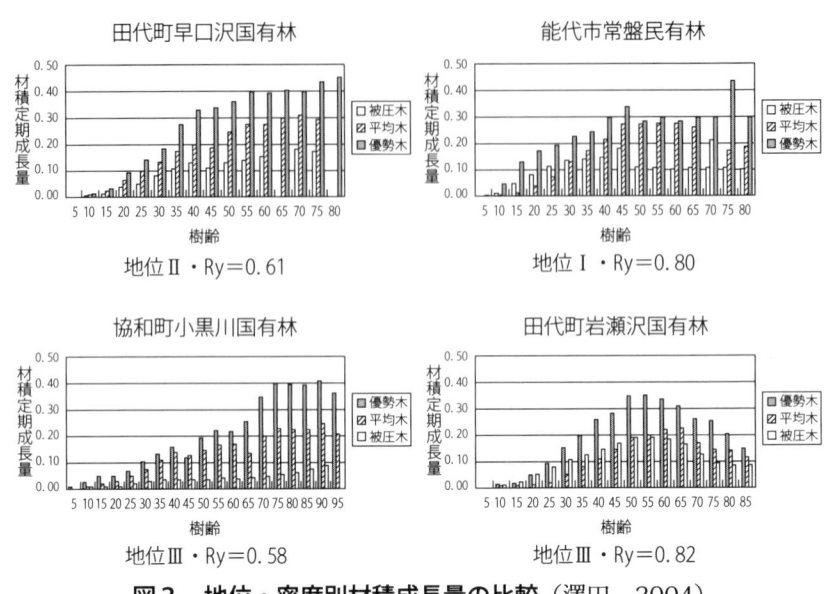

図3　地位・密度別材積成長量の比較（澤田、2004）

た。この4林分の樹幹解析木の成長量が低下する時期は、林齢で50年生頃から始まっており、この結果から判断すると、40年生頃の間伐が重要なポイントとなるものと考えられる。

　高齢級での適正な本数管理を行うための基準を決定するために、スギ高齢級林分の調査時に樹冠幅を測定し、高齢級での収量比数と樹冠幅の関係分析を行った。**図4**は、調査林分別に横軸に樹高階（幅2 m）をとり、それぞれの樹高階別の個体の樹冠幅の平均値をその樹高階値で割った比を縦軸にとって比較した。図に示したように、樹高が高くなるほど樹冠幅の樹高に対する比は0.1〜0.2に安定してくる。つまり、樹冠幅を十分に確保するためには、樹高の20％の範囲を高齢級における林木の生育空間と考えればよいことになる。この樹高の20％を生育空間として単位面積当たりの適正本数を計算すると、収量比数は0.7よりも低く、0.65〜0.55となり、低密度での管理が必要とされることがわかる。最近、Masaki *et al.*（2006）は、人工林

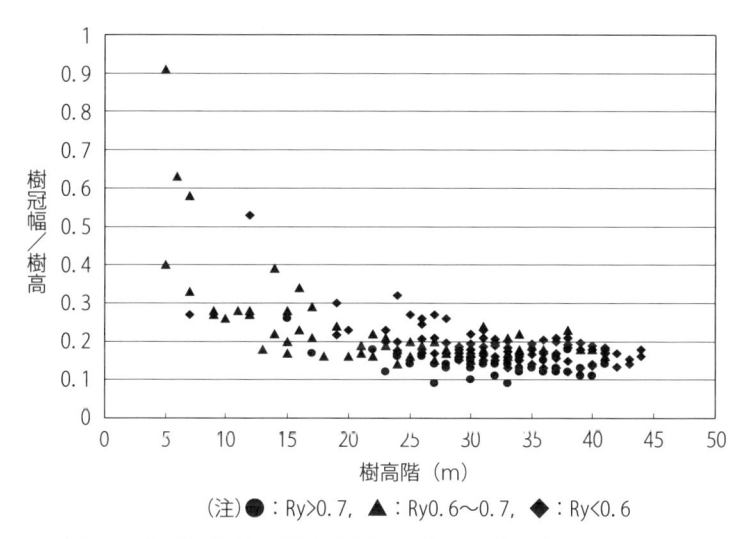

図4 高齢級林分の樹高と樹冠直径の関係（澤田、2004）
（注）●：Ry>0.7, ▲：Ry0.6〜0.7, ◆：Ry<0.6

の個体の競争関係について、若齢期は大きな個体が有利な一方向型であるが、高齢期は徐々に対等な双方向型へとシフトするとし、高齢級では半径8m以内の個体からはマイナスの影響を受けることを明らかにしている。図4に示した生育空間が樹高の20％という値は、樹高40mの個体では8mの樹冠幅となり、Masaki *et al.*（2006）の高齢級で競争関係に影響が現れる樹冠幅と一致している。

　人工林の長伐期施業で有名な吉野林業でも、初期は密植をして管理するものの、60年生以降の高齢級になるとむしろ低密度で管理されている（高橋ら、1999）。高橋らは、このような高齢級での低密度での管理は丸太にしたときの年輪幅に直接影響することを明らかにしており、図5と図6を見ると、吉野と和歌山での密度管理方法の違いが丸太の年輪分布の違いに反映されていることがわかる。竹内（2005）も、吉野地方では100年生以上の高齢級で収量比数が0.4〜0.7に管理されている林分では、200年前後まで胸高直径成長量を0.2〜0.4cmyr^{-1}に維持することが可能であると報告してい

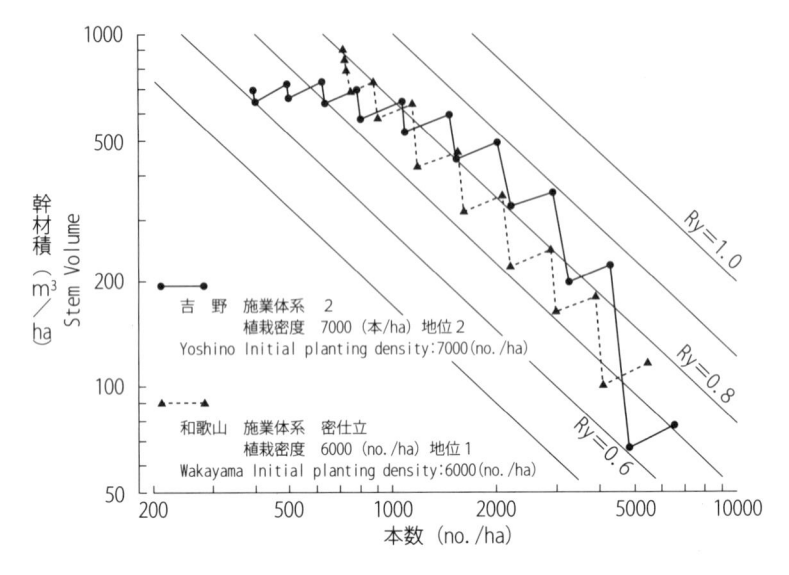

150　第2章　持続可能な森林管理のための個別施業

図5　吉野と和歌山での密度管理の比較（高橋・竹内、1999）

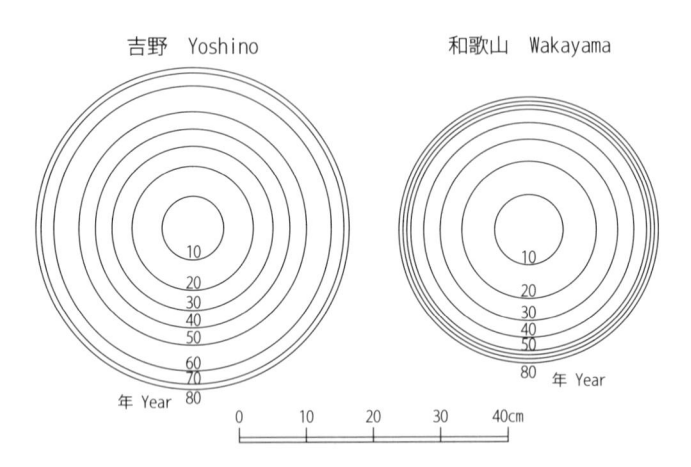

（注）和歌山県人工林林分収穫予想および、奈良県スギ・ヒノキ人工林林分収穫予想より作成

図6　木口断面による年輪分布の比較（高橋・竹内、1999）

る。ヒノキについても同様な密度管理は大切であり、伊勢神宮の宮域林では樹冠が閉鎖する早い時期に将来的に残す木にペンキでマーキングし、最終的には 200 年生で ha 当たり 100 本程度のヒノキを残すような施業体系を組んで森林を管理している。また、尾鷲林業地域で FSC の森林認証をいち早く取得した速水林業では、地位が低くても高齢級で低密度に移行させることにより、高齢期の年輪幅に若齢期と同等な成長が達成できるような施業を行っている。

4．高齢木の成長

　一般に林業における伐期は、年平均材積成長（現存材積／林齢）量が最大に達したときの林齢で判断される。秋田地方スギ林における材積成長最多の伐期齢は、60 〜 70 年と言われてきたが、澤田（2004）は高齢木 52 本の樹幹解析を行い、個体の材積は林内の優勢木を主体に高齢級ほど成長量が大きくなることを確認している。このような傾向は秋田地方のスギ天然林でも確認されており、西園ら（2006）は、閉鎖された 150 年生以上の林分でも

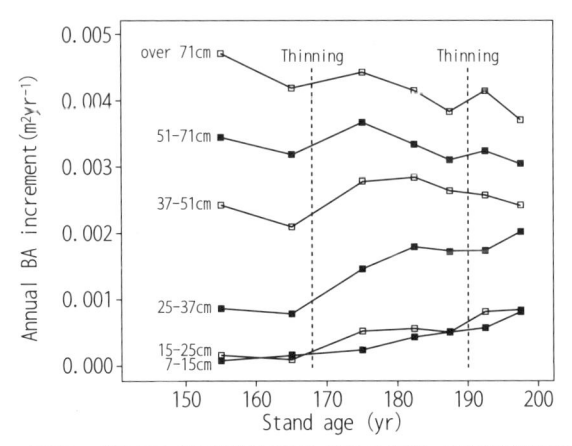

図 7　秋田スギ天然林を構成する個体の直径級別の断面積成長の変化（西園ら、2006）

間伐を行うと、それに個体が鋭敏に反応して成長が促進されることに伴い、林分の成長も促進されることを明らかにした（図7）。また、同天然林で樹幹解析された個体の材積成長は200年をすぎても衰えない（澤田ら、未発表）ことも確認されている。

5．生態学の理論の見直しと高齢林の成長

これまで森林科学の分野でも、生態学に基礎を置いた理論によって、成長予測が行われてきた。しかしながら、人工林の高齢化に伴って、過去に確立されたはずの理論の修正が必要となる場合もある。ここでは、森林の成長とバイオマス収支に関する理論の修正について考えてみたい。

最近、高齢級の人工林で収量比数が1.0を超える林分の存在が明らかにされた（近藤、1998）。そのため、従来の密度管理図についても広域的なものから地域性を重視したものへ調整する必要が指摘されており、長濱（2003、2006）は、図8に示したように九州地方スギ林の最多密度曲線の傾きにつ

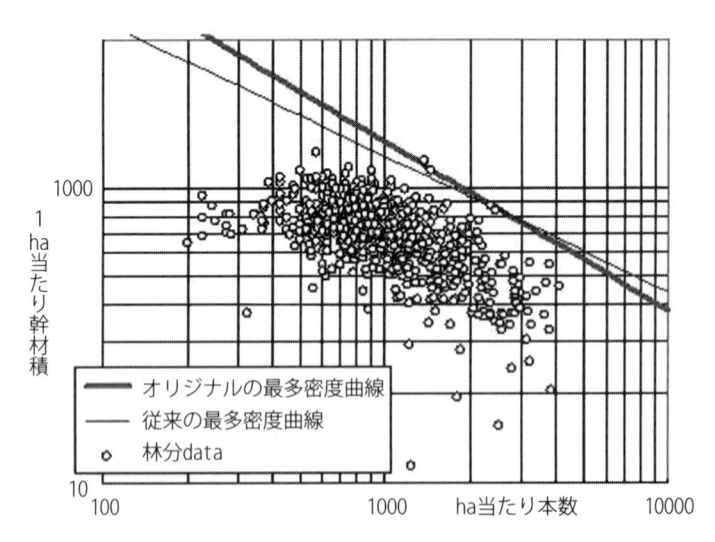

図8 鹿児島県民有林の最多密度曲線の変化（長濱、2003）

いて調整を行ったところ、低密度時の ha 当たり材積の増加を確認している。このように林分密度管理図と収穫表を連携させて鹿児島県に合ったものに改良することで、収穫予測の精度を高めている。

　高齢林の成長については、Kira and Shidei（1967）の理論により、一般的には高齢級の林分になると幹の呼吸量が大きくなるため、純生産量は低下するとされており、そのため高齢級になると成長が停滞するものと考えられてきた。しかしながら、最近の高齢林の成長解析結果によれば、高齢林でも成長を続けている林分の存在が確認されている（例えば、大住ら、2000）。著者らも樹幹解析によりスギ人工林や天然林で個体の材積成長量は高齢級で最大の成長量を持続している個体が多いことを確認している。この矛盾については、幹ではすでに死んでしまった部分があることを加えることで問題の解決が可能と思われる。木材は心材と辺材に分かれるが、このうち心材の部分はすでに死んだ組織であり、支持体の機能しか果たしていない（深沢、1997）。すでに、大畠ら（1974）や鷹尾ら（1993）は、樹木の呼吸が表面積に比例するという仮定に基づく林分成長モデルを提唱している。彼らの仮定を一斉林の林齢と生産量についての Kira and Shidei（1967）らのモデルに対して適合すると、図9の（a）図のように材の枯死部分の現存量の線を加えることで、（b）図のように呼吸量の増加は緩やかとなり、（c）図に示したように純生産量は高齢級の低下速度の遅いモデルがつくられ、高齢林の樹幹解析木で高い材積成長が保たれるという結果と矛盾しない理論が導かれる。ただし、ここでは呼吸している部分を辺材部としているが、もっと狭い範囲しか呼吸していない可能性もあり、この辺についてはさらなる研究による実証が必要である。

　最後に、今後の長伐期施業が成功するかどうかのカギは、森林を長伐期に向けて適正な状態で管理できるかどうかにかかっており、現在の壮齢人工林を今後長期にわたり間伐を行いながら管理することは重要である。長伐期施

154　第2章　持続可能な森林管理のための個別施業

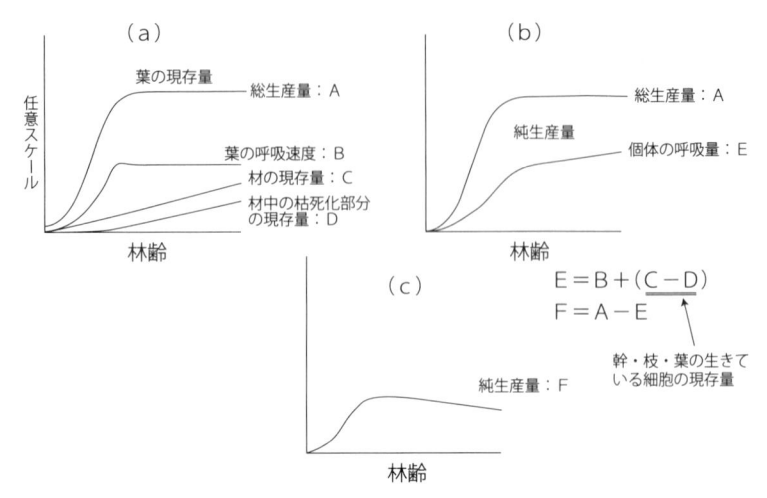

図9　一斉林の生産量と林齢の関係を表す修正モデル
（澤田・野堀、未発表）

(a) 任意スケール／林齢
- 葉の現存量
- 総生産量：A
- 葉の呼吸速度：B
- 材の現存量：C
- 材中の枯死化部分の現存量：D

(b) 林齢
- 総生産量：A
- 純生産量
- 個体の呼吸量：E

(c) 林齢
- 純生産量：F

$E = B + (C - D)$
$F = A - E$
（下線部：幹・枝・葉の生きている細胞の現存量）

業の導入に適した場所の選定や将来の優良木の選抜など積極的な取り組みが望まれる。長伐期施業は現在の努力を22世紀に引き継ぐ施業であり、時代に流されない確固たる信念と、長期にわたる方針をなくして実現は困難である。

引用文献

秋田県林務部．1994．1991年台風19号による大規模被害の実態解析と耐風性森林育成技術の検討．秋田県林務部、73pp．

安藤貴．1992．岩手大学滝沢演習林のスギの凍裂．岩手大学演習林報告，23：73－80．

長伐期研究会．2001．森林総合研究所研究会報告 No.17，長伐期施業の効果、今後の展望．森林総合研究所，161pp．

深沢和三．1997．樹体の解剖しくみから働きを探る．海青社，199pp．

豪雪地帯林業技術開発協議会（編）．2000．雪国の森林づくり．日本林業調査会，

189pp.

今川一志・及川伸夫・糸屋吉彦・太田敬之・下田直義.1996.東北地方におけるスギ凍裂の発生実態.森林総合研究所研究報告,371：1－42.

紙谷智彦.2000.スギ人工林の間伐は林床植生を多様にし地域の生物相保全に貢献する.山林,1395：25－30.

Kira, T. and Shidei, T. 1967. Primary Production and Turnover of Organic Matter in Differrent Forest Ecosystems of The Western Pacific, Japanese. Journal of Ecology, 17（2）：70－87.

近藤洋史.1998.高齢林分調査データの林分密度管理図への適応.日林九州支研論集,51：9－10.

Masaki, T. *et al.* 2006. Long-term growth analyses of Japanese cedar trees in a plantation: neighborhood competition and persistence of initial growth deviation. Journal of Forest Research, 11：217－225.

大住克博・森麻須夫・桜井尚武・斎藤勝郎・佐藤昭敏・関剛.2000.秋田地方で記録された高齢なスギ人工林の成長経過.日本林学会誌,82：179－187.

大畠誠一・四手井綱英.1974.森林の純生産量の経年推移に関する検討.京都大学演習林報告,46：40－50.

澤田智志・加藤秀正.1993.スギおよびヒノキ林下の土壌における塩基の蓄積要因.日本土壌肥料学雑誌,64：296－302.

澤田智志.2004.長期育成循環施業に対応する森林管理技術の開発.秋田県森林技術センター研究報告,13：65－88.

澤田智志.2004.高齢級スギ人工林の間伐―成長と密度管理―.森林技術,751：14－19.

高橋絵里奈・竹内典之.1999.東吉野村におけるスギ人工林の密度管理（Ⅱ）.森林応用研究,8：121－124.

高橋輝昌.2000.ヒノキ林林床への落葉広葉樹リターの供給が土壌の養分特性に

及ぼす影響. 森林立地, 42. 23 — 28.

鷹尾元・箕輪光博. 1993. 樹幹の材積当り呼吸量低下を考慮した人工林成長モデル. 東大農学部演習林報告, 89：113 — 153.

竹内郁雄. 2005. スギ高齢人工林における胸高直径成長と林分材積成長. 日本森林学会誌, 87：394 — 401.

Thomas, P. 2000. Trees：their natural history. 286pp, Cambridge University Press, Cambridge（樹木学. 熊崎実・浅川澄彦・須藤彰司訳）. 築地出版, 261pp.

長濱孝行. 2003. 鹿児島県におけるスギ人工林林分密度管理図の調製、鹿児島県林試研報 8：1 — 11.

長濱孝行・近藤洋史. 2006. 長伐期施業に対応した鹿児島県スギ人工林収穫予測、日本森林学会誌, 88：71 — 78.

Nagaike, T. *et al.* 2003. Differences in plant species diversity in *Larix kaempferi* plantations of different ages in central Japan. Forest Ecology and Management, 183：177 — 193.

南雲秀次郎・箕輪光博. 1990. 測樹学. 地球社, 243pp.

西園朋広・澤田智志・粟屋善雄. 2006. 秋田地方における高齢天然スギ林の林分構造と成長の推移. 日本森林学会誌, 88：8 — 14.

全林協編. 2006. 長伐期施業を解き明かす. 全国林業改良普及協会, 189pp.

第2節

複層林施業

竹内　郁雄

はじめに

　複層林施業は、一斉林施業に比較して環境保全機能が高くなるということで注目され、造成施策が推進されている。複層林は二段林の造成から始めるため、二段林の初期段階の管理技術については多くの成果が得られている。しかし、二段林造成後数十年を経過した実態や管理技術については、そのような林分が少ないこともあり不明な点が多い。ここでは、スギ、ヒノキ人工林における複層林施業での技術的な課題と、現段階で考えられる対策について検討する。

1. 複層林の上木

(1) 上木の健全性

　強度の間伐は台風や冠雪に対する抵抗力を低下させるので、間伐強度は収量比数の低下を0.15以下にすべきであるとされてきた。この値は、下層間伐での本数間伐率40％前後に当たる。ところが、複層林造成時には、下木を健全に成育させる林内光環境を確保するため、樹冠が閉鎖した一斉林を本数間伐率で50％以上もの強度間伐をすることが多い。このような強度間伐後の残存木は、形状比（樹高／胸高直径）が高いうえに単木状になり、気象害に対する抵抗力の低下した不健全な森林となる。実際、複層林化後に上木が気象害を受けた林分を見聞きすることが多い。気象害を受けることは、林

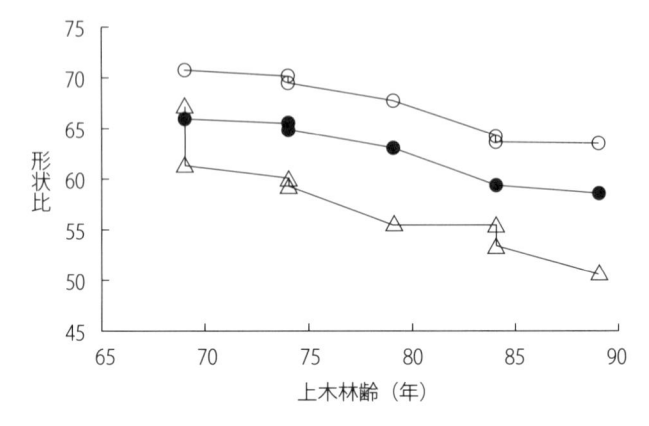

図1 スギ上木の69年生から89年生までの形状比の変化
上木の間伐は69、74、84年生時に行われ、収量比数は、
○：0.39-0.56、●：0.30-0.48、△：0.23-0.32 である。

業経営上大きなマイナスとなるだけでなく、期待される森林の諸機能を発揮することができない。

　上木の形状比は、**図1**に示すように低密度でも急に低下しない。このため、複層林造成以前に低密度管理を行って形状比を低くし、気象害に耐性のある林分とすべきである。同時に、複層林の造成は、気象害の危険性が低い立地に限定すべきである。

（2）後生枝の発生

　スギ林やカラマツ林で強度の間伐を行うと、幹の枝下部に後生枝が発生することが多い。複層林造成時（74年生）に異なる密度とした2林分における無枝打ちのスギ上木で、19年後における個体の後生枝発生による枝下高の低下量（正常枝の枝下高－後生枝を含めた枝下高）の実態を、**図2**に示す（竹内、1998）。後生枝発生による枝下高の低下量は、正常枝の枝下高率が高い個体ほど、密度が低い林分の個体ほど大きくなる傾向がみられる。また、後生枝が発生した上木の本数割合と枝下高の平均低下量は、低密度林が

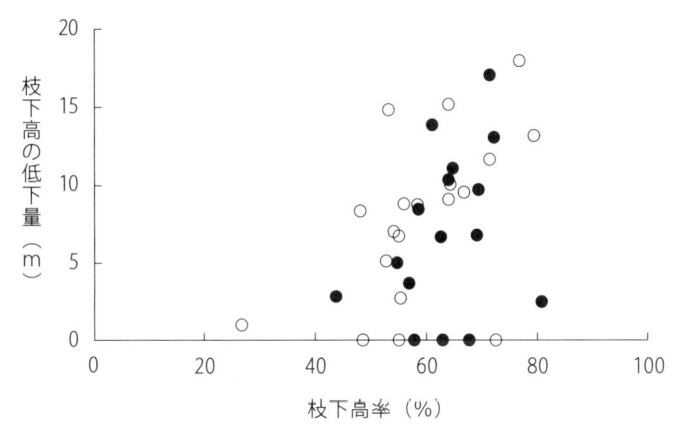

図2 無枝打ちスギ上木における正常枝の枝下高率と後生枝発生による枝下高の低下量（竹内、1998）
複層林造成時の密度は、○：400、●：600本/haである。

84％、7.8 m、高密度林が72％、6.1 mで、強度な間伐ほど後生枝発生の影響が大きかった。

 一方、枝打ちされた7林分のスギ上木では、無枝打ちの上木ほどではないが、いずれも後生枝の発生している個体が認められた。後生枝の発生は、枝下高を低下させ質の低下を招くことになる。また、枝打ちの有無を問わず、正常枝の枝下高率が高い個体ほど後生枝数が多く、枝下高の低下量が大きくなる傾向がみられた。これらの結果は、枝下高が低く葉量の多い上木ほど後生枝が発生しにくいことを示唆しており、複層林造成前に葉量を増加させる低密度管理にすることで、後生枝の発生を抑制できる可能性を示している。ただ、造成前の低密度管理では下層植生が増加するため、地拵え・下刈り省力の利点が減少することが予想される。なお、ヒノキは後生枝が発生せず、このような懸念がない。

（3）林内の光環境改善と上木の枝打ち

 上木の枝打ちは、下木を健全に生育させるために林内光環境改善を目的と

して行われることがある。スギ上木を57年生にナタ打ちした例および52年生にオノ、ノコギリ打ちした例では（竹内、2002）、巻込み完了までに10年以上のものが多く、遅いものでは15年以上を要した。また、枝打ち跡の70％前後に変色の発生がみられ、変色の縦方向の長さである変色長は1つの枝打ち跡で80cm以上にもなるなど、傷が大きくなるにつれて大きくなり、若齢林の枝打ちでの同じ傷長による変色長に比較し10倍程大きく、化粧面での価値を大きく低下させた。

　さらに、オノ、ノコギリでの粗雑な枝打ちでは、変色だけでなく幹材部が腐朽しているものがみられた。腐朽部の長さは数十cmもあって、枝打ち部の幹は価値をなくした。上木の枝打ちは、無節材の生産が不十分で材質向上の効果が得られないだけでなく、材の広い範囲に変色が生じ腐朽の危険性があるため避けるべきである。林内光環境の改善は、上木の間伐に限る。このため、複層林の造成は、少量の間伐木でも伐採・搬出可能な立地条件の場所とすべきである。

2．複層林の下木

（1）下木の形状比

　林齢が若い複層林でのヒノキ下木の直径、樹高割合を、皆伐地に植栽された直径、樹高に対する相対樹高、相対直径とし、林内相対照度との関係を**図3**に示す（河原、1983）。ヒノキ下木の成長は、林内の相対照度が低下するほど悪くなる。特徴的なことは、樹高成長に比べ直径成長の低下が大きく、光環境の悪い下木ほどその傾向が顕著で、幹がモヤシ状で形状比が高くなることを示している。同様の傾向は、スギ下木でも認められている。

　一斉林での枝打ち林と無枝打ち林における、6年生から25年生までの平均樹高と平均形状比の変化、および複層林下木の平均形状比を**図4**に示す。一斉林の枝打ち林は、8年生から枝打ちを5回繰り返し、平均枝打ち高はス

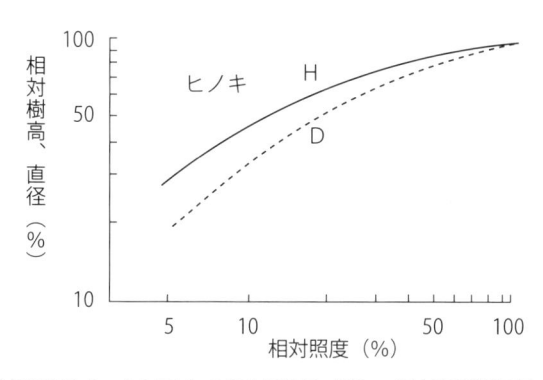

図3 林内相対照度とヒノキ下木の相対樹高 (H)、相対地際直径 (D) の関係
（河原、1983 を改変）

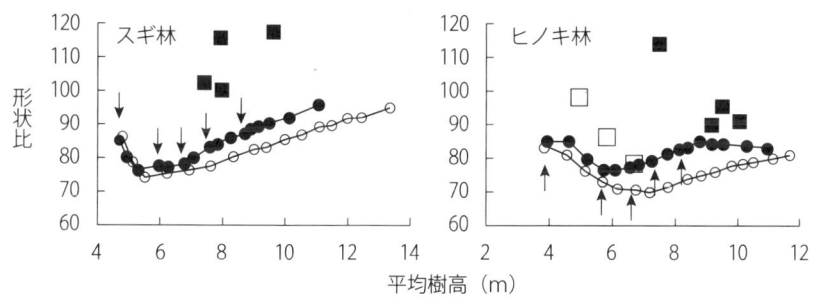

図4 一斉林の枝打ち、無枝打ち林の育成に伴う形状比の変化と二段林下木の形状比
○：一斉林の無枝打ち林　●：一斉林の枝打ち林
一斉林の密度はスギ林が 3,800、ヒノキ林が 2,700 本/ha で、
矢印は枝打ちを示し、幹直径 4 cm まで打ち上げる強度。
□：下木の無枝打ち林　■：下木の枝打ち林

ギ林が 6.5 m、ヒノキ林が 5.9 m であった（竹内、2002）。一斉林の平均形状比についてみると、枝打ち林は、無枝打ち林に比べ枝打ちを繰り返すたびに高くなるが、その差は最大でも 10 ポイント以下であった。一方、ヒノキ下木の平均形状比は、37 年生で平均樹高が 9.5 m 前後、枝打ち高が 3.5 m 前後の 3 林分では 90〜95 で、一斉林の枝打ち林より 5〜10 ポイント高かった。密度が 3,500 本/ha とやや高く、枝打ちが何回か繰り返された 22

年生で平均樹高 7.2 m の下木では、115 と極めて高かった。また、無枝打ちの 3 林分でも、無枝打ち一斉林に比べ高い。スギ下木の 4 林分についてみると、いずれも何回か枝打ちが繰り返されたものの、下木密度は 1,100 ～ 2,900 本 /ha と高くなかったが、平均形状比は 100 ～ 121 で、一斉林の枝打ち林に比較し極めて高かった。このように、複層林下木の形状比は、枝打ち林、無枝打ち林とも一斉林より高くなる。下木が高齢になってからの形状比の変化を、ヒノキ下木の 37 年生から 20 年間について 3 林分でみてみよう。37 年生時の下木上部の相対照度が、P1、P2、P3 でそれぞれ 43、26、19％、下木の平均樹高は 9.5 m 前後、その後 20 年間の年平均樹高成長量はそれぞれ 28、24、22cm/yr で、光環境のよい林分で大きかった。このような条件でのヒノキ下木の 57 年生まで 20 年間の平均形状比は、P1 では 95 から 101 に、P2 では 93 から 107 に、P3 では 90 から 99 といずれも高くなった。57 年生における下木だけの収量比数は、P1、P2、P3 でそれぞれ 0.67、0.65、0.59 と高くなかった。

　以上のように、若齢・壮齢を問わず下木の形状比を高くする原因は何であろうか。陽葉や陰葉を透過した林内の光波長別エネルギーは、裸地に比べ赤色光域（600 ～ 700nm）が大きく減少するが、遠赤色光域（700 ～ 760nm）が減少しない特徴を持つ（佐々木、1979）。このように赤色光域が減少した光条件では、遠赤色光が伸長成長を促進させる性質を持つことが知られている（Morikawa et al.、1976）。これらのことは、先に図 3 に示した下木の樹高成長が直径成長より低下しなかったことを説明できる。また、下木はその光環境から、林齢を問わず形状比が高くなることを避けることが難しいといえる。

（2）下木樹冠の偏倚

　上木に対する下木の位置が下木樹冠の偏倚におよぼす影響を、上木がスギ、下木がヒノキの二段林 4 林分で検討する。4 林分は傾斜が 7 ～ 15 度の

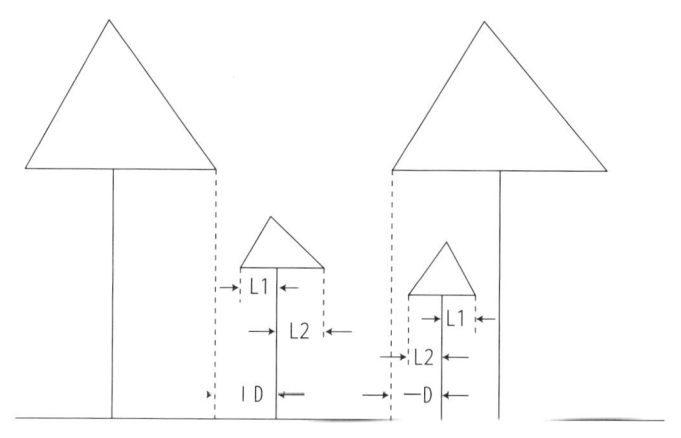

図5　下木の位置（D）と樹冠幅（L）の測定

緩斜面にあり、下木は林齢が31年生以上、平均樹高が13～15 mである。下木の位置は（**図5**）、下木に最も近い上木の樹冠先端（縁）から下木の根元までの水平距離Dとし、下木の根元が上木の樹冠下にある場合はマイナス、樹冠外にある場合はプラスとした。下木の樹冠幅は、下木に最も近い上木側L1とその反対側L2とした。

　下木位置を3段階に区分し、下木の樹冠幅の差をL2からL1を差し引いて求めた平均樹冠幅の差を**表1**に示す。下木全体の平均樹冠幅の差は、4林分とも上木側よりもその反対側で20～55 cm大きかった。下木の位置による樹冠幅の差は、D＜－1 mの個体、すなわち上木の樹冠先端より1 mを超えて上木寄りに位置するものが50～90 cmで最も大きく、次いで上木の樹

表1　下木の位置（D）と下木の平均樹冠幅の差（cm）

D	P-1	P-2	P-3	P-4
D＞1 m	1	-3	45	20
－1≦D≧1 m	45	10	29	36
D＜－1 m	89	50	64	68
下木全体	54	21	39	41

樹冠幅の差は、上木反対側の樹冠幅（L2）から上木側の樹冠幅（L1）を差し引いて求めた。

冠先端付近のもの、樹冠外側に位置するものの順に小さかった。

　以上のように、複層林の下木は、形状比が高くなるとともに、上木との位置関係で樹冠の発達に偏倚が生じる。これらのことは、冠雪害や台風害などの気象害に対する危険性が高くなることを示唆している。下木である時期は、上木により保護されるので危険性が低いであろうが、上木を皆伐収穫した後に健全な生育ができるのか危惧される。形状比を低く維持するには、**図4**の形状比が最も低いヒノキ下木のように相対照度30％程度以上を維持すればよいが、上木は単木状となって気象害の懸念が生じる。

　この他、下木が成長し梢端が上木の樹冠に入った場合は、梢端が上木の枝と接触して傷つき伸長が停止することもわかっている。下木樹高が上木の枝下高に達し、梢端が傷を受ける前に上木を皆伐収穫すべきである。

3．今後の複層林施業

　複層林の造成当初は、林地の裸地化を防ぐため景観的に好ましく、下層植生も豊かで水土保全にも有効な施業である。しかし、林齢が高くなると下層植生が貧弱になる場合が認められるし、多くの労力と費用をかけたとしても、長期にわたって上木・下木とも健全に維持管理することは難しい。複層林施業は、極端な言い方をすると、被圧木、あるいは被圧木に近い下木を人工的に造成する施業であり、被圧木に発生する病虫害にも注意が必要である。下木の形状比が高くなるなど技術的に解決できない課題のある長期複層林施業は、現段階では望ましい施業といえない。複層林施業の導入にあたっては、気象害の心配がなく路網密度が高いなど立地条件に恵まれた場所、それに伐採・搬出技術など技術水準の高い地域、水源林や景観保全が必要な地域など、条件が揃った場所に限定することである。また、複層期間は、長くても下木樹高が上木の枝下高に達する直前までとすべきである。ここでは触れなかったが、下木が下刈り期を脱した後に上木をすべて収穫する短期二段

林施業もあり（竹内、1992）、導入することを検討すべきである。

参考文献

河原輝彦．1983．人工被陰下の植栽木と樹下植栽木の生長比較．林試研報，323：133－144．

Morikawa, Y., Asakawa,S., and Sasaki, S. 1976. Growth of pine and birch seedlings under lights with different spectral compositions and intensities. J. Jap. For.Soc.,58：174－178.

佐々木恵彦．1979．マレーシアの熱帯降雨林におけるフタバガキ科樹種の生長習性と環境．森林立地ⅩⅩⅠ：8－11．

竹内郁雄．1992．短期二段林の上木伐採後における下木の成長．森林総研研報，362：155－169．

竹内郁雄．1998．複層林スギ上木の後生枝の発生．日林論，109：311－312pp．

竹内郁雄．2002．無節材生産を目的とした枝打ちに関する研究．森林総研研報，1：1－114．

第3節

混交林施業

長谷川　幹夫

1．混交林はどこにでもある

　混交林とは、上層がただ1種類の樹木からなる純林（単純林）に対し、2種類以上の高木からなる森林をいう（太田ら、1996）。混交様式は、単木的とモザイク的とに分けられる。前者は2種以上がほぼ交互に配置される場合であり、後者はそれぞれの樹種が面積数十m^2から数百m^2単位の集中斑（パッチ）を形成し、そのパッチが交互またはランダムに配置される場合をいう。単木からモザイクへは漸次移行していくので、この分け方は便宜的なものである。また、対象とする森林の林齢（樹木のサイズ）と面積などによって、混交状態は異なってくるので、混交林の管理には、該当する森林がどの成長段階にあり、どれ位の規模であるのか留意しておく必要がある（全国雑木林会議、2001）。

　2種以上の混交でも明瞭に樹冠層を異にする場合は、階層（的）混交林あるいは複層混交林と表現する。また、組成的な面から針葉樹と広葉樹とからなるものを針広混交林とか、そのまま樹種名を使用して、例えばアカマツーヒノキ林とか植栽スギーブナ林のように表現する。

　自然林（原生林）の代表的な例として、北海道では針広混交林（ミズナラ、イタヤカエデートドマツ・エゾマツ林）、本州の亜高山帯ではダケカンバーシラビソ・トウヒ林、山地帯では日本海側の天然スギを交えたブナ林（**写真1**）、太平洋側のブナーウラジロモミ林、中間温帯でのケヤキーモ

写真1 天然スギが混交するブナ林
(富山市有峰)

ミ・ツガ林などがあげられる。自然林では、豪雪地帯のブナ林のような純林はむしろ特異な例であり、多くの樹種から構成される混交林が一般的である。混交林となるのは、種ごとに土壌に対する適応のしかたや、耐陰性や寿命といった空間の占有のしかたなどに違いがあり(渡邊、1994)、山火事、台風などの撹乱や枯死による林冠ギャップの形成が、様々な樹種に対して更新の機会を与えているからである(巌佐ら、2003)。

里山の雑木林(二次林)では、薪炭林として集約的に管理されたとき、コナラ、クヌギの純度が高くなる傾向がある。しかし、器具、工芸材として価値の高いホオノキ、ミズキ、ヤマザクラなどが意識的に残されたり(亀山、1996)、尾根部などでアカマツの優占度が高くなったりすると混交林となる。また、ヒノキやスギの人工林にアカマツ、広葉樹が侵入(造林地に広葉樹が発生、定着することを侵入という用語で一括して表現する)して成立したアカマツーヒノキの複層混交林やケヤキースギ林、ウダイカンバースギの複層混交林(**写真2**)なども認められる。さらに、治山施工地における肥料

168　第2章　持続可能な森林管理のための個別施業

**写真2　スギ造林地にウダイカンバが侵入して成立した
ウダイカンバースギの複層混交林**
（65年生；富山市長棟）

**写真3　山腹工施工地に同時に植栽されたブナの
ミヤマカワラハンノキ樹下（左）と開放地（右）の成長の違い**
（ともに12年生、富山県利賀村奥山）

木と目的樹種の混植も、一時的ではあるが混交林といえるだろう（**写真3**）。このように混交林は、自然林、二次林、人工林など、様々な人為作用を受けた森林や森林の発達段階（遷移過程）に存在する。

2. 事例からみた混交林

 ここで、筆者がかかわった事例を紹介し、混交林施業を考えるヒントにしたい。

（1）人工林への広葉樹の侵入

 戦後、天然林を針葉樹人工林に代える「拡大造林事業」が全国的に実施された。豪雪地帯でも1950年代からスギがさかんに植栽されてきたが、雪圧害などによってスギが成林できない、いわゆる不成績造林地も出現してきた。そのような人工林に侵入した広葉樹はスギと混交して資源を補い、公益的機能の回復に重要な役割を果たすと考えられている。こうしてできた混交林は随所に認められ、多くの研究が行われてきたので、林分構造や侵入・混交の過程が少しずつ明らかになってきた（豪雪地帯林業技術開発協議会、2000）。

 筆者は、最大積雪深3mに達する富山県富山市長棟の植栽スギ、ブナ、ウダイカンバからなる65年生混交林を伐採後、再びスギが植栽された人工林において広葉樹の侵入・混交の状況を調査してきた。

 侵入した高木性広葉樹のほとんどは、地拵えと植栽（植え穴掘り）を契機に発生していた。天然下種更新は、前生稚樹の有無で前更型（主伐前に稚樹が発生、ブナ、ミズナラなどが代表的）と後更型（主伐後に稚樹が発生、カンバ類、アカマツなど）に分けることができる。伐採前の林分には前生稚樹がほとんどなかったため、ここでは種子が広く散布されるウダイカンバや、埋土種子となるホオノキなど後更型の樹種の更新密度が高くなった。ここで、前生稚樹が高密度で生育する森林を伐採すれば「前更型」となり、前生稚樹や埋土種子などが両方あるならば「混合型」となる（**図1**）。また、種子がならないような若い林分を伐採しても、当然ながら下種更新はできない。そこで、スギを植栽して侵入広葉樹との混交林を育成しようとする場合

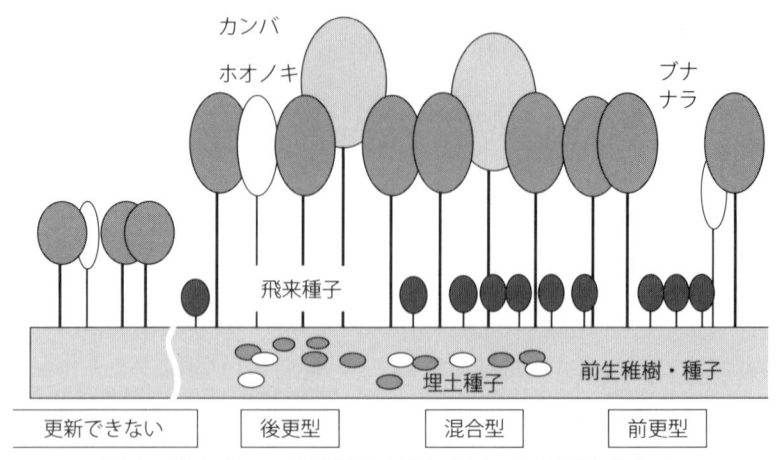

図1 種子や稚樹の密度から天然下種更新を予測する

を考えると、存在する種子や稚樹から将来成立する混交林の種組成をある程度予測することができる。

　スギを育成するため、人工林では下刈り、除伐が行われる。よほど潔癖で長期間の刈り取りでない限り、下刈りは多くの広葉樹稚樹の枯死要因にならず、むしろ生存に有利に働くようである。一方、下刈り終了後5～6年を経て行われる除伐では萌芽力の低いウダイカンバ、ミズメなどは、造林地から駆逐される。ホオノキやミズナラなど萌芽力のある樹種は、除伐後も再生するが、当然ながら除伐量に応じて回復は遅れる。このような様々な過程を経るが、作業の程度と生育特性が作用しあいながら、やがてウダイカンバ－スギ・ブナ・ホオノキ林といった混交林が形成されていく。

　このような経過で成立した老齢林の構成種の分布相関をみると、ウダイカンバはすべての樹種に対し特別な関係はないが、スギ、ブナ、ホオノキ、ミズナラは他種と排他的傾向にある（**表1**）。この理由として、ウダイカンバの樹高成長はすこぶる速いため、他種より常に上層にあること、ブナ、スギなどはある程度耐陰性があるため、ウダイカンバの下で生育できたこと（**写**

表1　約65年生の混交林における主な樹種間のω指数

樹種	スギ	ウダイカンバ	ブナ	ホオノキ	ミズナラ
スギ		0.344	-0.296	0.163	-0.360
ウダイカンバ	0.344		0.053	0.744	0.520
ブナ	-0.296	0.053		-0.780	-0.257
ホオノキ	0.163	0.744	-0.780		-0.600
ミズナラ	-0.360	0.520	-0.257	-0.600	

（巌、1988）から判断した、共存的、排他的関係（長谷川、未発表）
100 m²を調査面積としたω指数、＋（白色）が共存的関係、－（黒色）が排他的関係、灰色は特別の関係がないと判断した

真2)、ブナ、スギなどは隣接しあう他種を枯らしながら、狭い範囲で枝を広げてきたこと、などが考えられる。したがって、このような混交林では、ブナ、スギなどのパッチをモザイク状に配置し、ウダイカンバは樹冠を超出させて、低密度に配置するという目標林型が考えられる（豪雪地帯林業技術開発協議会、2000）。

(2) 肥料木と目的樹種の混交植栽

　富山県利賀村奥山の百瀬川源流域は、最大積雪深4mを越える豪雪地である。ここでは1975年頃をピークに積雪の移動による崩壊が広範囲で起こったため、森林復旧をめざして様々な緑化工が取り組まれてきている。山腹工の階段上にミヤマカワラハンノキ、ミヤマハンノキ、ケヤマハンノキ、ヒメヤシャブシなどの肥料木とともに最終目標樹種としてブナ、ダケカンバを植栽した。ミヤマハンノキ、ミヤマカワラハンノキは、土壌の悪いところでも比較的生育がよく、株立ちすることによって樹冠を拡張し、植栽後3年～4年くらいから高い被覆効果を呈した。これは単木的なダケカンバ、ケヤマハンノキ、ブナなどにない特長であった。また、これらの樹種は3年生くらいから着果し、近くの裸地に侵入する稚樹の母樹となった。ミヤマカワラハ

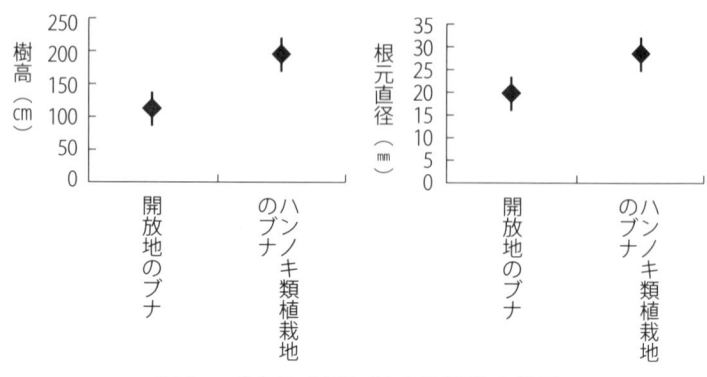

図2 ブナの成長に対する混植の効果
（12年生；長谷川、未発表）

ンノキなどの樹下に植栽したブナは、開放地のものより成長がよく、樹勢が高かった（**写真3、図2**）。

このように、ハンノキ類（肥料木）による環境の緩和作用、立地の改良効果は顕著であり、混植をすることでブナ（目標樹種）の成長も促進された。しかし、ミヤマカワラハンノキなど早生樹は、寿命が比較的短かったり、穿孔虫や雪圧などで折れたりするため、目標樹種の成長とともに衰退し最終的には構成種から外れていくと考えられる。この混交林は、安定的なものではなく一時的なものといえよう。

（3）スギとケヤキの混交植栽

富山県小矢部市城山（標高186m）では、ボカスギ（挿木品種）林が広がっているが、ボカスギ林では冠雪害が頻発する。冠雪害被害地の修復のため、ケヤキとボカスギを交互に2m間隔の3角配置（植栽密度両種で2,880本/ha）で植栽した。

14年生時に斜面上部と下部で毎木調査を行った。斜面下部ではケヤキ、上部ではスギの成長が良好で、その結果、下部ではケヤキ―スギの2段林型、上部では混交林型を呈した（**図3**）。また、生存率（植栽密度に対する14

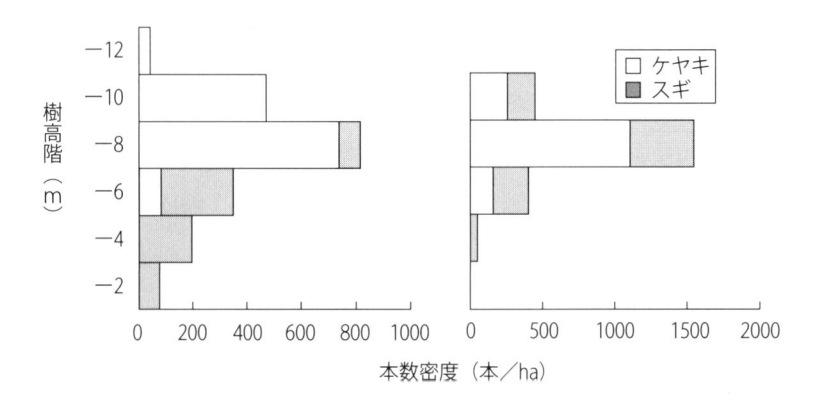

図3 スギとケヤキの樹高の頻度分布
（左、斜面下部；右、斜面上部；長谷川、未発表）

年生時の残存本数）をみると、ケヤキは、ほぼ90％以上であったが、スギは、斜面下部で43％、上部で66％と低かった。スギの主な枯死原因は、下部では雪害（根返りなど）による成長低下とケヤキによる被圧、上部では折れなどであった。

このように、優占する樹種が場所によって異なる結果となった。単木や列状の混交植栽では、1種が他種を駆逐してしまい混交林が成立しない場合があるといわれている。この結果をみると、確かにその傾向がうかがえる。しかし、混交の比率、樹種の優劣は、その時々の条件（土壌条件、雪害、保育、品種や樹種の組み合わせ）によって変わりうるようだ。スギの冠雪害が頻発する地域において、ケヤキを混交させたことは、雪害に弱いスギを補うという点では、意義があったといえるかもしれない。

3．これからの混交林施業

混交林の機能として、地力維持・水土保全、蓄積の増大またはその補償、病虫害・気象害抵抗力の増大、多様な資源のストックなどがあげられている。

しかし、これらの機能、特に環境保全機能に関する効果については十分な検証は行われていない。上で述べた3つの事例をみると、(1)は豪雪地帯のスギ不成績造林地の修復・補償、(2)は崩壊地における早期復旧、(3)はスギ冠雪害頻発地での資源補償、といったように、森林の修復、補償という点でその効果に共通性がある。こうしてみると混交林は、純林を育成することが困難な地域や立地において、より効果を発揮しており、混交林の価値は、立地条件の良い場所よりも、林業経営的に厳しい周辺部や環境保全林において、より高まると言えそうである。

　先に述べたように、混交林は、自然林、二次林、人工林など、様々な人為作用の程度やステージで存在するので、混交林管理・施業技術は、これからもあらゆる場面で要求されるであろう。施業は、種間関係と種内関係の調整、いいかえれば、それらの競争を緩和する行為である。純林では、初期保育を除いて概ね種内関係だけをみていけばよいが、混交林管理は個体間に加えて樹種間のせめぎ合いを調整する必要がある。したがって、より集約的で高度の技術が必要となる。

　林業の対象となる一部の樹種については、生育特性と育成・管理方法はいくらか明らかになっているが、多くの樹種、特に広葉樹の生育特性・種間関係・相互作用については、病虫害も含めて、まだまだ不明な点が多い。多様な樹種からなる混交林においては、隣り合う樹種の組み合わせは無限とさえいえる。混交させることで、生育が促進されたり、病虫害が抑えられたり、またその逆に生育が抑制されたりと、相互作用で思わぬ効果または弊害がもたらされる可能性もある。混交林施業では、このような相互作用を含めた生育特性の解明とそれを駆使できる技術の開発がさらに要求されるであろう。

　林業の担い手不足、木材不況の中で、日本の人工林やそれから派生した混交林、さらには燃料革命以降放置された二次林は、一気に高齢化しつつある。今後、これらが、どのように変化するか不明な点が多いが、高齢化は自

然林（原生林）に近づいていくことでもある。また、昨今、遺伝子撹乱や不成績造林地など、広葉樹人工更新の弊害が懸念されている。

　高齢化は、天然下種更新の母樹としての成熟を意味し、図1の左端のような更新できない林分から、稚樹や種子が高密度で貯えられる林分になっていくことでもある。森林の成熟化・混交林化は、弊害の懸念される人工更新に頼らずに、天然力を活用した持続的な森林管理を推進させるチャンスかもしれない。広大な老齢化した人工林、二次林において持続可能な森林管理を行うためには、自然植生に近い森林すなわち混交林における更新機構の解明など生態学的知見の蓄積が不可欠である。

引用文献

豪雪地帯林業技術開発協議会（編）．2000．雪国の森林づくり．日本林業調査会．

巌佐庸ら（編）．2003．生態学事典．共立出版．

亀山章（編）．1996．雑木林の植生管理．ソフトサイエンス社．

太田猛彦ら（編）．1996．森林の百科事典．丸善．

渡邊定元．1994．樹木社会学．東京大学出版会．

全国雑木林会議（編）．2001．現代雑木林事典．百水社．

第4節

帯状・群状伐採方式の類型

溝上　展也

はじめに

　日本の森林面積の約4割に相当する1,000万haは人工林であり、その多くは大面積皆伐－人工植栽方式によって造成されたスギやヒノキ等の針葉樹同齢林である。この構造が単純な同齢人工林をいかに多様な構造に転換すべきか、ということが世界的関心事となっているが（Cameronら、2001）、大面積皆伐と単木択伐の両者の欠点を補完するものとして、帯状伐採方式や群状伐採方式が注目されている（Yorkら、2004）。

　ところで、帯状伐採や群状伐採を伴う育林方式（Silvicultural systems）にはいくつかの方法があるが、これらのうちいくつかはしばしば混同して理解されているようである。例えば、群状択伐方式と小面積皆伐方式の違いはどこにあるのであろうか？　また、帯状皆伐方式と帯状択伐方式にどのような違いがあるのだろうか？　ある1つの伐採面のみを短期的にながめただけではこれらの違いはわからない場合が多い。

　今後、帯状伐採方式や群状伐採方式の適切な導入を図っていくためには、関連する育林方式の的確な類型化が必要であろう。そこで本論では、①伐採規模、②伐採頻度、③伐区の空間配置、の3つの観点から帯状・群状伐採を伴う育林方式を類型化し、具体的な事例を紹介しながら、それらの相違点・類似点を整理する。

1. 帯状・群状伐採方式の類型基準

（1）伐区規模

　皆伐とは「あるまとまった広がりの面積の林木をまとめて伐ること」（藤森、2003）と定義できるが、その面積規模とはどの程度をいうのであろうか？　そして、どのくらいの伐採規模を小面積皆伐あるいは状皆伐というのであろうか？

　数十 ha の大きな伐採面において、隣接林分と接する林縁付近と伐採面の中央付近では、日射量や風速といった微気象は明らかに異なる。このように隣接林分の影響を受ける部分と影響を受けない部分の面積割合は伐採面の大小によって異なり、この影響の程度によって皆伐と群状択伐、あるいは帯状皆伐と帯状択伐は区分される（Kimmins、1997）。その基準として、隣接林分の樹高に対する相対的な大きさが使われることが多い。例えば、藤森（2003）は、一辺あるいは直径が隣接林分樹高の2倍以上となるような規模の伐採を皆伐、それ以下で単木伐採の面積よりも広い規模を群状択伐と呼び、帯状伐採の場合も同様に帯幅が隣接林分樹高の2倍以上の規模を帯状皆伐、それ以下の規模を帯状択伐と定義している。

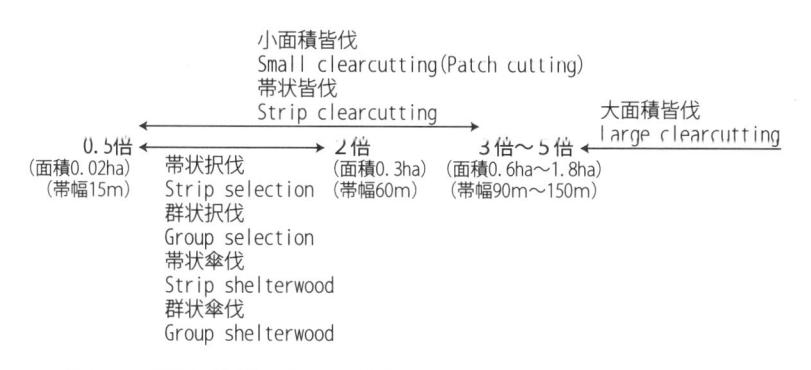

```
                    小面積皆伐
                    Small clearcutting(Patch cutting)
                    帯状皆伐
            ←―――― Strip clearcutting ――――→        大面積皆伐
                                                      Large clearcutting
    0.5倍 ←――――――――→ 2倍        3倍～5倍    ――――――→
  （面積0.02ha）  帯状択伐    （面積0.3ha）  （面積0.6ha～1.8ha）
   （帯幅15m）  Strip selection （帯幅60m）  （帯幅90m～150m）
              群状択伐
              Group selection
              帯状傘伐
              Strip shelterwood
              群状傘伐
              Group shelterwood
```

　　図1　群状択伐林の事例（溝上、2004；Yamashita ら、2006）
　　　（注）括弧内の数値は保残木樹高を 30m としたもの
　　　　　　群状伐区の面積と帯状伐区の帯幅を示す。

本論では、上記のように隣接林分の樹高を基準に図1のように伐採規模と育林方式の関係を整理した。まず、Fujimori（2001）を参考に伐区幅が保残木樹高の3倍～5倍以上の場合は大面積皆伐とし、それ以下の場合は小面皆伐あるいは帯状皆伐とする。そして、伐区幅が保残木樹高の2倍以下であれば群状択伐あるいは帯状択伐と呼ぶことが可能であるとする。小面積皆伐（small clearcutting、patch cut）の面積は群状択伐よりも大きく（藤森、2003；Kimmins、1997）、帯状皆伐も帯状択伐と比較して帯幅が広いと定義することも可能であるが、後に述べるように本論では両者の下限値に違いはなく、いずれも隣接林分樹高の0.5倍とする。つまり、保残木樹高の0.5倍～2倍のときには、「皆伐」と「択伐」のどちらの場合もありうるため、伐採頻度に留意する必要がある。

　皆伐と択伐のほかに、代表的な伐採方式として傘伐がある。傘伐方式（shelterwood system）とは、「上木を適度に疎にして、その下に更新木を育て、上木を除いても更新樹が安全に成林する見込みがついたときに上木をまとめて収穫する方式」（藤森、2003）であり、同齢林の育成が目標となる。そして、単木的に林分全体で均等に伐採が行われる場合を単木傘伐方式、帯状あるいは群状に徐々に伐採－更新面が広がっていく方法を帯状傘伐方式あるいは群状傘伐方式という。この帯状・群状傘伐方式における個々の帯やギャップの大きさは残存木樹高の0.5倍（藤森、2003）～2倍（FBP、1999）であり、帯状・群状択伐方式の伐採規模範囲に等しい。

（2）伐採頻度

　択伐の特徴は、対象とする森林全体をm個の択伐区に分け、毎年1つの択伐区内で単木的にあるいは群状に伐採が行われ、m年間で全体を一巡し最初の択伐区に戻る（回帰する）ようにすることである（西川、2004）。つまり、ある択伐区内ではm年毎に伐採と更新が行われるが、この定期的な伐採間隔年を回帰年という。回帰年は、10年程度のものから約30年まで

さまざまである。択伐方式が継続的に実行されると、択伐区内では、更新後間もない樹齢から伐期齢に近い樹齢までの間で一定の年齢格差にある n 個の齢階を有する異齢林構造となる。ここで、輪伐期を U 年とすると、齢階数 n は次式で表される（Nyland、1996）。

n = U / m

なお、択伐方式とは n ≧ 3、すなわち齢階数が 3 つ以上で構成されている林分を育成するものである（FBP、1999）。n = 2 の場合は、伐採周期 m 年が輪伐期 U 年の半分であることを意味し、二齢林方式（two-aged system）（Nyland、1996）や井上（1974）が北海道にて適用した交互帯状皆伐方式がこれに相当する。

皆伐方式や傘伐方式では基本的に回帰年という概念はなく、林分を一度にあるいは短期間で数回にわけて伐採するのが一般的であり、同齢林の造成が目標となる。傘伐方式の場合は通常、予備伐、下種伐、後伐の 3 回にわけて伐採が行われ、更新期間は皆伐方式よりも長い。例えば、FBP（1999）における帯状皆伐方式と帯状傘伐方式では、更新期間はそれぞれ 3 〜 7 年以内および 10 〜 25 年以内とされ、その期間内に林分全体の伐採を終える。

以上のような伐採頻度の違いは、伐採規模が保残木樹高の 0.5 〜 2 倍と小さいときに特に留意する必要がある。皆伐方式では一度にあるいは短期間で伐採―更新が終了し、傘伐方式ではより長い更新期間で数回にわけて林分全体の伐採―更新が終わり、両方式とも目標林型は同齢林構造となる。これに対して、択伐方式では更新期間がなく、一定の間隔で伐採・更新が行われ、異齢林構造が目標林型となる点に根本的な違いがある。

(3) 伐区の空間配置

前述のように択伐方式では択伐区が設定され、毎年 1 つの択伐区で保残木樹高の 2 倍以下の幅を持つ群状伐採や帯状伐採が行われるため、森林全体でみた場合には伐採面は分散しており、次の伐採時においても可能なかぎり伐

採面が連続しないように伐区を配置することが多い。一方で、皆伐方式や傘伐方式の場合は、伐採列区といった伐採の単位を設け、伐採列区の中で順次伐採を進めていくため、伐採面は連続することが多い。すなわち、伐採規模と伐採頻度の違いは、結果として伐区の空間配置に相違を生じさせ、群状択伐や帯状択伐では伐区が分散し、小面積皆伐や帯状皆伐あるいは傘伐方式では伐区が連続しているのが一般的である。

ただし、後述するように小面積皆伐であっても伐採列区と伐採順序を適切に設定することによって、伐採列区に択伐区と同じ働きをもたせ、ある伐採列区内では一定の年数間隔（回帰年）で伐採が行われるように組織化することが可能である（今田、2005）。この場合には、伐採間隔と伐区の空間配置において皆伐と択伐の相違はなくなり、伐採規模を基準として分類することになる。

2．帯状・群状伐採方式の事例

(1) 群状択伐方式

図2は、九州電力社有林における群状択伐林の一部の立木位置図である（溝上、2004；Yamashitaら、2006）。この林分ではこれまでに2回の群状伐採が実施され、2003年の測定時において、一番古い林分が80年生、群状伐区の植栽木の樹齢が38年生と19年生になっている。伐区面積は約0.1haであり、一辺の長さは80年生の保残木平均樹高27mに近い。この林分は回帰年が約20年と設定されており、3回目の伐採が近く行われる予定である。輪伐期は正確には定められていないが、80年あるいは100年が想定されており、前者の場合は4齢階、後者の場合は5齢階の異齢林構造が最終的な目標林型となる。以上のように、保残木樹高程度の幅による伐採規模で20年の回帰年により定期的な伐採が行われている当林分は典型的な群状択伐林といえる。

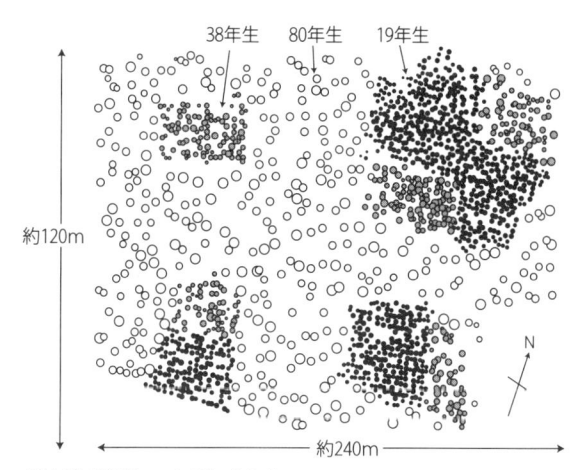

図2　群状択伐林の事例（溝上、2004；Yamashita ら、2006）

（2）帯状択伐方式

　図3、は上記と同じ九州電力社有林における帯状択伐林の縦断面図である（山部治邦、1979；荒木、2005）。この林分は風致林として管理されており、近くの公園から伐採面がみえないようにするため、等高線方向に帯状伐区が設置されている。上記の群状択伐同様、回帰年は20年であり、これまでに2回の帯状伐採が実施され、2004年の測定時において一番古い林分が

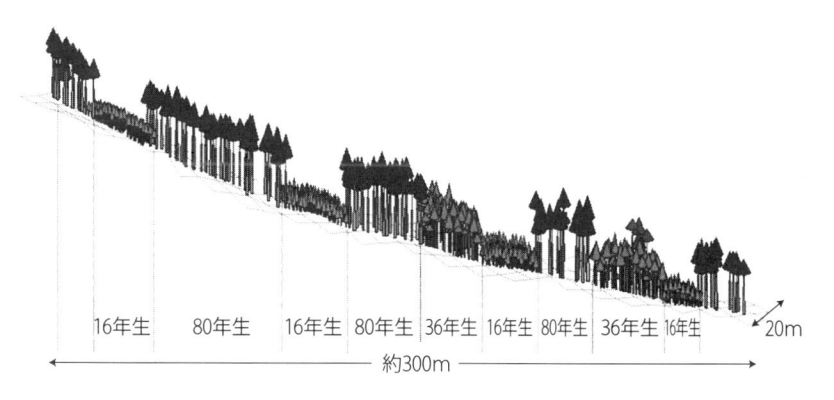

図3　帯状択伐林の事例（荒木、2005）

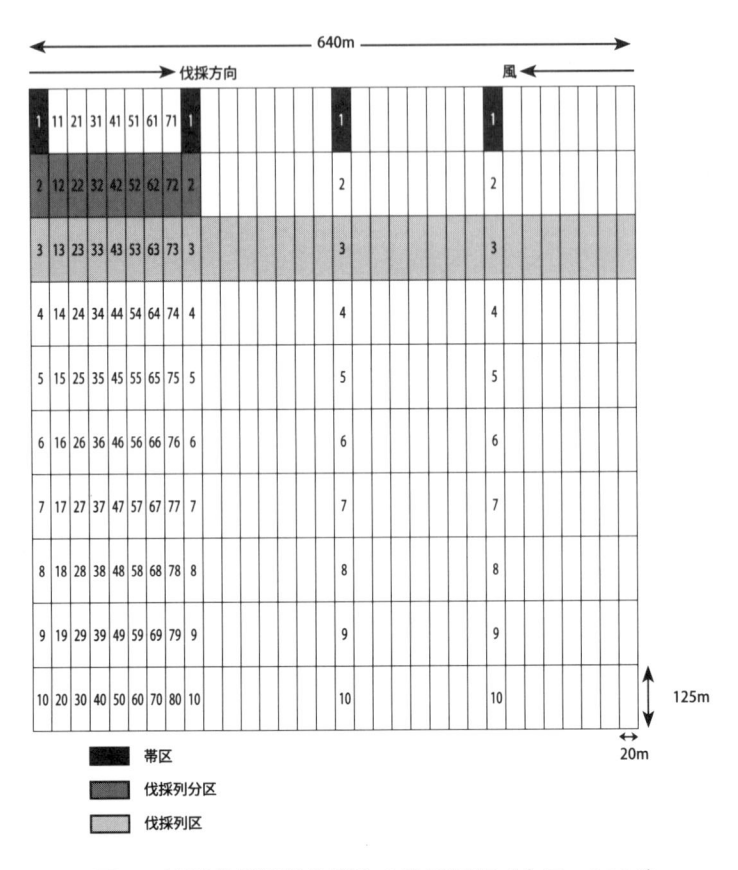

182　第2章　持続可能な森林管理のための個別施業

図4　連進帯状皆伐作業法の伐採順序（今田、2005）

80年生、群状伐区の植栽木の樹齢が36年生と16年生になっている。帯幅は平均で25 mであり、80年生保残木の平均樹高26 mに近い。このように、保残木樹高程度の帯幅による伐採規模で20年の回帰年により定期的な伐採が行われている当林分は典型的な帯状択伐林である。

図4は、九州大学福岡演習林でヒノキ人工林に一部適用されている連進帯状皆伐作業法の模式図を示したものである（今田、2005）。この方式は、大面積皆伐方式によって造成されたヒノキ同齢人工林を小面積皆伐方式へ誘導

するために着手されたものである。図5では、輪伐期80年、適用森林全体の面積が80haのモデル林における伐採順序が示されている。1つの帯状伐区の面積は20m×125mの0.25haであり、標準年伐面積1haが想定されているため、毎年4つの帯状伐区で伐採が行われる。そして、10個の「伐採列区」とその内部の4個の「伐採列分区」をもとに伐採は順次進められている。適用当時のヒノキ人工林の上層木平均樹高は約15mであるから、帯幅20mの伐採規模の観点からは帯状皆伐、帯状択伐のどちらに分類すべきかわからない。しかし、伐採頻度と伐区の配置から判断すると、このモデル林の伐採列区は択伐区とみなすことが可能であり、回帰年10年の帯状択伐方式適用林であると定義できる。なお、たとえ図5のような伐採頻度と伐区の空間配置が維持されたとしても、帯状伐区の帯幅が保残木樹高の2倍以上の場合には、帯状択伐方式というのは適切ではなく、この場合は帯状皆伐方式と定義すべきである。

(3) 小面積皆伐林

図5は、九州大学北海道演習林で実施されている交互区画皆伐方式の育林プロセスを示したものである（今田・荒上、1995）。この方式は、広葉樹天然生林をカラマツやトドマツの針葉樹人工林へ誘導するために考案されたものであるが、針葉樹同齢人工林にもそのまま適用できるものである。ここでは、10haの単位伐区（結合単位年伐区）内で、最終的には2.5haの4つの伐区が林齢較差20年となるように伐採－更新が進められる。伐採頻度の観点からみた場合は10haの択伐区と20年の回帰年が設定されている択伐方式ともみなすことができるが、2.5haの伐区を正方形、保残木樹高を30mと仮定した場合、伐区幅は保残木樹高の5倍に相当するため、伐採規模の観点（図1）からみて小面積皆伐方式の適用事例に分類すべきである。

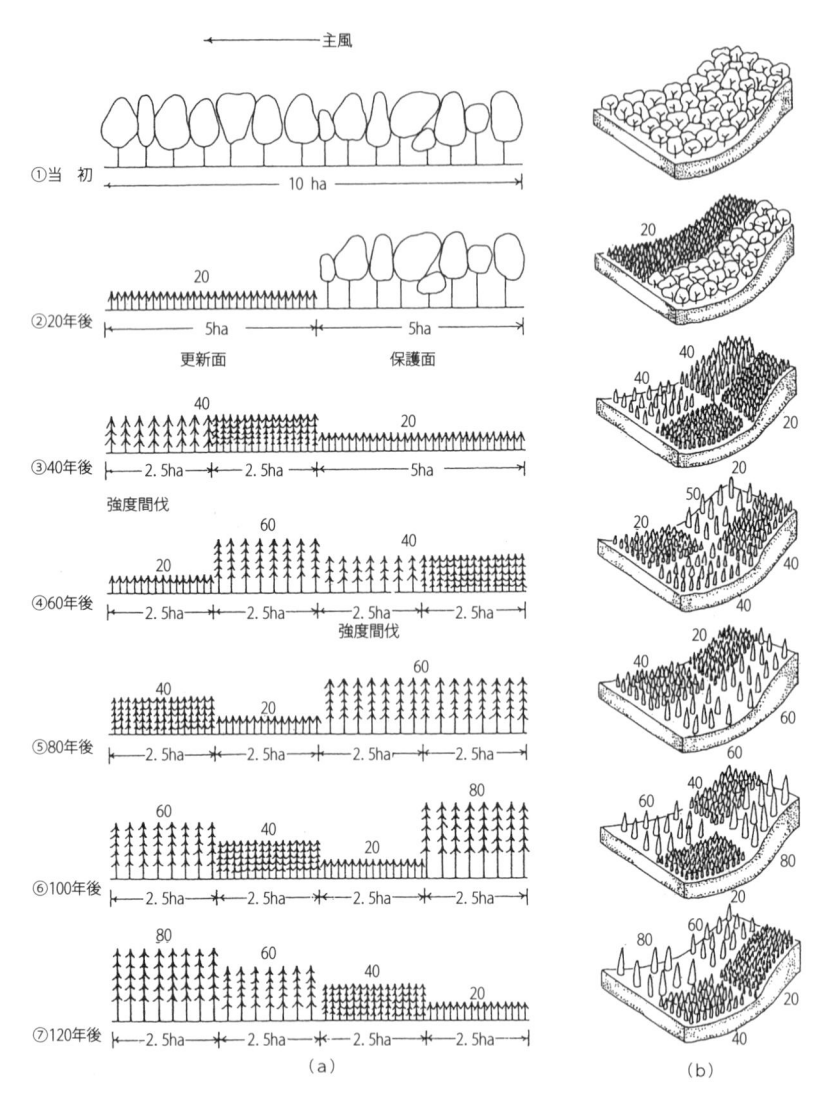

184 第2章 持続可能な森林管理のための個別施業

図5 小面積皆伐方式の事例（今田・荒上、1995）

おわりに

　以上のように、帯状伐採や群状伐採を伴う育林方式を類型化するには、伐採規模と伐採頻度、そして伐区の空間配置に留意する必要がある。それゆえ、1つの伐採面を眺めただけではわからないことが多い。しかし一方で、**図5**に示されているように、伐期齢までのすべての林齢が同じ面積ずつ揃っている森林、すなわち「法正林」を現実に目にすることはまずない。そこで実際的には林分を単位として、フォレスターが考えている最終的な目標林型を知る必要がある。特に、伐採規模が保残木樹高の2倍以下の場合には「皆伐」と「択伐」のどちらの場合もありえるので（**図1**）、一定間隔の伐採周期（回帰年）が設定されているか否か、すなわち最終的な目標林型が異齢林か同齢林かに着目すればよい。

　日本の人工林における非皆伐施業としては「複層林施業」が一般的であり、保残木樹高程度の幅による帯状伐採面あるいは群状伐採面で更新が行われている方式は、帯状複層林施業あるいは群状複層林施業と呼ばれている（藤森、1991）。そして、複層林施業も伐採間隔の違いによって、短期複層林、長期複層林あるいは常時複層林に分類される（藤森、2003）。複層状態にある期間が短い短期複層林は皆伐方式あるいは傘伐方式に分類可能であり、循環的に伐採が行われる常時複層林方式の中でも林分が3齢階以上で構成される場合は択伐方式と同義である。「複層林方式」という用語は日本独自のものであるため、本論で示したような伝統的な林学用語との対応関係（藤森、2003）を理解する必要もあろう。

引用文献

荒木実穂. 2005. 帯状択伐林伐採帯のスギ樹高成長におよぼす上木の影響. 九州大学農学部卒業論文.

Cameron, A.D., Mason, W.L. and Malcolm, D.C. 2001. Preface, Transformation of plantation forests, Papers presented at the IUFRO Conference held in Edinburgh, Scotland, 29 August to 3 Septenber 1999 . Forest Ecology and Management, 151：1 — 5.

Fujimori, T. 2001. Ecological and silvicultural strategies for sustainable forest management. Elsevier, Amsterdam, 398pp.

藤森隆朗．1991．多様な森林施業．全国林業改良普及協会，191pp.

藤森隆朗．2003．新たな森林管理－持続可能な社会にむけて－．全国林業改良普及協会，428pp.

今田盛生（編）．2005．森林組織計画．九州大学出版会，258pp.

今田盛生・荒上和利．1995．交互区画皆伐作業級に内包されたサブ作業級．九州大学演習林報告，72：143 — 150.

井上由扶．1974．森林経理学．地球社，298pp.

Kimmins, J.P. 1997. Balancing Act：Environmental issues in forestry. UBS Press, Vancouver, 305pp.

溝上展也．2004．スギ・ヒノキ人工林における帯状・群状伐採の意味．森林科学，41：28 — 34.

西川匡英．2004．現代森林計画学入門．森林計画学会出版局，274pp.

Nyland, R.D. 1996. Silviculture; Concepts and applications. McGraw-Hill. Boston, 633pp.

The Forest Practices Branch, Ministry of Forests, British Colombia (FPB) . 1999. Introduction to silvicultural systems. http://www.for.gov.bc.ca/hfd/pubs/SSIntroworkbook/

山部治邦．1979．風致林施業について－帯状区分皆伐作業級における回帰年の推定－．日本林学会九州支部研究論文集，32：65 — 66.

Yamashita K., Mizoue, N., Ito S., Inoue, A., Kaga., H. 2006. Effects of residual trees on tree height of 18- and 19-year-old *Cryptomeria japonica* planted in group selection openings. Journal of Forest Research, 11：227 — 234.

York RA, Heald RC, Battles JJ, York JD. 2004. Group selection management in conifer forests：relationship between opening size and tree growth. Canadian Journal of Forest Research, 34：630 — 641.

第5節

モザイク林施業

石神　智生・鈴木　和次郎

はじめに

関東森林管理局森林技術センター（以下「当センター」）では、2002年から長期育成循環施業の考え方をベースに既設の複層林試験地（帯状保残型）の施業設計を変更し、モザイク林施業への誘導を図ることにより、複層林施業の問題点の解消と、林分構造の多様化、生物多様性の保全、資源の循環利用、林業経営の合理化等を実現する施業体系の開発に取り組んでいる。

1. 長期育成循環施業とは

長期育成循環施業は、一斉人工林への抜き伐り（誘導伐）、更新を繰り返すことにより、高齢級の常時多段林に誘導していく施業である。林野庁のモデルイメージでは、最終的に林齢差50年の三段林が示されている。この場合、150年生の主伐を50年おきに繰り返すことが可能となる。また、誘導伐は単木単位での抜き伐りのほか、残存木の間隔が樹高の2倍までの帯状、群状の抜き伐りも可能としている（林野庁指導文書）。

今回施業を行っているモザイク林造成は、長期育成循環施業の考え方をさらに発展させ、一斉人工林（同齢単純林）を小面積分散の伐採（収穫）を繰り返すことにより、林齢の異なる小パッチがランダムに配置された老齢天然林に類似する林分構造に誘導していこうというものである。

2. 複層林施業から長期育成循環施業（モザイク林施業）へ

　当センターでは、茨城県南西部に位置する筑波山（877 m）の中腹（標高 350 〜 550 m、東向き斜面）約 35ha において、主として国定公園の一部にもなっている当該箇所の景観に配慮した森林施業技術の開発を目的として 1977 年から様々なタイプの複層林試験地の検討、設定を行い、試験的施業を実施している（石神、2003）。

　当該試験地のうち、9.65ha が帯状保残型の複層林となっているが、当初の計画は景観に配慮するということが目的であり、下層木が成長し、上層木を伐採しても景観に影響を与えなくなった（伐採跡地が麓から見えない）段階で上木をすべて伐採するというものであった。しかし、これでは上層木の伐採後、林分全体が一気に若返り、林分構造の多様化や生物多様性の保全、継続的な収穫という面では、充分な機能が果たせないこととなる。そのため、この施業設計を見直し、モザイク的に小面積の分散伐採を繰り返すことにより、継続的な収穫や森林の多面的機能の発揮に貢献することができる長期育成循環施業へ誘導することとした。

3. 施業設計の変更・モザイク化

　筑波山複層林試験地のうち、帯状保残型の区域は 9.65ha で、「帯」は幅（上下方向）約 25 m、長さ（水平方向）50 〜 150 m となっている。樹種は上層、下層ともにヒノキ、林齢は上層木 100 年、下層木 20 年となっていた。

　「帯」の数は、上下層木併せて 33 であるが、これに斜面に対して上下方向に区画線を設定、分割し、65 の区画を設定した。これにより上層木の帯は 17 区画から 34 区画、下層木の帯は 16 区画から 31 区画、合計 65 区画へ細分化されることとなった。また、1 区画の長さはすべて 50 〜 70 m 程度（面積ではおよそ 0.13ha）となった。

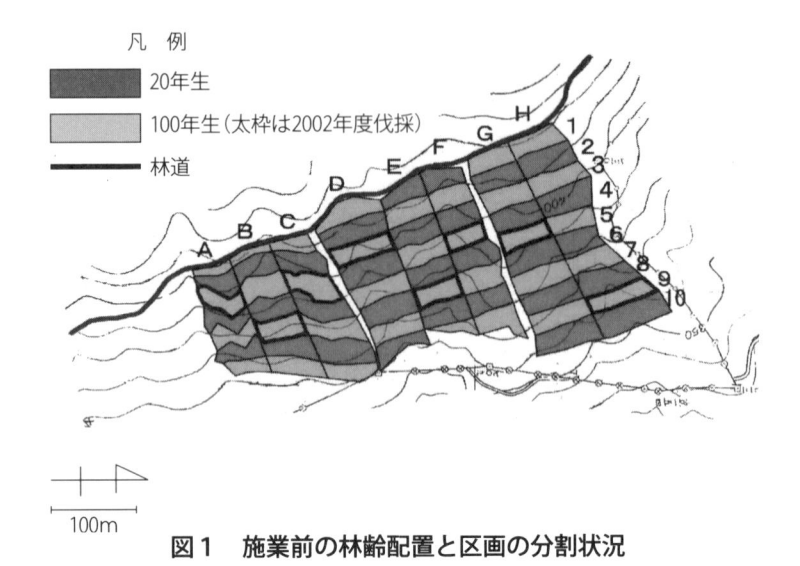

凡　例
■ 20年生
▦ 100年生（太枠は2002年度伐採）
━ 林道

100m

図1　施業前の林齢配置と区画の分割状況

さらに、区画設定に当たり横方向にA～H、縦方向に1～10の番号を付し、各ブロックにB－3、G－5といった地番を設定した（**図1**）。

4．伐採、更新の計画

帯状保残型複層林の当初の計画では、下層木が40年生になった時点で、残りの上層木をすべて伐採する計画であったが、長期育成循環林へ誘導するため、細分化したブロックを単位として2002年から20年おきに8回に分けて、7～8区画ずつ伐採（小面積皆伐）、更新していくこととし、すべてのブロックについて伐採の年度を割り振った。

計画どおり施業を実施することにより、現況林分のすべてのブロックについて伐採・更新が一巡するのは140年後の2142年となる。施業前は100年と20年の2層構造であるが、20年ごとに伐採、更新を繰り返すことで次第に構造が複雑になり、最終的には160年から20年の8段の林層がランダムに配置されることとなる（**表1**）。そして、これ以降は20年毎に160

表1　林齢別区画数の推移

林齢	0	20	40	60	80	100	120	140	160	計
2001		31				34				65
2002	8	31				26				65
2022	9	8	31				17			65
2042	9	9	8	31				8		65
2062	8	9	9	8	31					65
2082	8	8	9	9	8	23				65
2102	8	8	8	9	9	8	15			65
2122	8	8	8	8	9	9	8	7		65
2142	7	8	8	8	8	9	9	8	(7)	65

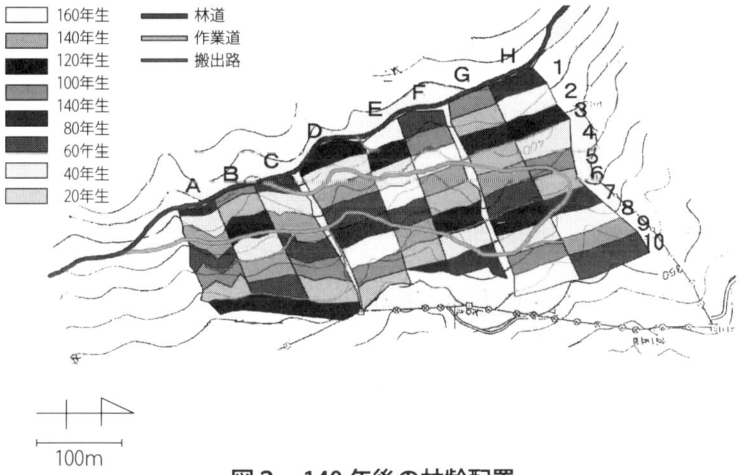

図2　140年後の林齢配置

年生の区画7〜9区画を主伐していくことが可能となる（**図2**）。間伐については、ブロックごとに50年生までは、通常の密度管理を主体とした間伐を実施し、50年生以降は最終本数（100本/ha）に向けて選木と本数調整を10年毎に実施する。更新については、主伐の翌年にヒノキの植栽により行い、通常の人工造林と同様の下刈り・保育等を実施していくこととした。

5．路網整備計画

長期的に小面積での分散伐採、更新を繰り返す施業を効率的に実施するために、区域内を循環する継続的に使用できる作業道、中央付近のストックポイント及びトラクタ搬出路を一体的に整備することとした。作業路、搬出路

の整備により、ほぼすべての区画に路網が到達しており、ha当たりの路網密度は作業道のみで約100 m、搬出路を含むと約200 mとなる（図2）。また、これらの、作業道、トラクタ搬出路は、主伐はもとより間伐、保育等に継続的に使用できるものである。

6．これまでの施業の実施結果

施業設計に基づき、2002年と2003年に誘導伐、作業道作設、上層木間伐等を当センターの阿波山森林技術作業場の直営により実施した。主な実施結果は、次のとおりである。

（1）誘導伐（主伐）

誘導伐は2002年に8区画実施した。合計面積1.25ha、収穫立木材積は726 m^3であり、うちヒノキの素材生産量と販売額は494 m^3、20,347千円。平均素材単価は41千円/m^3。最高値は6m材の165千円/m^3であった。

生産功程は、実態上小面積皆伐であったこと、高密路網の作設や中央付近

写真1　第1回目の誘導伐後の植栽により3段階からなるモザイク林が造成された

にストックポイントを設けることで搬出距離を短縮したことなどにより、通常の皆伐施業とほぼ同等の功程となった。また、複層林施業の上木伐採時に大きな問題となる下層木の折損被害、上層木の剥皮被害の発生は見られなかった（**写真1**）。

(2) 上層帯間伐

上層帯の間伐は、2002年に誘導伐を行わなかった26区画について、2003年に実施した。当該区域での過去の間伐の実施等により各区画の本数密度にバラツキがあったことから、10年おきに間伐を実施し、最終伐期である160年生時点で100本/haとすることとして、それぞれ間伐率を設定し、最終保残木（100本/ha）にマーキングをし、それ以外の劣勢木、不良形質木を主体に間伐を実施した。間伐率は、平均で本数率27％、材積率21％となった。ヒノキの素材生産量は228 m^3、販売額8,097千円、平均単価は36千円/m^3、最高値は6m材の136千円/m^3であった。

(3) 路網の整備

写真2　長期育成循環施業林（モザイク林）内を走る作業道

区域内を循環する作業道及びトラクタ搬出路を作設した。作業道の作設延長 1,032 m。測量設計の省略、転石等現地発生材の有効利用等により作設単価は労賃を除く資材費等で 1,098 円/m、請負換算で 4,255 円/mと低コストとなった。搬出路についても約 1,000 mの開設となった（**写真 2**）。

1 ha 当たりの路網密度は、幹線作業道だけで 107 m、トラクタ搬出路を含めると約 200 mとなっている。作業道と一部の搬出路は 2002 年の誘導伐（8 区画）実施時に、残りの搬出路は 2003 年の上層木間伐時に作設した。

7．期待される機能・140 年後以降の姿

（1）林分構造の発達、生物多様性の保全

計画どおりに伐採、更新が一巡すると、林齢、林相の異なる 8 種類の林分がランダムに存在することとなる。

枯死木、倒木の発生によるギャップ更新により維持されている成熟した天然林は、更新初期段階から老齢段階までの発達段階の異なる小林分のモザイク構造からなり、そのことが森林の組成的・構造的多様性を生み出している（藤森、2003）。今回のモザイク施業において、将来的に区域の中で 20 年おきに行う 8 箇所程度の小面積分散伐採と更新は、天然林におけるギャップ更新に見立てたものであり、更新（植栽）直後の林分成立段階から下層植生の乏しい若齢段階、下層植生が再生する成熟段階、ギャップが発生する老齢段階まで、様々な林分がモザイク的に配置されるものと考えられる。また、現在約 100 年生となっている保残帯では、側方の光を利用し侵入してきた広葉樹が中下層を形成し、針広混交の複層状態を示しているが、今後 160 年生までの林齢の増加とともに、さらに複雑で多様な群集組成と階層構造を獲得してゆくものと考えられる。

点状保残型の複層林の場合、壮齢級ないし高齢級の一斉人工林の下に若齢の一斉人工林が「同居」している状態であり、2 層構造とはいえ、均一なも

のとなるほか、侵入広葉樹が下層の造林木と競合状態にある間は造林木の成長を確保する面からも広葉樹は排除する必要がある。また、上下2層の林冠構造から林床の光環境が悪化し、林床植生が衰退することも危惧され、長期にわたり林分構造の多様化や種の多様性の確保は困難となる。そのほか、受光伐時の上層木、下層木双方への被害の発生や功程のかかり増しなど多くの点で課題も多く、モザイク林施業の方が有利と言える。

(2) 資源の循環利用、経済的価値

140年後以降の循環段階に入ると、主伐については20年おきに160年生のヒノキ林分、約1.2ha、間伐については10年おきに60～140年生のヒノキ林分、約6haの収穫が継続的に行えるようになる。

超高齢級林分の正確な成長予測は現段階では困難であり、また、100年以上も先の木材の需給や材価の動向を予測することは現実的でないが、2002年の主伐、2003年の上層木間伐の収穫や販売の実績から想像すれば、主伐においては、高品質大径材の収穫が、間伐においては小中径材から大径材まで多様な材の継続的な収穫が可能となるととともに、高い収益が得られるものと考えられる。そして、このことは資源の循環利用と健全な林業経営にもつながるものと思われる。

今回、モザイク林を設定した箇所は比較的傾斜が緩やかな変化の少ない斜面であったことから、ほぼ規則的なモザイクの配置と循環路網の作設が可能であった。当然、林地勾配や地形の状況が異なる箇所で全く同じ施業は困難な面もあるが、1つのモデル、取り組みとして参考にして頂ければ幸いと考える。

引用文献

石神智生. 2003. 筑波山複層林施業試験地から. 林業技術, 1730：28－31.
藤森隆郎. 2003. 新たな森林管理. 全国林業改良普及協会, 47pp.

鈴木和次郎・池田伸. 2002. 針葉樹人工林における「生態学的管理」を目指して. 森林科学, 36：16 — 24.

第6節

針葉樹の天然下種更新

豊田　信行・石川　実

1．研究の目的

　天然下種更新による針葉樹の森林造成法は、大正の終わりから昭和の初期に日本に紹介され、国有林において広く実施されたが、多くは成功しなかった。

　失敗した原因の1つは、地形や下層植生の単純なドイツで考案・発達した上木の伐採作業を骨子とした技術を、日本の急峻な地形や下層植生の種類が多く繁茂しやすい立地条件で適用しようとし、種子の散布では成功しても、稚樹を定着育成させるために必要な下層植生のコントロールに成功しなかったためと言われている。また、天然更新導入の主なねらいが省力林業経営であり、人工造林より経費と時間のかかる更新技術が評価されなかったこともある。

　唯一、アカマツにおいては、保残木による天然下種更新で容易に対応できた。これは、アカマツが他の草本や木本では良好な成長が困難な乾燥した尾根部でも比較的良好な成長をするという、生態的成長特性による。しかし、マツノザイセンチュウ病の蔓延により、一部の高冷地を除き、アカマツは造林対象樹種でなくなっている。

　一方、ヒノキは1960年代から四手井ら（1974）、赤井（1991）を中心に、省力林業経営の視点と環境保全の視点から研究がなされてきた。しかし、現在のところ現場で定着した技術にはなり得ていない。その理由とし

ては、施業により更新稚樹の定着を促すことは、予想以上の手間と時間を要し、成功事例が少ないことによる。

近年、持続可能な森林経営という価値観が重視され、森林の多面的機能の面からも、非皆伐施業が重視されるようになってきている。

そこで本論では、愛媛県下で散見するヒノキ人工林での天然下種更新について検討を加えるとともに、間伐作業の注意点を示し、森林の画一的な取り扱いの危険性を指摘する。

2．国内でのヒノキ天然更新の事例

（1）愛媛県旧別子山村住友林業（株）社有林

住友林業（1975）によると、1970年以前に成立した天然下種更新林分は、「65林班の一隅に誰も意図しない箇所に天然更新した林を発見、以後調査研究がなされ貴重な資料となった」のとおり、自然発生的に成立した稚樹の生育を助けることにより成立したものである。礫の多い未熟土、北向き斜面、標高800ｍという雲霧帯が、稚樹の定着を促したと思われる。

1977年以降、この例を受けて天然下種更新を周辺林分で事業化すべく、上木を間伐し稚樹の発生・定着を促したが、上木の立木密度を急激に粗くした林分の大部分は、現在ササが林床を占有しており、事業的には失敗したと考えられる。

（2）旧大阪営林局国有林

河原ら（1987）は、旧大阪営林局管内23営林署の445プロットの稚樹の発生量から、ヒノキ天然更新の適地区分を試みている。その結果、コケ型林床、黒色土、750〜1,000ｍ程度のやや高い標高、80年生以上の高齢林、10度以下の緩傾斜等の条件を満足するところならば、ヒノキの天然更新の可能性が高いとしている。

3. 愛媛県のヒノキ天然下種更新の事例

愛媛県下にも少数の事例ではあるが、ヒノキ稚樹の定着が良好な森林があり、ほぼ天然下種更新が完了したと呼べる場所もある（石川ら、2002）。

研究の方向としては、①河原らが示した天然更新の適地となる因子をそのメカニズムから特定するという方法や、②地表かき起こしといった稚樹の定着を促進する施業法の有効性を検討するという方向もあるが、我々は、③稚樹の定着がすでにある林地から緩やかに稚樹の定着を促す施業方法を検討中である。

(1) 久万町露峰 (無間伐・通常間伐・小面積皆伐) 試験地の概要

今回紹介する試験地（**写真1**）は、久万町露峰地区の緩傾斜地に位置しており、周辺の林分にはササ類が繁茂しているものの、試験林分の林床にササ類の侵入はまれであり、土壌型は適潤性黒色土～同偏乾亜型である（豊田ら、2002）。

2002年7月にNo.1～No.3として設置した試験林分（**図1**、**表1**）は、

写真1 久万天然更新林況

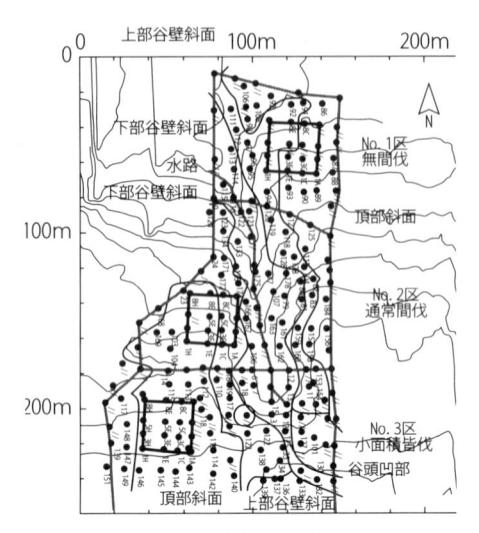

図1 測量露峰

表1 試験林分概要（伐採前）

所在地		久万町露峰	
標　高		960～1020 m	
樹　種	林　齢	ヒノキ	64年
林分面積	平均傾斜	2.4ha	16～23°
N/ha（間伐前）		344～421	
BA	m²/ha	43.2～45.6	
DBH	cm	37.0～40.9	
H	m	20.1～22.2	
V	m^3/ha	340～390	
Ry		0.62～0.66	

　1年後の2003年7月に上層木の間伐等の伐採を行い、無間伐・通常間伐・小面積間伐（群状択伐）（**表2**）として、比較を行っている。この試験地の上層木の成長は、地位指数で16～18と1等地に相当し、間伐時の64年生時でも旺盛な成長を示した。

表2　調査区上木の概要（2003年10月：伐採後）

調査区名	N/ha	V m³/ha	Ry
No.1（無間伐）	395	340.5	0.62
No.2（通常間伐）	281	260.7	0.55
No.3（小面積皆伐）	51	85.8	—

試験林分内を3つに分けて、試験区を設置し、1区の面積は、0.5～1.1haである。さらに試験区内の中心部に調査区を設置した。各調査区の大きさは、28m×28mである。小面積皆伐区は、一辺15～25mの方形の皆伐区を6個試験区内に設置し、調査区ではその中心の25m×25mを皆伐した。試験区の材積間伐率は、通常間伐区、小面積皆伐区とも、22％である。

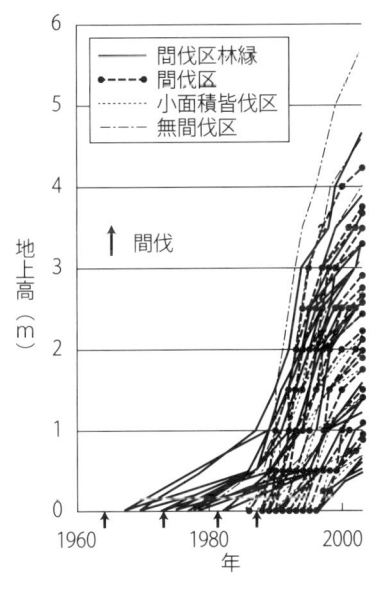

図2　ヒノキ天然更新木の樹高成長

　伐採前の林内相対日射量は、亜高木層の樹冠上部で4～14％あり（オプトリーフR-2Dで2002年8月に測定）、亜高木層を含め、林内植生は比較的豊かであり、林床はコケが優占していた。これらのことより、河原ら（1987）のいうヒノキ天然更新適地の条件をほぼ満足していると言える。

（2）更新稚樹の樹齢と過去の施業履歴

　試験林分内のヒノキ天然更新稚樹を樹幹解析し（**図2**）、施業履歴（**表3**）

表3　試験林分の施業歴

植栽前は茅場として利用か
1983年3月　植栽
1966年　第1回間伐　10%、
1971年　第2回間伐　10%、
1982年　第3回間伐　30%、
1987年　第4回間伐　30%、
2002年7月　3つの調査地設定
2003年9月　間伐木等を伐採

と比較すると、現在林内に数多く見られるヒノキ稚樹のほとんどは、16年前の間伐後に発生したことがわかる。

また、30年前まで茅場であった隣の林分に接する間伐区林縁の稚樹のみが36年前の1回目の間伐後に発生し、現在まで生き延びていた。

このことより、当試験地はヒノキ稚樹の定着に適した立地条件を備えており、間伐という光条件の改善イベント毎に稚樹は定着してきたが、間伐時の林齢が28〜45年と若い時期は、林冠再閉鎖後の暗い環境に耐えきれず枯死し、唯一側方より光が差し込んでいた間伐区林縁でのみ、細々と生き延びてきたとみられる。一方、林齢が49年時の間伐は、その5年前の間伐も含め、間伐率が30%と比較的強度であり、16年後の現在も林冠は未閉鎖状態のため、ヒノキ稚樹が試験林分全域で生き延びたと推定される。これは、従来型の間伐を繰り返し実施し、高齢級までヒノキ人工林を管理すれば、ヒノキ稚樹の定着に適した立地条件の森林では、ヒノキの天然更新が可能であることを示している。

(3) ヒノキ稚樹の分布

しかし、ヒノキ稚樹は試験林分内に満遍なく定着しているわけではない。2.4haの試験林分を約10m毎の格子で区切り、その交点199カ所を微地形で区分するとともに、交点近くの4m^2で低木層の植生・更新調査を実施し、ヒノキ稚樹の分布と微地形との関係を検討した。その結果、**図3**に示すと

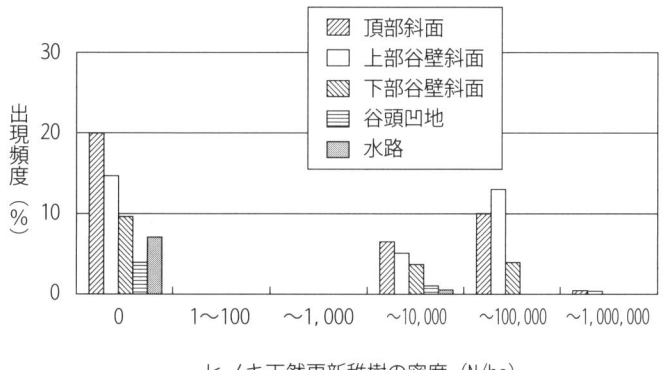

図3 稚樹の微地形別密度の度数分布

おり、ヒノキ稚樹の密度が0～1,000本／haの場所は水路や谷頭凹地を中心に55％あり、残り45％は頂部斜面や上部谷壁斜面が中心で、稚樹密度は2,500本～140,000本／haであった。また、稚樹の樹高は平均1～2mであり、30°近い急傾斜地にも10,000本／ha以上の高密度で稚樹が分布する場所もあった。

（4）今後の管理

この試験地では、ヒノキの稚樹が高密度に分布する場所では更新稚樹の平均樹高が1～2mあることから、十数年後に、現在の上層木を上木とする長期二段林に誘導することも、また上層木を皆伐して天然更新稚樹の一斉林にすることも可能と考えている。この場合、ヒノキ稚樹の密度が低い場所は、適時人工植栽すればよい。

4．間伐時の問題点

高密度にヒノキ稚樹が不規則に成立している本試験林分の間伐実施時における作業指示上での注意点が浮かび上がってきた。それは、最近の林業技能

教育を受けた技能者集団は、ややもすれば画一的な作業に陥りがちで、他の現場で通常行っている間伐前の低木層の刈り払い（これは林内の見通しがよくなるため、労働安全を確保する上で必要との理由で行われ、「雑刈り」と呼ばれる）を、この森林でも行おうとしたことである。谷山ら（2004）によると、選木から搬出までの全システムの生産性からは雑刈りの有無はあまり影響を受けないとのことである。せっかく定着したヒノキ稚樹を画一的な作業により刈り払い、天然更新の可能性を摘むようなことは避けるべきである。

5．まとめ

　従来型の8年ごとに中程度の間伐を繰り返すという施業方法は、年輪幅管理を考えての技術体系であり、現在のように材価が長期低迷する中では、間伐材の搬出が容易にできる林地でのみ可能であり、ほとんどの林地ではもはや適用できないという意見がある。

　一方、立地条件が合う事例は少数であるが、緩傾斜で、標高がやや高く、林床にササが少ないヒノキ林の場合、通常の間伐を行うことで高齢級になるとヒノキの稚樹が定着してくる可能性があり、この場合、人工植栽より低コストで環境保全機能の高い天然更新が可能となる。このため、これらの立地条件にあてはまるヒノキ林では、最近事例が多く見られる強度な間伐を実施するのでなく、従来型の施業方法を行うことを提案したい。

　また、林内を観察して、高齢級になってから稚樹の定着状況により判断し、人工植栽を補完する形で天然更新を利用するという考えは、現在の森林計画制度とはなじまないという意見もある。しかし、天然更新の可能性も考え、間伐時の低木層の刈り払いをはじめ、森林の画一的な取り扱いを見直す時期にきていると私たちは考えている。

引用文献

赤井龍男．1991．合自然的な森林造成の技術体系．ヒノキの天然更新法を中心に．京大演集報，21：1－53．

石川実・豊田信行・中岡圭一．2002．愛媛県久万町ヒノキ人工林における天然更新Ⅱ．更新木の成長解析．日林学術論，113：546．

河原輝彦・加茂皓一・井鷺祐司．1987．ヒノキ天然更新の適地区分に関する要因分析．林試関西支所年報，29：24．

四手井綱英・赤井龍男・斉藤秀樹・河原輝彦．1974．ヒノキ林．その生態と天然更新．地球社，375pp．

住友林業（株）林業技術研究室．1975．ヒノキ天然更新稚樹の発生経過について．住林調研報 18，1－20．

谷山徹・木村光男．2004．持続可能な森林施業に適合した伐出・更新方法の一考察．小面積皆伐と単木間伐．日林学術講，115：367．

豊田信行・石川実・木村光男・谷山徹・高橋正通・阪田匡司・鳥居厚志・篠宮佳樹．2004．愛媛県久万町ヒノキ人工林における天然更新 Ⅴ．土壌水分土壌深度と更新木の密度の関係．日林学術講，115：345．

第7節

多様性を生み出す森林施業（広葉樹）

佐藤　創

はじめに

　北海道では、伐採後の天然更新手段として、大型機械により地表植生を剥ぎ取る「かき起こし」が行われてきた（梅木、2003）。かき起こし後には周囲のタネが飛来するので、低コストで更新を図れるという利点があった。しかし、飛んでくるタネは風で遠くまで飛ぶ能力のあるカンバ類が多く、立木の少ないかき起こし地のような明るい場所で旺盛に成長する能力を持つカンバ類がそのまま成長し、成林する場合が多かった。したがって、種多様性という意味では、かき起こし後に成立するカンバ林は、低いといえるものであった。本来、北海道に成立する広葉樹林は、ミズナラ、イタヤカエデ、シナノキなどからなる多様な森林である。そこで、この多様な森林になるべく近づけるようなかき起こし法が望まれるわけである。

　そのためには、上記のカンバ類の更新に有利な条件を逆にしてやればよいだろう。すなわち、①カンバ類に比べて近くにしかタネを散布できない樹種でもタネを飛ばせる範囲、すなわち樹冠に近い部分でかき起こしを行う、また、②カンバ類の旺盛な成長を抑制するような暗い場所、すなわち樹冠下付近でかき起こしを行う必要がある。

　このような考えに立ち、樹冠に近い部分でかき起こしを行い、その後の更新経過を調べてみた。

1. 試験方法

　試験地は、北海道北部の北海道大学森林圏ステーション中川研究林229林班で標高240mの尾根上の、平坦地に設けた（佐藤、1998）。林相は、1988年に択伐をうけた針広混交林で、ミズナラ、トドマツ、ダケカンバ、イタヤカエデ、シナノキなどからなっていた。胸高断面積合計の各樹種の割合は、ミズナラ34％、トドマツ13％、ダケカンバ17％、イタヤカエデ15％、シナノキ10％であった。胸高直径6cm以上の立木の幹数は305本/ha、幹材積241 m^3/haで、林床にはクマイザサが優占していた。

　この林分で、1993年6月と9月に半分ずつかき起こしを行った。面積は合計で1.1haであった。かき起こしにはバックホウを用いて、バケットは長さ38cmの爪を5本取り付け、レーキ仕様にしたものを装着し（夏目ほか、1991）、ササの根系を剥ぎ取り、表土はなるべく残すようにかき起こしを行った（**写真1**）。かき起こし後に56の方形区とそれに隣接するシードトラップを設け、定期的に更新稚樹とタネの落下量の調査を行った。また、光量子センサーを用いて、各方形区上と開放地での光合成有効放射を測定し、

写真1　樹冠下でのかき起こし

各方形区での相対光合成有効放射を得た。

2．試験結果

結果では、更新稚樹個体数の多かったダケカンバ、ミズナラ、キハダ、ミズキ、ハリギリ、ナナカマド、トドマツ、エゾマツの8種類に注目して示す。図1にかき起こしから10年間の更新稚樹の個体数変化を示した。当初の個体数はダケカンバがそれ以外の7種に比べて非常に多かったが、徐々に減少し、10年後の2003年にはその他の種の個体数に近づいた。その他7種の合計数については、増減は小さく、その内訳についてみると、ミズナラ、ナナカマド、トドマツでは増加傾向が見られ、キハダ、エゾマツは減少傾向が見られた。ハリギリは一時的に個体数が増加したが、再び減少した。ミズキは横ばい傾向を示した。このような樹種や年による個体数の違いは、まずそ

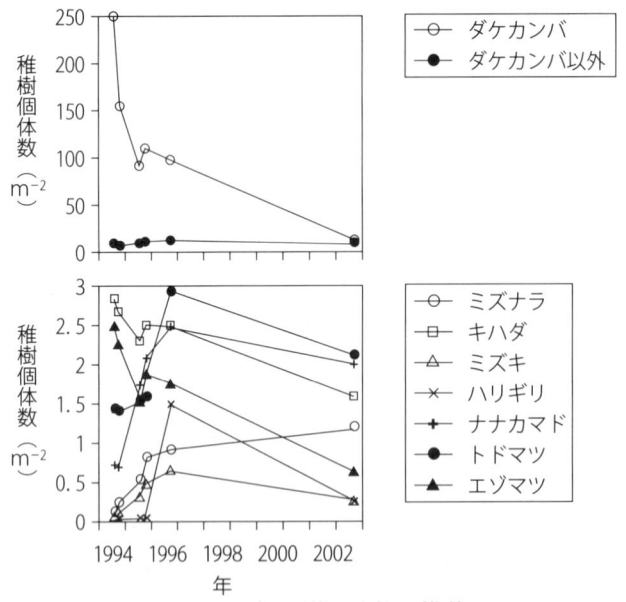

図1　更新稚樹個体数の推移
上段がダケカンバとそれ以外の樹種、下段がそれ以外の樹種の内訳を示す

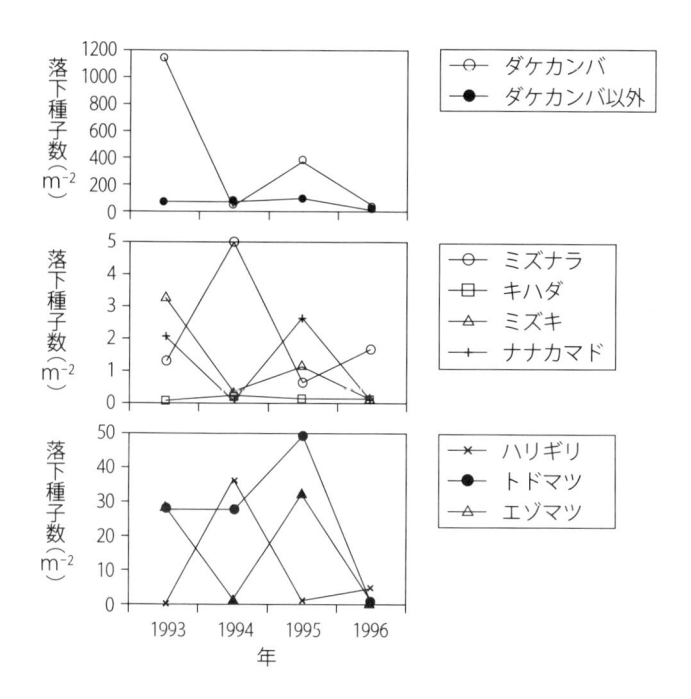

図2 落下種子数の推移
上段はダケカンバとそれ以外、中段と下段はそれ以外の樹種の内訳を示す

の場所に飛んでくるタネの数が関係していると予想された。そこで、落下種子数との関係を調べてみた（**図2**）。

　ダケカンバは1993年に豊作になり、その結果として1994年には多数の実生が発生した。しかし、1995年にも落下種子数のピークが見られたが、1996年にそれに対応した稚樹の増加は見られなかった。ミズナラは、1994年に豊作になり、それに対応して1995年には稚樹数の増加が見られた。ミズナラは1996年以降も稚樹数の増加した唯一の樹種であったが、種子サイズが大きいため、かき起こしから年数が経過しても定着が可能であったと推察される。キハダは落下種子数が非常に少なかったにもかかわら

ず、稚樹が発生してきたことから、埋土種子に由来して発生してきたと言える（佐藤・塚田、1996）。ミズキは1993年に種子が多く落下し、1995年と1996年に稚樹数が増加した。ミズキは秋に苗畑で播種した場合、1〜2年後に発芽すると報告されているが（久保田、1979）、ここでは2〜3年後に発芽したと言える。ナナカマドは1993年と1995年に種子が多く落下したが、1994年に稚樹の発生が見られた後、1995年と1996年に稚樹数の増加が見られた。ナナカマドは果肉が除去されると、結実翌年に発芽するが、果肉がついていると翌々年に発芽することが知られている（水井、1993；林田ほか、1994）。ここでもそれを反映して、2年にまたがり発芽したものと考えられる。ハリギリは1994年に豊作となり、1996年に実生が多く発生した。ハリギリは苗畑では結実の翌々年に発芽することが知られているが（佐藤、1998）、林床でも同様の発芽期間を示したといえる。トドマツは1993年から1995年の3年間種子の落下が見られ、特に1995年には多くの種子が落下した。それに対応するようにして、1994年、1995年と稚樹数が増加し、1996年にも多くの実生が発生した。エゾマツは1993年と1995年に多くの種子が落下した。1994年にはそれに応じた実生の発生が見られたが、1996年には稚樹の増加は見られなかった。

　図1からは、かき起こしからの時間の経過とともに、ダケカンバとダケカンバ以外の樹種の本数が接近してきており、更新稚樹の種多様性が増加してきていることがわかる。方形区は、ギャップから閉鎖林冠下まで様々な林冠開放度下にある。そこで、林冠開放度と更新稚樹の種多様性の関係を見ることにする。林冠開放度としては、相対光合成有効放射％PARを指標とした。図3に、林冠開放度と2003年時点での各樹種の方形区内平均個体数の関係を示した。ダケカンバは林冠開放度が高くなるにつれて、個体数が多くなる傾向があったが、林冠開放度が60％以上では個体数が少なくなった。これは、大きいギャップでは成長が速く、自己間引きが起こっているためだ

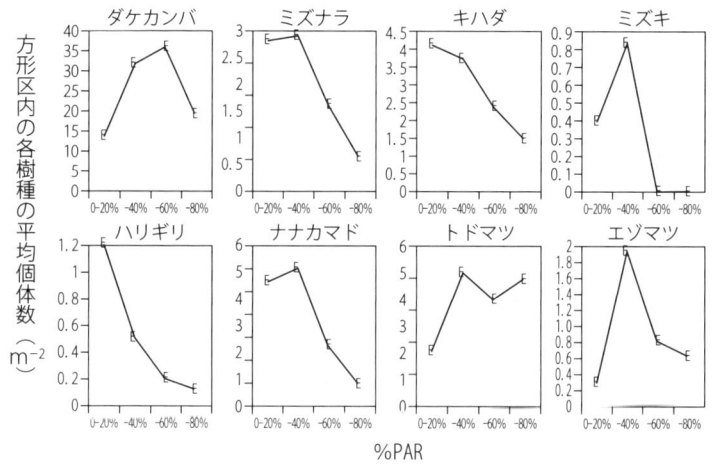

第7節　多様性を生み出す森林施業（広葉樹）　211

図3　2003年における林冠開放度と更新稚樹の個体数の関係

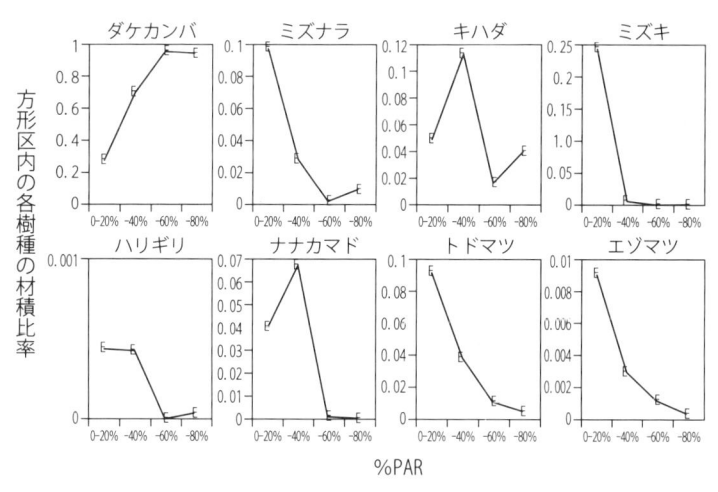

図4　2003年における林冠開放度と更新稚樹の方形区内の材積比率の関係

と考えられる。ミズナラ、キハダ、ミズキ、ハリギリ、ナナカマドなどの広葉樹は、林冠開放度が低くなるほど、個体数が多くなる傾向が見られた。これは、樹冠下では重力散布種子（ミズナラ）や鳥散布種子（キハダ、ミズキ、ハリギリ、ナナカマド）が多く落下するためであると推察される。**図4**には、

林冠開放度と 2003 年時点での各樹種の方形区内の稚樹材積割合を示した。ダケカンバは林冠開放度の増加とともに材積比率が高くなる傾向が見られたが、それ以外のすべての樹種は、林冠開放度が低くなるほど材積割合が高くなる傾向が見られた。トドマツとエゾマツは、林冠開放度が高い場所では個体数は多かったが、そのような場所ではダケカンバの材積が大きく、相対的な材積比率は低くなった。以上のことから、林冠開放度が低くなるほど、ダケカンバ以外の多様な樹種が更新しやすいことがわかった。

3．多様な樹種の更新のために

多様な樹種の更新にとって、林冠開放度が低い樹冠下でのかき起こしが相対的に有利であることは明らかになった。しかし、更新稚樹が成長し、次世代の森林を形成する際に、本当に多様な樹種からなる林ができるのだろうか？　林冠開放度が 20％以下の場所でも、ダケカンバの材積比率は 27％を占めており、他の樹種に比べても最も高くなっている（図4）。図5に、林冠開放度と方形区に占めるダケカンバ以外の材積の割合を示した。1996 年

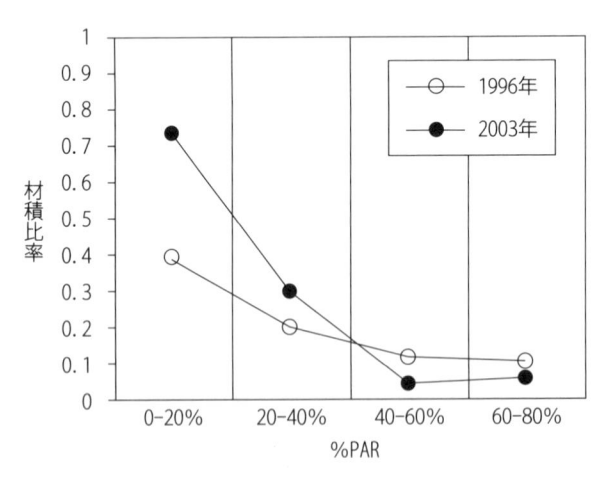

図5　林冠開放度別の方形区内のダケカンバ以外の材積比率

に比べると、2003年には林冠開放度の高い場所ではダケカンバ以外の材積割合が減少し、林冠開放度の低い場所ではダケカンバ以外の材積割合が増加している。すなわち、時間とともに林冠開放度の違いが、強く更新樹種構成に影響を与えるようになってきているといえる。2003年時点で、かき起こしからは10年が経過しているが、この段階で上木を伐採するか、もう何年か待ち、ダケカンバの占有率がより減少してから上木を伐採するかは判断に迷うところである。今すぐに上木を収穫する必要があれば、上木を伐採して、更新稚樹が成長し、多様な森林を形成するのを期待することになるが、ダケカンバの割合は結構高くなるであろう。今すぐに収穫する必要がなく、伐採を先延ばしにすれば、ダケカンバ以外の割合が増加し、上木の伐採後にはより多様な樹種からなる森林を形成するであろう。現在の母樹の樹種構成においてダケカンバ母樹の割合が17％と多いことを考えれば、多様な樹種がうまく更新できたといえる。

　他の場所で多様な樹種を更新させるための条件としては、以下のことがいえると考えている。①林冠開放度が20％以下の場所であること、または、②ダケカンバ母樹密度が3～5本/ha以下であることである（佐藤、1999）。

引用文献

水井憲雄. 1993. 落葉広葉樹の種子繁殖に関する生態学的研究. 北林試研報, 30：1－67.

夏目俊二・奥山悟・中野繁・秋林幸男. 1991. バックホウを用いた地表処理. 日林論, 102：727－728.

佐藤創. 1998. 樹冠下のかき起しによる多様な樹種の更新（Ⅰ）種子散布から実生定着までの過程. 北林試研報, 35：21－30.

佐藤創. 1999. 樹冠下のかき起しによる多様な樹種の更新（Ⅱ）林冠開放度と種

多様性の関係.北林試研報,36:37—46.

佐藤創・塚田晴朗.1996.かき起こし地における埋土種子からの更新.日林北支論,44:64—66.

梅木清.2003.北海道における天然林再生の試み—かき起こし施業の成果と課題.日林誌,85:246—251.

第8節

多様性を生み出す森林施業（針葉樹人工林）

谷口　真吾

はじめに

　21世紀は環境の世紀といわれ、地球環境問題の新たな視点として、生物多様性（biological diversity）の重要性が議論されている。生物多様性の保全は地球規模で緊急に解決を要する課題であり、森林生態系を含めたグローバルな立場から、地球規模での生態系を逸脱しない持続可能な循環型社会とそのシステムをどのように構築していくかが求められる。1992年、ブラジルのリオ・デ・ジャネイロで開催された国連環境開発会議（地球サミット）において、「生物の多様性に関する条約（生物多様性条約）」が論議され、日本も加盟国の一員として1993年に発効された。この条約には、生物多様性の保全には遺伝子、種、生態系の3つのレベルでの保全が含まれ、その目的のために様々な遺伝子や種を減少させることなく生物資源を保護・利用しつつ、持続可能な社会を実現するとしている。さらに、「温帯林等の保全と持続可能な森林管理の基準・指標（モントリオール・プロセス）」では、持続可能な森林管理の概念とともに生物多様性を保全し、森林生態系の健全性や活力を高め、森林生態系の機能や構造を損なわないことの理念が示されている。森林は、陸上生態系の中で最も高い生物多様性を有している。陸上における生物多様性の消失の大きな原因は、森林生態系の消失である。森林を含む森林生態系は、その系内で多様な機能が発揮されている。このため、生物多様性の保全のためには、森林生態系の適切な管理が重要である。森林生

態系の持続を考える上でも生物多様性は重要であり、森林生態系を構成する様々な生物の複雑な相互作用のネットワークによって生態系の機能、例えば森林のもつ公益的機能（生態系サービス）が持続的に発揮され、はじめて人類に恩恵を与えることになる。森林本来の生物多様性が保たれた森林は、生態系サービスの発揮に優れていると考えられる。このように、施業を含む森林管理が生物多様性に及ぼす影響に関する研究、あるいは持続可能な森林生態系の管理技術あるいは個別の森林保全、管理技術の開発に関する研究は、持続可能な循環型社会のシステム構築の中ではとても重要である。これらの発展に貢献する研究は必要不可欠な位置を占めることになるが、残念ながら現時点までに、その研究報告は圧倒的に少ない。

　ところで、20世紀の末頃から、森林管理あるいは針葉樹人工林に対する価値観や考え方は、世界的にみても「持続的な木材生産」から「持続可能な森林生態系の管理」へと変化してきた。木材生産は、森林生態系が発揮する多様な森林機能の1つとして捉えなければならない。しかしながら、実際にはこれまでの森林管理の中では、生産目的とする木材資源を短期的に、効率的に生産するための代償として生物多様性は失われてきた。森林における生物多様性の保全には、生物多様性に及ぼすマイナスのインパクトを森林管理の中でいかに軽減し、公益的機能を最大限発揮させる施業体系を確立するかが今後の課題である。そして、生物多様性の保全、水土保全、木材生産機能、保健文化機能、炭素の吸収貯蔵など、森林のもつ諸機能の高度な発揮を期待する森林管理では、科学的根拠に基づいた施業のあり方を考えていかなければならない。このように、伐採が伴う森林施業あるいは森林管理は、遺伝子から景観までの様々なレベルの生物多様性に大きく影響（Ledig、1992；Hunter、1999）する人為的な攪乱のコントロールであり、森林の伐採強度（皆伐、択伐、帯状伐採、群状伐採）や伐採の周期は林冠や林分構造あるいは林床を人工的に破壊することを意味し、森林に対する一種の人為攪乱とみ

なすことができる。また、搬出作業や更新のための林床処理などは地表の攪乱といえる（Swanson and Franklin、1992；Hunter、1999）。

通常、針葉樹人工林は同齢の単一樹種で構成されるため、他の天然林や広葉樹二次林と異なり、大面積の皆伐によって収穫する場合には用材としての生産性は高いが、森林生態系の生物や非生物要因に強力な影響を及ぼし、皆伐による生態系の分断化とともに生態系としての生物間の相互作用が破綻する危険性も考えられる。これまでの森林管理は、自然攪乱体制や森林生態系の維持機構を必ずしも考慮しておらず、通常に起こる自然攪乱よりも強度な攪乱であることが多かった。そのため、生物多様性を含めた森林生態系の機能の低下に森林の伐採が及ぼす重大な影響を少しでも軽減するために、群状・帯状伐採などの小面積皆伐のような自然攪乱による更新システムを模倣した森林施業法が針葉樹人工林に対しても用いられるようになった。これまでにいろいろな森林施業法が目的樹種の更新や成長、経済性からの視点から評価されてきたが、植物の生物多様性という点からの評価は必ずしも十分ではない。

本節では、針葉樹人工林に対して多様性を生み出す森林施業技術ならびに森林管理法を提案するものである。

1．植物の種多様性を生み出す針葉樹人工林施業

生物多様性を持続的に維持・保全するためには、直接的には森林生態系の管理のあり方をどのようにするのかに規定される。具体的な手順として、個々の森林構造が多様な森林機能にどのような影響を及ぼすのか、さらにどのような森林構造（森林タイプ）の林分がどれだけの面積でどのように配置されているのかを把握し、森林の諸機能の高度な発揮も含めて多様性を生み出すために有効な維持管理を科学的に解明していくことになる。特に、森林に求められる多様な機能に応じた林分ごとの管理技術と、それらの多様な機

能の発揮が期待される森林タイプを流域単位でどのように配置するかを総合的に考えることが重要である。

　森林生態系の中の様々な生物は、その系の中で生物間の相互作用によって複雑な役割を担っている。それらの相互作用の結果、生態系の諸機能、例えば公益的機能が生み出されていると考えられる。多様性を生み出す針葉樹人工林施業とは、様々な森林の多様な機能発揮に向けて計画的に森林を取り扱っていく行為である（藤森、2003）。針葉樹の単一樹種による人工林の、同じような構造をもつ面的な広がりのある森林において、個々の取扱いと地域や流域ごとに様々なタイプの森林配置を同時に考えることによって、生物多様性の生まれる森林管理ができると考えられている。

（1）針葉樹人工林の森林管理において多様性を生み出す要因

　現在、日本の全森林面積の約41％、1,040万haがスギ、ヒノキを中心とした針葉樹人工林である。このように、針葉樹人工林は日本の森林植生の観点からも無視することはできないほど重要な位置を占めているが、人工林の生物多様性の変化や植生の種構成に関する研究は近年、緒についたばかりの感がある（長池、2000a；長池、2000b；長池、2002）。これらの広大な針葉樹人工林を同等に維持管理していくことは、経済的にも労務的にも、もはや不可能である。昨今の諸情勢により、経営意欲を失った森林所有者が多く、さらには、産業構造あるいは社会構造の変化に伴い森林施業の粗放化と放棄が進み、適正に管理しきれない針葉樹人工林は数多く存在しているのも事実である。また、生物多様性の保全、水土保全の観点からも弊害が生じている。通常、針葉樹人工林は、目的とする木材の収穫を第一目標に、単一の樹種で構成された同齢林である場合が多いが、その林床植生の種多様性は著しく低いことが指摘されてきた（Hunter、1990）。これまでに、針葉樹人工林における植物種などの生物多様性に関しては、原生林、天然林、二次林などと比較してほとんど大きな関心は持たれてこなかった。しかし、最近の

議論や政策は、生態系が供給する価値（生態系サービス）を保全、復元し高める方向へと変化してきており、針葉樹人工林について木材生産以外にも多様な機能を発揮させることが求められている。このように、木材生産機能以外に森林施業によって生物多様性など他の機能を生み出すためには、環境条件に応じた細やかな樹種選定やゾーニングが重要である。さらには、生物多様性を高めるために針葉樹一斉人工林の針広混交林への誘導や森林配置の問題として、人工林面積の多い地域、流域には種子供給源としての広葉樹林をモザイク状に適正に成立させる施業も必要である。樹木以外の生物多様性を積極的に高める施業として、広葉樹林を主体とする天然林を再生する必要があるかもしれない。少なくともこの時期に、広大に増えすぎた針葉樹人工林を適正規模に戻すという森林・林業政策の方向性と同時に、それを実現する具体的な手法を明確に示さなければならない。すなわち、木材生産をはじめとする今後の森林管理は、①生物多様性を保全し、森林生態系の機能に及ぼす影響を極力軽減する森林管理であること、②森林管理に伴う伐採、更新は天然林の自然攪乱体制とその後の更新様式を模倣した管理体系を構築すること、③持続的な収穫を目標とし、持続可能な木材生産に向けた皆伐跡地の確実な再造林（更新）を確保すること、④森林生態系保全を重要視した森林資源・土地管理政策を実施することで流域単位で適正な森林配置を行うこと――の4つの方向性を考慮し、天然林の自然攪乱を模倣した施業体系を構築することが望ましいと考えられる。

　従来、針葉樹に対する森林管理の基本的理念は、「よりよい林業経営と優良材の生産可能な森林管理」を行っていれば追随的に公益的機能は同時に高められるといわれてきた。いわゆる、予定調和論の理念である。しかしながら、これからの森林管理は、循環型社会システムで森林のもつ諸機能、例えば、木材生産、生物多様性、水土保全などを対等対価に捉え、それらの機能を一体として発揮させることのできる、あるいはその機能の発揮に望ましい

目標林型を科学的に解明し、それを実現していかなければならない。

多様な森林機能の発揮を追究するには、木材生産を主目的とする針葉樹人工林の近隣には広葉樹二次林あるいは広葉樹天然林を適正に配置することが重要である。それは、森林病虫害の突発的な発生を防ぐことに役立つし、単一樹種の一斉林内に種子の供給を担う役割（種子供給源）とともに、林床に多様な植生の繁茂を促し、伐採後に裸地化する危険性が回避される。

木材生産機能、水土保全機能、野生生物との共生などの機能を同時に発揮させるため、流域ごとにこれらの機能発揮に望ましい個々の林分の目標林型への誘導・維持と同時に、それらの適正配置を追求していくことが、これからの森林管理技術のあるべき姿と考えられる。しかしながら、例えば水土保全あるいは野生動物を含めた生物多様性の発揮を森林に求めた場合、木材生産機能との乖離は避けられない。現実には、1つの目標林型を維持することで3つの機能を同時に発揮させることは至難であり、たやすいことではない。

すなわち、木材生産のための森林管理施業には、生物多様性の保全あるいは生産の初期には水土保全機能と相容れない部分のあることを理解しなければならない。そのことを承知の上で、木材生産が必要であるとの認識について、国民との合意形成を図る必要があると思われる。もちろん、「持続的に！」である。木材生産の場合でも、他の機能との乖離を小さく最小限に抑えつつ、国民の支援を得た合理的な木材生産を行うことが必要となる。このためには、科学的根拠に基づいた議論が必要である。

（2）針葉樹人工林の更新

生物多様性を高める新たな針葉樹人工林の森林管理法に示唆を与える試みとして、天然林の更新スタイルをモデルに、自然攪乱によって生じる林冠ギャップのような林冠構造の変化と林床植生の種多様性に注目した研究が数多く行われてきた（Peterken、1993；Parrotta、1995；大塚、1998）。また、最近では、択伐、傘伐など、より穏やかな施業方法に対する評価や、こ

れら森林施業における伐採後の更新や林分構造の変化に焦点をあてた研究報告（Hazell and Gustafsson、1999；Nagaike et al.、1999）もみられる。この項では、生物多様性を高める森林管理を考える上で、伐採方法の違いが、その後に人工植栽によって成立した人工林における維管束植物の種組成、種多様性に及ぼす影響と、伐採後の植生回復、植生変化をまとめ、種多様性に影響する要因を考察したい。

　伐採方法の違いは、天然林における攪乱頻度と強度の違いと同じ意味をもち、林分構造、林床への影響、植生回復過程を大きく左右する。すなわち、皆伐、群状択伐、帯状択伐、単木択伐などの伐採方法は、次世代の森林をどのような森林構造や性質のものにするのかということと深く関係する。針葉樹人工林は、伐採すると伐採後の時間経過に伴い様々な植物種が侵入して植生が再生していく。この植生再生のプロセスは、過去（伐採時）の攪乱の程度、広葉樹などの種子供給源からの距離、林齢などの要因に影響される。まずはじめに、伐採方法ごとの、伐採面積の大きさの目安はどのくらいであろうか。皆伐、群状択伐、単木択伐などの伐採法ごとの伐採面積の大きさの定義を調べてみると、藤森（1991）は樹高の2倍の長さを一辺とする正方形よりも広い面積の伐採を皆伐としている。さらに、群状択伐は樹高の2倍を一辺とする正方形よりも狭く、単木択伐の面積よりも広いものであるとしている。このように、樹高の長さの2倍というのは、皆伐と群状択伐との境界の値として示されている（Fujimori、2001）。皆伐と群状択伐との違いをどの大きさで区切るかは、Fujimori（2001）が提案した基準で良いと思われるが、筆者は施業現場における経験から、伐採地に隣接する高木の樹高の1.5倍の長さを一辺とする正方形よりも小さいものを群状択伐ならびに帯状択伐とし、それ以上を皆伐と考えている。

　皆伐の面積は、水土保全上などの観点から、伐採面積が極端に大きくなることは避けるべきであり、環境保全的には1～2 ha以内のものを1皆伐区

の上限とするのが望ましい。皆伐面積が大きくなると、皆伐後の降雨による地表流の流下速度が斜面上で高まり、土壌が浸食される。もちろん、伐採にあたっては、採算性を無視することはできないので、伐採木の搬出のしやすさと皆伐後の更新作業の関係から伐採区画の形と面積を決めていく必要がある。

　針葉樹人工林を更新する際には、ある程度の広さの皆伐面積が必要となる。苗木の植え込み等によって更新を期待する樹種が陽樹である場合、その面積の最低限の広さは、皆伐地周辺高木の樹高の2倍程度の長さを一辺とする正方形が基準となる（Smith、1986）。一方、耐陰性の高い樹種の更新は、それよりも狭めの面積がよいとされており、その根拠としては、それよりも広いと皆伐地に接する周辺の森林生態系の影響が小さくなり、それよりも狭いと周辺の森林生態系の影響をかなり受けるという報告によっている（Smith、1986）。ここでいう「森林生態系の影響」とは、皆伐地の環境に対して、隣接する林木が及ぼす被陰（直達光の多少）、風の強弱などの影響をいう。スギ、ヒノキなどの耐陰性が中庸の樹種を更新する場合、伐採面積を小さくするほど競合する陽性植生の成長が抑制され、目的とする更新樹種の生育が有利になる。したがって、施業として針葉樹人工林の更新を考える場合には、伐採・搬出のしやすさとその後の更新作業の関係から、皆伐、択伐などの伐採区画の形と伐採跡地の更新面積を決めていく必要がある。

　藤森（1991）は、樹高程度の帯幅で皆伐が行われる帯状皆伐作業を広義の複層林施業と考え、帯状複層林施業と定義している。いわゆる一般的な林型である二段林（複層林）と比較したとき、帯状複層林は、上木と下木の樹冠が上下方向に重なる二段林型の複層林とは大きく異なり、上木と下木の樹冠は水平方向に離れている森林構造であることが大きな特徴である。

　兵庫県森林林業技術センターでは、持続可能な森林経営の1つの施業モデルとして、伐期齢に達した針葉樹人工林の伐採、搬出、再造林（更新）の作

第8節 多様性を生み出す森林施業（針葉樹人工林）

業効率が良い帯状複層林施業を研究している（谷口、1998；谷口、1999；谷口、2001；谷口、2002；谷口、2004a；谷口、2004b；谷口、2006）。帯状複層林は、斜面の上下方向に優勢木の樹高と同じ程度の帯状伐採を行い、その跡地に更新した森林型を基本的な林型としている。

　優勢木の樹高が18 mの40年生スギ一斉林に樹高幅の帯状皆伐（皆伐帯幅18 m）を行い、伐採跡地にスギを植栽した15年生の帯状複層林における調査結果によると、樹高の1.0倍の皆伐幅では、カラスザンショウ、アカメガシワ、ヌルデ、クリなどの先駆性樹種が侵入し、林床に優占するササ類、ススキなどの生育・繁茂が抑えられた。隣接する帯状伐採後に植栽せず放置した隣接林分の林床植生は、m^2当たりの種数と現存量ともに光環境が良い林縁、伐採帯中央で高く、保残帯で低かった。さらに、林縁、伐採帯中央の変動幅に大差はなかった。このように、帯状複層林での林床植生は、林縁付近での出現種数、現存量とも、伐採帯中央なみに増加する傾向であった。出現頻度の高い樹種の特性は、更新の初期段階で多数の実生由来の稚樹を発生させ、陽樹で極めて成長が早く、早期に優占する樹種であった。

　帯状皆伐跡地と林縁、保残帯に後継樹として植栽したスギは、18 mの帯幅のうち、伐採帯の中央を中心とする帯幅の88％のエリアの成長が良好であり、林縁から伐採帯中央にかけて増大した。15年生時では、伐採帯の中央付近は調査林分のある地域の収穫表の地位級1に相当し、林縁付近は2、保残帯は3に相当する成長経過であった。伐採帯における形状比は、近隣の密度管理のほぼ等しいスギ一斉林と同程度の値であった。このように樹高の1.0倍の帯幅で皆伐した跡地は、スギなどの半耐陰性樹種の生育にとって好適な光環境であるといえる。そして現時点では、二段林（複層林）の一般的現象である「下木の成長抑制、形状比の上昇」は認められず、帯状複層林の伐採帯における下木の成長と形質は、地位級が同程度の一斉林とほぼ同じであった。

帯状複層林施業のメリットとして、主林木の伐採・搬出がしやすく、帯状の皆伐跡地は半耐陰性樹種の針葉樹あるいはケヤキなどの有用広葉樹の更新にとって有利な環境を提供することがあげられる。さらに、多くの林縁を構造的に有する帯状複層林は、林床植生の成立にとって好適であり、林縁効果による生物多様性の保全機能が高いことが推察される。

　次に、40年生スギ人工林において、高性能林業機械を使用した地曳き集材によって、2伐5残の列状間伐を実行し、伐採列に再生する林床植生の5年間の変化を追跡調査した結果から、林床植生の再生状況を考察する。地曳き集材の列状間伐により、間伐列の林床表面の鉱質土層が大規模に攪乱された。間伐翌年には、施業地から300m離れた広葉樹林からの種子散布によって、間伐列にイタヤカエデが更新した。間伐から3年目以降は、隣接広葉樹林の構成樹種と同じ種類の樹種が更新した。高木性の樹種では5年生時点で樹高1.5～2.0mとなった。林床植生の種数は、間伐直後に10種前後であったが、3年目では18種類、5年目では44種類に増加した。針葉樹一斉人工林の林冠が閉鎖した林分では、林内の光環境と樹冠の分布を階層的に変化させることで、森林の樹種や林床植生の多様性を制御できることが示唆された。そのことが、林床あるいは林内の植物の多様性を高める要因になると考えられた。また、伐採列は、林床植生の再生過程や種組成において、残存帯と異なることが明らかとなった。伐採列における林床植生の発達には、残存帯の幅や方位、隣接する広葉樹林との距離や位置関係、周辺の植生が重要な要因であった。伐採列では、高木性あるいは低木性の木本の種類数が増えることで、より複雑な生物相互関係が生じることが推察された。さらに、列状の伐採列に多様な林床植生を発生、維持させていくには、種子供給源として300m、最大でも500m以内に広葉樹林があること、そして、間伐によって常時適切な密度管理を行い、大きな林冠の疎開を維持する施業が必要であると考えられた。

2. 針葉樹人工林の林業経営上の問題点と望ましい森林施業の方向性

　針葉樹人工林における森林施業は、あくまでも木材生産に主眼を置くべきであり、このことは循環型社会システムを構築する基盤として必要不可欠である。したがって、利用価値のある付加価値の高い用材をできるだけ多く、低コストで効率的に生産することが理想的な林業経営といえる。持続的な林業経営を行うためには、一時的に低コストあるいは効率性のみを追求しても無意味であり、長期的な視点からトータルに施業体系全体を評価すべきものである。

　例えば、低コストで効率的な木材生産を目指し、単位面積当たりの生産量を増やすことばかりに眼を奪われていると、施業が遅れがちになり、林分は過密になって風や雪などの気象災害を受けやすくなる。また、過密であるため林床植生は貧弱になり、土壌構造の発達が妨げられたり、表面浸食を受けやすくなる。さらに、病虫害の発生しやすい環境になる。

　したがって、持続可能な林業経営を行っていくためには、水土保全と生物多様性の保全を意識した森林管理が必要になる。一方、木材生産を主目的にしながら、同時に生物多様性の保全や水土保全機能を高める努力をすれば、その結果として森林の多様な機能が調和的に発揮できるかといえば、それにもおのずと限界がある。生物多様性の保全や水土保全機能を高めるためには、流域単位で針葉樹人工林に隣接するように種子供給源としての広葉樹二次林ならびに広葉樹天然林を適正に配置することが最も低コストで、安定的であると考えられる。その相乗効果として針葉樹人工林の木材生産機能も含め、生物多様性の保全や水土保全機能の発揮につながるものと考えられる。

　このように、流域単位での森林配置を考慮する中で、個々の針葉樹人工林をどのように扱うかの森林管理の方向性を検討する必要がある。この中では、「生育空間を広く与えて、広葉樹天然林の要素をできるだけ多く取り入

れる施業をする」ことが重要であると考えられる。最も一般的なものでは、針葉樹人工林に回数の多い積極的な間伐を行い、下層植生を豊かにすることである。広葉樹天然林の要素をできるだけ多く取り入れるには、積極的な間伐を進めながら針葉樹人工林を長伐期林型に誘導する。そうすれば、人工林内に広葉樹が天然更新して中・低木層を形成し共存することになる。これは一種の二段林(複層林)の形成であり、針広混交複層林でもある。針広の混交状態の中では、成長の良い個体が亜高木層に達する。もちろん、侵入してきた有用広葉樹は、将来収穫の対象として管理し、針広混交の経済林に誘導することも可能である。針広混交の長伐期型の複層林で回転させていくことになれば、「長伐期針広混交複層林施業」ということになる。その林型への誘導過程では、長伐期林の経営方針を導入することになり、混交する針葉樹を多間伐によって収益にしていくことができる。

引用文献

藤森隆郎. 1991. 多様な森林施業. 林業改良普及双書107. 全国林業改良普及協会, 191pp.

藤森隆郎. 2003. 新たな森林管理－持続可能な社会に向けて－. 全国林業改良普及協会, 428pp.

Fujimori, T. 2001. Ecological and Silvicultural Strategies for Sustainable Forest Management. Elserier, 398pp. Amsterdam.

Hazell P. and Gustafsson L. 1999. Retention of trees at final harvest-evaluation of a conservation technique epiphytic bryophyte and lichen transplants. Biological Conservation, 90 : 133 — 142.

Hunter, M. L. Jr. 1990. Wildlife, forests, and forestry. Principles of managing forests for biological diversity. 370pp, Prentice-Hall, New Jersey.

Hunter, M. L. Jr. (ed.). 1999. Maintaining biodiversity in forest ecosystems.

699pp, Cambridge University Press, Cambridge.

Ledig, F. T. 1992. Human impacts on genetic diversity in forest ecosystems. Oikos, 63：87 — 108.

Nagaike, T. , Kamitani, T. and Nakashizuka, T. 1999. The effect of shelterwood logging on the diversity of plant species in a beech (*Fagus crenata*) forest in Japan. Forest Ecology and Management, 118 : 161 — 171.

長池卓男. 2000a. 人工林生態系における植物種多様性. 日本林学会誌, 82：407 — 416.

長池卓男. 2000b. ブナ林域における森林景観の構造と植物種の多様性に及ぼす人為攪乱の影響. 山梨県森林総合研究所研究報告, 21：29 — 85.

長池卓男. 2002. 森林管理が植物種多様性に及ぼす影響. 日本生態学会誌, 52：35 — 54.

大塚俊之. 1998. 温帯と熱帯における二次遷移初期群落先駆種の生活史特性. 日本生態学会誌, 48：143 — 157.

Parrotta, J. A. 1995. Influence of overstory composition on understory colonization by native species in plantations on a degraded tropical site. J. Veg. Sci., 6 : 627 — 636.

Peterken, G. F. 1993. Woodland conservation and Management (2nd ed.). 374pp, Chapman and Hall, London.

Smith, D. M. 1986. The Practice of Silviculture (8th ed.). 527pp, John Wiley and Sons, New York.

Swanson, F. J. and Franklin, J. F. 1992. New forestry principles from ecosystem analysis of Pacific Northwest forests. Ecological Applications, 2：262 — 274.

谷口真吾. 1998. 針広混交林の造成技術に関する研究 (Ⅲ) ーヒノキ林人工ギャップの相対積算日射量とケヤキ下木の伸長成長との関係ー. 森林応用研究, 7：63 — 66.

谷口真吾．1999．冠雪被害林を複層林へ誘導する技術－被害区域（ギャップ）の光環境と植栽木の成長－．豪雪協機関誌「雪と造林」，11：49 ― 53．

谷口真吾．2001．林冠ギャップに植栽したケヤキ（*Zelkova serrata*）の植栽位置が伸長成長に及ぼす影響．森林応用研究，10：93 ― 95．

谷口真吾．2002．帯状更新地におけるケヤキ，スギ，ヒノキの成長－植栽から9年目および11年目の結果－．森林応用研究，11：43 ― 47．

谷口真吾．2004a．帯状あるいは群状に伐採した小面積皆伐面を更新する複層林施業．森林科学，41：72 ― 73．

谷口真吾．2004b．帯状複層林における下木の成長－植栽後の9年目と11年目の結果－．造林時報，143：8 ― 13．

谷口真吾．2006．帯状複層林における下木の生長と林床植生の多様性―下木植栽から15年生時の状況―．兵庫県森林技術センター研究報告53：10 ― 16．

第9節

立枯れ木・倒木管理

大場　孝裕

1．森林の多面的機能と人工林に足りないもの

　2000年現在、日本の森林の約4割は、木材の生産を主たる目的に植えられたスギやヒノキ等の人工林になっている。人工林の多くは、皆伐地に同一樹種を植栽した一斉林で、森林としては単純で均一な状態になっている。

　このような形態は、基本的には農作物を栽培するための田畑と同じである。余分なものは極力排除して、植えたり収穫したりする際の作業効率を良くし、土地面積当たりの収穫量を増やすといった生産性を高めるための単純化が行われる。

　さて、2001年に、これまでの日本の森林管理に対する基本的な方針を示した法律である林業基本法が改正され、森林・林業基本法が制定された。これにより、従来の木材生産を主体とした政策から、森林の持つ多面的機能を持続的に発揮させることを主体とする政策への転換が行われた。

　政策転換の背景には、近年の国内における林業生産活動の停滞に加えて、1992年の地球サミットで、「地球上のすべての森林が持続的に管理経営されなければならない」とする森林原則声明が採択されたことがある。持続的な森林経営を具体化し、その進捗状況を科学的・客観的に評価するための基準や指標が定められたモントリオール・プロセスと呼ばれる環太平洋地域を中心とした温帯林諸国とのフォローアップ作業も進んでいる。

　森林の多面的機能とは、次のようなものである（日本学術会議、2001）。

① 生物多様性の保全（遺伝子の保全、生物種の保全、生態系の保全）
② 地球環境の保全（地球温暖化の緩和、地球気候システムの安定化）
③ 土砂災害防止・土壌保全機能（表面侵食防止、表層崩壊防止、土砂災害防止、土砂流出防止、土壌保全（森林の生産力維持）、雪崩等の自然災害防止）
④ 水源かん養機能（洪水緩和、水資源貯留、水量調節、水質浄化）
⑤ 快適環境形成機能（気候緩和、大気浄化、快適な生活環境の形成）
⑥ 保健・レクリエーション機能（療養、保養、レクリエーション）
⑦ 文化機能（景観・風致、学習・教育、芸術、宗教・祭礼、伝統文化、地域の多様性維持（風土形成））
⑧ 物質生産機能（木材、食糧、肥料、飼料、薬品その他の工業原料、緑化材料、観賞用植物、工芸材料）

一斉林においても、木材生産機能に加えて、地球環境の保全や水源かん養機能等、森林が存在することで発揮される機能については付随的に有している。しかしながら、単純で均一であるために十分に発揮できていない機能もある。生物多様性の保全は、その代表的なものと言える。

人工林の生物多様性をどうやって高めていくかという問題に対する1つの回答は、「複雑化」であろう。本節を含む第2章について少し視点を変えてみると、特に人工林に関する施業については、森林の複雑化であることがわかる。

そして、その根本的なひな形は天然林である。天然林にあって人工林に足りないものをどのようにして補っていくかということが、これからの森林施業の1つの課題であると言える。

天然林、特に極相に近い天然林と人工林を巨視的に比べた場合、木の大きさ、森林を構成する植物種の多さに加えて、立枯れ木と倒木の存在量が大きく異なる。

本節では、この立枯れ木と倒木について話を進める。なお、大木の存在については、長伐期化により人工林でも大径木が徐々に増加している傾向にある。長伐期施業については別の節において詳しく述べられているが、本節でも高齢人工林の野生鳥獣による利用について触れる。

2．立枯れ木の必要性

さて、立枯れ木とはどのようなもので、どんな価値があるのかをまず理解する必要がある。

立枯れ木は、文字どおり立った状態で枯れている、もしくは枯れかけている木を指す。樹木は、老化に加え、台風等の強風、冠雪、落雷や火事等によって損傷したり、病気や虫害によって衰弱したりして枯死する。周囲の植物との光を獲得する競争に負けたり、つる植物等のしめ殺しにあったりして枯れることもある。また、これらの原因が複合的に影響して枯死に至る場合もある。

そのようにしてできた立枯れ木は、多くの野生鳥獣に、営巣、繁殖、採食、休息、避難場所等として様々な使われ方をする。立枯れ木は、重要度の高い生息環境要素であると言える。

なかでもキツツキは、採食場所としての利用に加えて、比較的大径の立枯れ木に自らが巣として利用する穴を掘る。このように木に自ら穴を開けることができる種を1次樹洞営巣種と呼ぶ。キツツキの生息には、巣穴を掘ることのできる太い木の存在が不可欠である。松岡ら（1999）は、海外の研究事例を中心に、主に立枯れ木とキツツキ類との関係に焦点をあてて、立枯れ木の重要性についてまとめている。本節はこの総説に拠るところが大きい。

キツツキによって開けられた穴は、自らは穴を掘ることができない他の樹洞営巣性種に好んで利用される。そのような種を2次樹洞営巣種と呼ぶ。人間の設置した巣箱は、その代替品であり、それを利用するシジュウカラやム

ササビ、モモンガ等がキツツキの開けた穴を利用する２次樹洞営巣種である。

　樹洞という利用様式以外にも、立枯れ木は野生鳥獣に様々な使われ方をする。森林棲のコウモリには、樹洞の他に、はがれかけた樹皮と幹との間に入り込んで休息する種がいる。ヒメホウヒゲコウモリは、夏期のねぐらとして立枯れ木の樹皮下を多く利用している（安井ら、2003）。また、立枯れ木は、猛禽類の狩りに都合のよい止まり木になる。ニホンリスやムササビの移動経路としても利用される。余談になるが、ニホンリスは、シイタケ菌で腐朽したほだ木内に多く生息するコチャイロコメツキダマシという甲虫の幼虫を食べるために、ほだ木をかじりむいてしまう（大場、2001）。したがって、立枯れ木内の昆虫の幼虫等も好んで食べていると思われる。

　立枯れ木は、樹木の自己防衛機能がなくなったことで、菌類、植物、小動物等の生育環境になり、腐朽の状況に応じて様々な生物に内部まで利用されるようになる。そして、それらを食物とする動物も集まってくる。

3．倒木の必要性

　倒木は、台風等による強風で立木が途中で折れたり根元から倒れたりしてできる。冠雪害によって生じる場合もある。さらに、立枯れ木は、腐朽の進行と相まって、前述の気象要因等により倒木に姿を変える。落下した枯れ枝も、広義には倒木と言える。

　倒木は、様々な菌類やコケ類の生育環境となり、徐々に腐朽していく。倒木内は環境の急激な変化が少なく、生物に不可欠な水を安定的に有していることが多いので、昆虫や様々な小動物の生息環境となる。また、それらを食物とする動物が集まる場所となる。

　さらに、倒木上は、乾燥や下層植生の影響を受けにくく、かつて倒木が形成していた林冠部が欠如して光条件に恵まれることも多いため、針葉樹等の種子にとって適当な更新場所となる。これを倒木更新という。倒木更新によ

り運よく成長することのできた樹木の根元は、かつて倒木が存在した部分がトンネルになっていることがある。

また、倒木は、野生動物にとって橋や道の役割を果たし、彼らは起伏の多い地面や川の流れの上を楽に移動することができる。

倒木が、森林内の渓流や隣接する河川湖沼に接する場合には、特別重要な要素となる。水に浸かった倒木は、藻や微生物の生息地となり、その結果、小動物や魚の餌場となる。魚や水生生物が直射日光を避ける場所となり、捕食者からの隠れ場所、流れからの休息場所、産卵場所にもなる。また、水陸両域を利用する動物の通路にもなる。

倒木という1つの要素が加わることで、環境が一気に複雑化する。

4．人工林の高齢大径化と野生鳥獣

図1は、1990年と2000年の日本の人工林面積を林齢ごとに示したグラフである。5年を1つの齢級として示しているが、1990年のグラフを2段階（10年分）右にずらすと2000年のグラフにほとんど重なる。人工林では皆伐更新があまり行われていないことがわかる。その結果、右端の71年

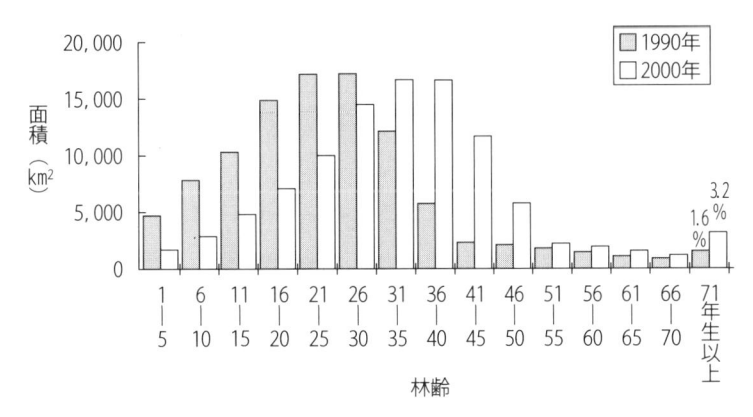

図1　日本国内の齢級別人工林面積の推移

生以上の齢級割合が増加している。

　木材価格の低迷、人件費等の増加による林業生産活動の停滞が続き、今後も、人工林の高齢化が進むと考えられる。加えて、近年のニホンジカの分布域拡大、生息密度上昇による植栽木の枝葉摂食被害の増加も、更新を抑制する要因として働いている。

　さて、人工林の高齢化が進むと、当然のことながら生えている木が高く太くなる。そうすると、立枯れ木のところで触れたキツツキが生きた立木にも穿孔するようになる。実際に静岡県の高齢人工林においては、スギを中心に、たまにヒノキでもキツツキによって掘られた樹洞を所々で見つけることができる。キツツキという1次樹洞営巣種が穴を掘って営巣できるようになると、その穴は、ムササビやモモンガ等の2次樹洞営巣種によって利用されるようにもなる（**図2**）。樹洞という重要な環境要素が加わり、それを利用する野生鳥獣の増加によって、人工林の生物多様性が向上することになる。したがって、キツツキによる立木の穿孔は肯定的に受け入れられるべきである。

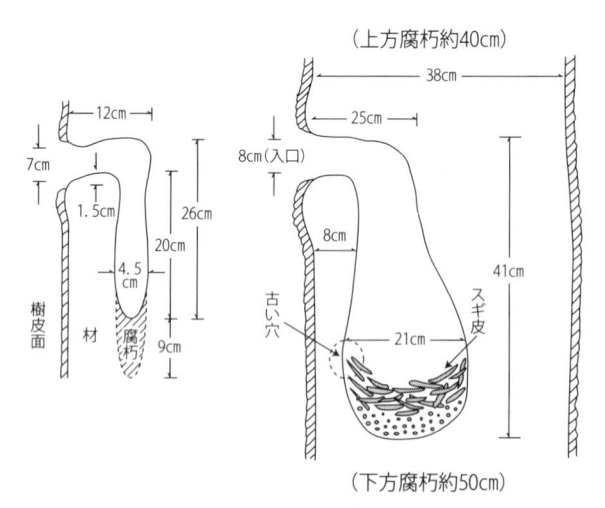

図2　キツツキによるスギ大径木の穿孔事例
　　　右側はムササビが拡幅して利用

スギ高齢人工林(穿孔された生立木と立枯れ木)

　実際に80～約200年生の3箇所のスギ高齢人工林において、キツツキによって幹に開けられた穴の状況を調査した結果、次のようなことがわかった(大場、2003)。

　穿孔木(生木)の胸高直径の最小値は36.9 cmで、林分の立木が細い場合には、相対的に太い木に穴が掘られていた。穴は北側に多く、南側にはほとんど存在しなかった。日差し、あるいはそれによる温度の上昇を避けるため、キツツキが穿孔する方角を選んでいると考えられた。林分の本数穿孔率は3～5％で、すべての調査地で、キツツキの開けた穴はムササビが利用していた。モモンガの利用も確認できた。いずれの林分にも立枯れ木が存在し、キツツキに穿孔されていた。

　穴の高さの平均は9.1～11.1 mと、広葉樹や立枯れ木の穴の高さについ

ての報告よりも高く、スギ高齢人工林における穿孔の特徴と考えられた。穴は枝よりも低い位置に多く、キツツキは、幹のより高い位置に穴を開けることを望んでいるが、枝葉がキツツキの穿孔する高さを制限する要因になっていると考えられた。このことから、枝打ちを行うことでキツツキが掘る穴の位置が高くなり、仮に材を利用する場合にも長く採材できる可能性が示唆された。

　樹洞という野生鳥獣にとって重要な生息環境要素をつくり出すキツツキには、穴を掘るための太い木と餌場となる立枯れ木の存在が不可欠である。高齢大径化することで、人工林はその両方を提供できるようになる。

5．立枯れ木・倒木の管理

　立枯れ木・倒木の創出は、今ある立木を枯らしたり倒したりすればよいので、比較的実行しやすいと思われる。また、自然発生するものを残していけばよい。

　にもかかわらず、日本においては、立枯れ木・倒木を創出・保護する森林施業はほとんど行われてこなかったと言える。その理由には、まず、森林管理者に前述の立枯れ木・倒木の価値が十分に理解されていないことが挙げられる。さらに、木材として価値のある立木をあえて人間が利用できなくしてしまうという、これまでの森林管理の主要な目的である林木の利用価値の向上に反する行為として受け取られることや、漠然とこれらが病虫害の発生源になることを危惧することが挙げられる。管理された人工林において、立枯れ木は景観的に負の価値を持つ要素と判断され除去されてきたし、木材を燃料として多く利用していた時代には、腐朽の進んでいない立枯れ木や倒木は人間にとっても価値ある資源として利用されたと想像できる。

　立枯れ木・倒木を創出・保護することにより、キバチ類、マスダクロホシタマムシ等の昆虫による残存木への被害が発生する可能性は否定できない

が、目にした高齢人工林においては、その中に立枯れ木を含んでいても森林として存在し、切り出された材も全体としてみれば十分に高い価値を有している。

　日本の高齢人工林における病虫害の発生については、大径木に着生したツル植物を媒介して、コウモリガの幼虫がスギ立木に穿孔被害を及ぼすことが報告されているものの（福司ら、1999）、立枯れ木・倒木の影響によるものについては事例がなく、今後の課題と言える。ただ、推測の域を出ないが、全国に点在する高齢人工林における病虫害の報告がほとんどないことから、立枯れ木・倒木の悪影響は小さいことが期待される。加えて、アカゲラが多く生息する場所では、マツノマダラカミキリ材内幼虫の補食率が高まることが報告されている（由井ら、1993）。捕食者の増加によって、立枯れ木・倒木内からの森林害虫の発生が抑制されることも考えられる。

　人間にとって、立枯れ木・倒木は、様々な野生生物を観察することのできる場所になる。また、その創出活動は、環境教育と組み合わせることも可能であり、保健・レクリエーション、文化といった森林の多面的機能をさらに発揮させることにもつながる。

　では実際に、どのようなことを念頭に施業を行ったらよいか。

　まず、天然林、人工林を問わず、今ある立枯れ木・倒木は原則として手をつけるべきではない。

　ただし、若い人工林において細く樹高の低い立枯れ木を残しても、あまり魅力的ではない。基本的に、立枯れ木は太いものがより重要である。樹種による違いは大きいものの、太い立枯れ木は、心材部が多く腐朽に時間がかかるため、より長い間立枯れ木として存在し続ける。

　例外的に、車道や遊歩道等人間が利用する頻度の高い場所に隣接する立枯れ木は、危険な存在として管理し、そのような場所で立枯れ木の創出を行うべきではない。保護する優先度の高い林床植生や防護柵、その他構造物等に

倒伏する可能性の高い場所も同様である。

　必要な立枯れ木の量については、明確に示すことはできないが、立枯れ木は、成木が様々な理由で枯死し、腐朽に至る過程でもあり、実際様々な状態で存在する。腐朽の程度や枝の残り具合、高さ、柔らかさ、水分状態、サイズ、位置等様々の状態を好む生物がいると考えるべきで、人工林においても様々な立枯れ木や倒木が存在することが望ましい。

　大きな立枯れ木や立木の代わりとなるアカゲラ用の繁殖用丸太も考案され、実際に繁殖に利用されている（中村、1998）。キツツキにとって立木の大きさが十分でない場合や、穿孔される立木本数を減らしたい場合には有効な方法かもしれない。

　さらに、高齢人工林においては、利用上形質や材質に問題がある立木は間伐の対象とはせず、立枯れ木候補として残すべきである。したがって、高齢林における間伐は、立木の状態での材質調査に基づく選木が望ましい。応用と普及に課題は残るものの、伝播速度の計測により立木の状態で材質を評価できる装置を利用して、内部に腐朽がある木材価値の低下した立木をあえて伐採しないことも可能である。

　こうした配慮により、木材生産を重要視する私有林においても立枯れ木の創出が期待できる。

　公有林においては、海外の管理指針や法律を参考に、より積極的な立枯れ木の創出・保護に関する取り組みを人工林の長伐期化に対する対応と合わせて進めていく必要がある。

　最後に、立枯れ木の創出には、巻枯らしが容易な方法である。欧米では、より長期間立ち残る傾向があることから、樹冠部を爆破や鋸によって除去し立枯れ木を創作することもある。このような物理的処理に加えて、薬剤注入や腐朽菌の接種によって枯死させる方法もある。

引用文献

福司一久・若松喜美治. 1999. スギ長伐期施業における穿孔性害虫による加害調査－ゴトウヅルとコウモリガのかかわり－. 林業技術, 690：28－29.

松岡 茂・高田由紀子. 1999. キツツキ類にとっての立ち枯れ木と森林管理における立ち枯れ木の扱い. 日鳥学誌, 47：33－48.

中村充博. 1998. アカゲラの繁殖用巣丸太. 森林総研東北支所たより, 443：1－4.

日本学術会議. 2001. 地球環境・人間生活にかかわる農業及び森林の多面的な機能の評価について（答申）, 14－20pp.

大場孝裕. 2003. 樹洞営巣種による高齢人工林の利用状況－キツツキによる穿孔の実態－. 中森研, 51：179－182.

大場孝裕・鳥居春己. 2001. ニホンリスはなぜシイタケのほだ木を齧り剥いてしまうのか？. 中森研, 49：61－64.

安井さち子・上條隆志・三笠暁子、繁田真由美. 2003. 栃木県奥日光におけるヒメホオヒゲコウモリのねぐらの選択性. 日本生態学会大会講演要旨集, 50：133.

由井正敏・鈴木一生・山家敏雄・五十嵐正俊. 1985. キツツキ類の生息密度とマツノマダラカミキリの捕食率. 日本林学会大会発表論文集, 96：525－526.

第10節

広葉樹二次林施業

横井　秀一

1．日本の天然林の多くが広葉樹二次林

　本節では、主に広葉樹二次林における木材生産を目的とした施業について述べる。それに先立ち、日本の森林資源における広葉樹二次林の立場を概観しておこう。

　現在、日本における天然林[1]の面積は 13,349 千 ha であり（林野庁、2004）、それは国土面積の 36％、森林面積の 53％を占めている。その 82％は広葉樹林であることから、日本の森林の 43％には広葉樹天然林が分布していることになる。

　広葉樹天然林の齢級分布は、19 齢級[2] 以上が全体の 25％を占め、それより若い部分は 10 齢級をピークとする 1 山型になっている（**図1a**）。この若い広葉樹林の多くは、人為によって成立した二次林である。もちろん 19 齢級以上の広葉樹林の中にも二次林はあるが、それらは高齢になるほど原生林と見分けがつかなくなる。

　これと対比させて人工林の齢級分布をみると、それは若い広葉樹天然林と同様に 1 山型を示すものの、ピークが 8 齢級とやや若いことと、山の左右が非対称で齢級の高い側が崖のように切り立っていることが、広葉樹天然林と異なっている（**図1b**）。この崖の部分（9〜11 齢級）は、終戦から数年〜十数年後に相当し、人工林面積がこの時期に急激に増えたことがわかる。なお、人工林のほとんどは針葉樹林で、広葉樹の人工林はわずかしかない。

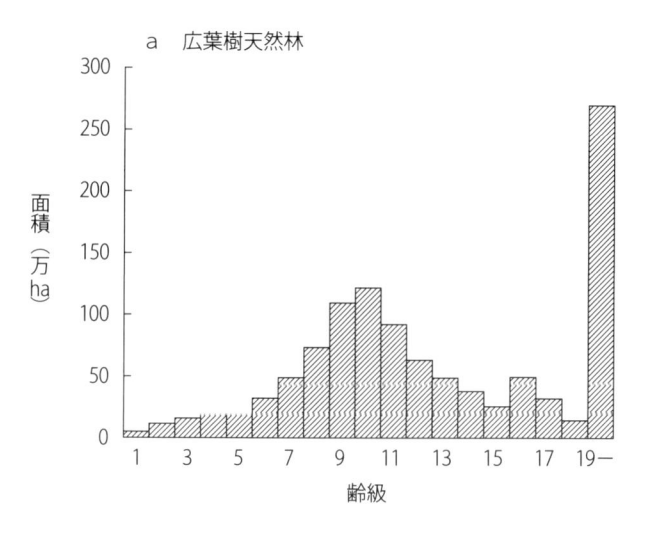

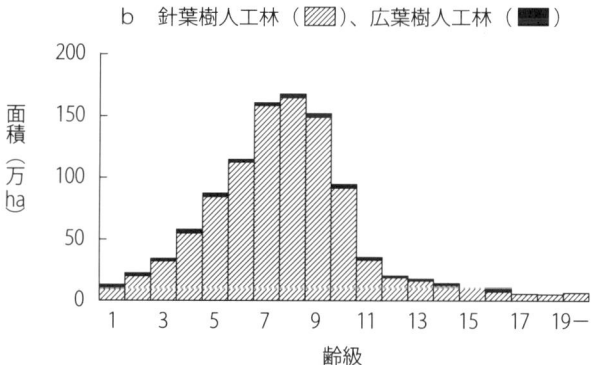

図1 全国の広葉樹天然林と人工林の齢級別面積
（林野庁、2004から作成）

2．広葉樹材は「量の時代」から「質の時代」に

　現存する広葉樹二次林と針葉樹人工林（多くが拡大造林に由来する）の前生は、多くの場合が広葉樹天然林である。このことは、20世紀に非常に広大な面積の広葉樹天然林が伐採されたということを示している。薪炭林など

で短い周期の伐採が繰り返されていたことを考えると、延べ伐採面積はさらに増える。日本人がいかに広葉樹を大量に消費してきたか、その一端がうかがえる。

広葉樹材の用途は、燃料としての薪や炭、生活用具、家具、建築、キノコ栽培の原木、パルプ原木など、多岐にわたる。いくつかの用途は代替物に取って代わられ、広葉樹材の需要量は以前に比べて激減した。しかし、広葉樹ならではの用途は多く（例えば、家具材や建物の内装材など）、また本物志向による木材への回帰もみられることから、広葉樹材はこれからもずっと求められる。

家具材や内装材に使われる広葉樹材には、通常、太さと質の良さとが要求される。20世紀後半はパルプ原木（総量が重要）を得るために広葉樹林の伐採が進み、得られた材の中から質の良いものが選別されて木材市場に運ばれた。この時代は、伐採量が確保できれば採算がとれたのである。しかし、最近ではパルプ原木のための伐採が少なくなったため[3]、市場への広葉樹材の供給量も減っている。したがって、これからの時代は、単価の高い材をより多く収穫することで採算を合わせなければ、広葉樹林の施業は進まない。この先も継続的・安定的に広葉樹材を供給していくには、質で勝負できる森林を育てること、すなわち森林全体に占める優良木の比率を高めることが、ますます重要になる。

3．これからの広葉樹の伐採・利用は二次林が主

先に述べたように、広葉樹は大径材の需要が大きい。だからといって、今や少なくなってしまった原生林を伐採することは、これからはすべきでない。すなわち、今後の広葉樹材はすべて二次林で生産すると考えておいた方がよい。実際、十分な量の材を持続的に得るためには、その面積から考えても、二次林で事を進めざるをえない。

広葉樹人工林をつくり、育てるということも考えられるが、今の段階では、それは現実的ではない。広葉樹人工林の造成・育成技術が十分な水準に達していないため、広葉樹人工林を成林させることは難しい。実際、これまでに行われた広葉樹の植栽では、多くの失敗が繰り返されている。それより、当面はすでに成林している森林、すなわち現存する二次林を育てた方が確実であり、また、収穫までの時間も短くてすむ。

ただし、広葉樹人工林をすべて否定するわけではない。天然資源に乏しい樹種、収穫までの時間が短い樹種、技術的な見通しがたった樹種、天然更新に失敗した場所など、相応の理由・根拠がある場合には、広葉樹人工林施業も積極的に取り入れる価値はある。

4．木材生産に使える二次林、使えない二次林、使わない二次林

これからの広葉樹材生産の場は、二次林に求めるべきだと述べた。しかしそれは、広葉樹二次林をすべて木材生産の場に振り向けるということではない。木材生産の場になりうる二次林もあれば、なりえない二次林もある。また、木材生産の場になりえたとしても、そうしないほうがよい二次林もある。

木材生産の場になりうる二次林とは、①樹種・形質の両面で市場価値のある林木が十分な数だけ存在する、②地力が高い、③地利が良い——などの条件を満たす森林である。特に、①の条件は、現存する林木に将来を託すわけだから、絶対に満足している必要がある。

では、木材生産の場としないほうがよい二次林とはどんな森林か。木材を生産するには、必ず伐採が伴う。この伐採という行為が何らかの問題を引き起こす可能性のある場所が、それに当たる。ここでいう問題とは、斜面の安定性の喪失、修復困難な生態系の撹乱、景観の悪化などである。

今までは、単に広葉樹林として、多岐にわたるタイプの森林を十把一絡げに扱ってきたきらいがある。これからの広葉樹林施業では、どんな樹種から

なる森林か、どんな構造の森林か、どこに存在する森林か、どんな機能を担っている/担える森林か、というような視点で、きちんと分けて考えることが大切である。

5．これからの広葉樹材生産にはきちんとした施業が必要

(1)「略奪」から「施業」へ

　日本の広葉樹林施業の代表格は、かつて盛んだった薪炭林施業と、その流れを汲むシイタケ原木林施業であろう。今、これらの施業（広葉樹二次林の短伐期施業）が行われているのは、ごく限られた地域にすぎない。

　一方、ここでの主題である広葉樹の用材林施業は、残念ながら、とても未熟である。日本は、もともと広葉樹資源に恵まれた国である。そのため、広葉樹は山に自然に生えるものであって、人手をかけて育てるものではないと多くの人が考え、更新のことを考えた伐採や伐採後に成立した森林での保育作業は、ほとんど行われることがなかった。そんな手間のかかることをしなくても、まだ伐っていない森を伐れば、材が手に入ったのである。言葉は悪いが、日本人は広葉樹資源を略奪的に利用し続けてきたのであって、それを森林施業と呼ぶことはできない。

　しかし、今は事情が違い、大径材をすぐに収穫できるような高齢な広葉樹二次林は少ない（図1a）。そのため、少ない資源を上手に利用しながら、若い二次林において資源の充実を図らなければならない。それとともに、木材生産のために伐採した次の代の森林が、再び木材生産を担える広葉樹林になるように森林を回転させることも、考えていく必要がある。これからの国産広葉樹材の持続的な生産には、きちんとした施業が欠かせない。

(2) 広葉樹二次林施業とは

　では、広葉樹二次林の施業とはどういうものか、ここでは主に伐採後の保育作業について考えてみる（更新については第2章第7節を参照）。保育と

いうと、施業体系や施業基準があって、下刈り、除伐、間伐、枝打ちなどの作業を何度も行うことを思い描くかもしれない。しかし、広葉樹二次林の保育では、そのイメージを消し去ってほしい。放っておいてもそこそこに育つ（と思われる）森林に、ちょっとだけ手をかけて、より質の高い森林が育つようにする――それが筆者の考える広葉樹二次林の保育である。

この、ちょっとだけ手をかけるというのは、優良な林木が十分な太さにまで育つよう、その成長をじゃまする林木などを除去することに他ならない。具体的にいえば、刈出し、除伐、間伐、つる切りがそれにあたる。

(3) 刈出し――確実に更新させるために

刈出しとは、天然更新した目的樹種の稚樹が生き残れるよう、それを被圧する他樹種の稚樹やササ類、大型の草本を除去する作業である。これは、人工林施業での下刈りに相当する作業である。ただ、下刈りのように何年も繰り返し行うことは、手間がかかりすぎてできない。やるとすれば1回ですませることになり、その時機は更新後数年以内が望ましい。これは、刈出しの効果が、更新後の年数がたってから行うほど小さくなる（山口・中垣、1983）ためである。

萌芽更新のように目的樹種の萌芽幹が旺盛に生育している場合には、刈出しは必要のない作業である。しかし、広葉樹大径材を生産した後の更新は、天然下種更新が主体になると考えられる。今後は、更新を確実にするために、刈出し作業の重要度が大きくなるだろう。

(4) 除伐――将来の姿を決めるために

除伐は、玉石混交の状態にある若い二次林で、有用で形質の良い目的樹種と競合する林木を除去する作業であり、それによって優良木の比率を高めることを目指している。このときに残された林木が将来の主林木になることを考えると、優良木を育てるために不良木を除去する除伐の重要性が理解できる。ただし、不良木ならすべて除去してしまうのは、残存木の樹形を乱すこ

とになるため避けるべきで（横井・小谷、2002）、適度な塩梅が大切になる。

人工林の除伐は、目的樹種が決まっているので機械的に行うことができ、また、下刈りが十分になされていれば必要のない作業でもある。これに対して広葉樹二次林では、ここで何を目的樹種とするかによってその林の将来を方向付けることができる、重要な作業になる。

(5) 間伐——確実に太く育てるために

間伐は、収穫したい林木が目標とする太さに確実に速く育つよう、林木間の競争を緩和する作業である。どんな林木でも、大径木に成長するにはそれ相応に大きな樹冠（＝大量の葉）を持つことが必要であり、このとき広葉樹では、特に樹冠の広がりが重要になる。樹冠を拡張できない広葉樹は太くなることができず、いくら幹が通直でも木材としての価値は上がらない（クリなど特別な樹種は除く）。広葉樹の樹冠の発達は枝下高と強く関係し、また、枝下高は収穫できる材の長さを決める要因でもあるため、広葉樹林の間伐は枝下高を基準に考えるとよい（横井、2000）。また、間伐においても伐る必要のない林木、特に中・下層木まで除去することは、後生枝の発達や皮焼けなどが懸念されるため、避けなければならない（谷本、1990；横井、2000；横井・小谷、2002）。

針葉樹人工林の間伐では、上層間伐、全層間伐、下層間伐などの間伐方式を選択することができ、また、収量比数や相対幹距、胸高断面積合計などを基準とした方法で、間伐量を決定することができる。これに対して広葉樹林の間伐では、前述した樹形の特性から、上層間伐でなければ効果がない。また、樹種や樹形、木の大きさ、立木配置が不均質であるため、定量的・機械的な間伐は行えない。

(6)「何が何でも」の呪縛をとく

ここに紹介した作業をすべて、あるいはどれかを必ず行わなければ施業にならないということではない。保育作業をしなくても、立派な広葉樹林、そ

こそこの広葉樹林が育つことは十分にありうる。大切なのは、作業にかかる経費・労力と作業の効果を考え、きちんとした判断のもとで作業の必要性を見極め、必要な場合に適切な作業を施すことである。

ただ、その見極めを行うための基礎となる情報が、あまりにも少ない。そのため、施業の現場と研究とが連携を密にして、情報の収集・整理を進めることが必要である。

6．広葉樹二次林施業の進め方

(1)「何のために、どこで、どうやるか」が大切

ここまで、木材生産のための広葉樹二次林の施業について述べてきた。施業であるからには、こうした目的が重要である。実際の施業にあたっては、林況に応じた生産目標を設定するなど、より具体的な目的や目標を持つことも大切である。その一方で、どこで広葉樹二次林の施業を持続的に展開していくのかを、自然的・社会的な条件を加味して考えていく必要もある。このレベルの話になったとき、広葉樹二次林だけを切り出して考えることはできず、針葉樹人工林施業と一体となった地域の林業という視点で構想を立てることが必要になる。

ところで、これまで行われてきた広葉樹二次林の施業を振り返ると、問題点が3つあると感じる。1つめの問題点は、上に述べたような施業の目的、あるいは作業の目的が明確でない場合がある（ように感じる）ことである。おそらくは漠然と木材生産機能の強化を目指している場合が多いのだと思うが、本来なら、それが明確でなければ何をするかが決まらないはずである。2つめの問題点は、木材生産に適さない森林においても施業が行われていることである。3つめの問題点は、効果がないか、場合によってはマイナスの影響が出てしまうような、誤った作業が行われていることが多いということである。後の2つの問題点は木材生産目的の施業であることを前提に述べ

たが、そうでないとすると、なおさら何を考えての施業なのかわからない。こうした問題を抱えた施業が繰り返されることで、施業そのものに対する不信感が募りはしないかと心配している。

(2) 広葉樹を知らなければ施業はできない

前述の問題は、施業を計画する者や実際の作業に携わる者が広葉樹や広葉樹林のことをよく知らず、また、その施業についてきちんと理解していないことに起因すると考える。

広葉樹二次林で保育作業を行うためには、何十種類もの広葉樹を見分ける知識が必要である。育てる対象がはじめから決まっている人工林での作業とは異なり、ここでは育てる対象を自分で見つけなければならない。それと同時に、広葉樹の生育特性や広葉樹林の発達のしかたに関する知識も大切である（谷本、1990；藤森、1994；横井・小谷、2002）。広葉樹二次林の姿は多様であるため、そこでの作業には、臨機応変という姿勢が必要になる。それを可能にするのは、こうした知識（経験的なものも含む）である。また、広葉樹二次林の施業技術は、針葉樹人工林の施業技術の延長線上に位置するものではないことについても、その理由を含め、きちんと認識しておく必要がある。

広葉樹二次林の施業を計画する者や実際の作業に携わる者には、このような知識とともに、対象となる二次林の現況が評価できる能力、何となくでも将来像が予測できる能力、施業の必要性が判断できる能力、何をすればよいかを見いだせる能力などが必要だと思う。広葉樹二次林の施業の未来は、こうした能力を身につけた技術者が育つかどうかにかかっている。

(3)「木材生産のためだけに」ではなく

最後に、木材生産以外での広葉樹二次林の施業（この場合は、管理とする方が適切）にも少し触れておく。当然、広葉樹二次林が担っている機能は、木材生産だけではない。国民全体からすれば、むしろ木材生産以外の機能に

対する期待の方が大きいであろう。こうした機能についてみるとき、その機能がどういう状態の森林で発揮されるのかということが重要になる。目的とする機能が二次林を放置したままでも十分に発揮されるのであれば、あえてそのために特別な管理作業をする必要はない。放置状態では目的とする機能が十分に発揮できない、もしくは、手を入れた方がより機能が充実するという場合に、そのための管理を行えばよい。その手法は、木材生産のためのそれではなく、目的に応じた手法でなければならないことはいうまでもない。繰り返しになるが、ここでも管理の目的をきちんと持つことと、そのために最も適した手法を取り入れることが大切である。

　広葉樹二次林の組成と構造は、過去の森林・土地の取り扱い方の影響を強く受けている（谷本、1990；大住、2003；中静、2004 などに詳しい）。現存する二次林の中には、自然撹乱での規模や頻度を超えた人為撹乱によって成立した二次林が数多くあり、こうした二次林の姿は、自然撹乱しか起こらない場合の森林の姿から逸脱していることがある。広葉樹二次林の今後を考えるとき、このことに対する深慮が必要である。私たち人間の側からの広葉樹二次林の利活用だけでなく、多くの生き物が暮らす二次林をどのような形で後世につなげていくかについても、私たちは知恵を絞らなければならない。

引用文献

藤森隆郎．1994．広葉樹林の特性とその取扱いの基本．藤森隆郎・河原輝彦（編）．広葉樹林施業．175pp．全国林業改良普及協会，10 − 36．

中静透．2004．森のスケッチ．東海大学出版会，236pp．

大住克博．2003．北上山地の広葉樹林の成立における人為撹乱の役割．植生史研究，11：53 − 59．

林野庁．2004．森林・林業統計要覧（2004 年版）．林野弘済会，199pp．

谷本丈夫. 1990. 広葉樹施業の生態学. 創文, 245pp.

山口清・中垣勇三. 1983. 万波山林におけるブナ天然更新に関する試験. 岐阜県寒林試研報, 6:1—24.

横井秀一. 2000. 用材生産に向けた広葉樹二次林の間伐. 山林, 1392:37—44.

横井秀一・小谷二郎. 2002. 森林生態学が支える広葉樹林施業. 森林科学, 36:25—30.

注

1）ここでは人工林に対比させて、更新材料が人為によって林外から持ち込まれずに更新した森林を天然林とする。したがって、天然林には二次林と原生林とが含まれる。また、二次林には、その始まりが人為撹乱（伐採や火入れ）のものと自然撹乱（台風による風倒など）のものとがある。

2）林齢を5年ごとに区切ったもの。1齢級は林齢1～5年、10齢級は林齢46～50年、19齢級以上は林齢91年以上ということになる。

3）2006年現在、パルプ原木を収穫するための広葉樹林の伐採が増えてきている。

第3章

森林の保全・修復・再生技術

第1節

森林生態系（保護林）の保全

渡邊　定元

1．保護林制度の概要

　森林生態系の保全や保護林について考察するとき、1915年に創設された国有林の保護林制度を抜きにしては語れない。十勝川源流、光岳などの自然環境保全法に基づく原生自然環境保全地域や、屋久島などの国立公園特別保護地区、天然記念物指定地域の多くが、法に基づく指定以前から国有林の保護林制度によって保全されてきた。ゆえに、国有林の保護林制度の果たしてきた歴史的意義は極めて高い。1989年、この制度は現代のニーズに即応するよう改正され、森林生態系保護地域、森林生物遺伝資源保存林などに衣替えされた。生態系保全の立場からも保護林に期待することは大きい。

　法に基づく環境保全を目的とした保護林は、法の制定目的により保全するための基準や方法が異なる。国土利用計画法や森林法の森林計画は、国土を森林地域または自然公園地域や自然保全地域として包括的に区分けして、保護林の他への転用を規制し、または森林内容の充実を期そうとするもので、土地利用区分の立場から規制したものである。自然環境保全法、自然公園法、文化財保護法および国有林の保護林制度は、直接、当該森林の保護を目的としている。森林法の保安林制度、鳥獣の保護及び狩猟に関する法律、都市計画法の風致地区、古都における歴史的風土の保存に関する特別措置法、首都圏近郊緑地保全法、都市緑地保全法、林業種苗法、砂防法、漁業法により制限されている環境保全は、それぞれの法で定める目的のために森林を保

全している。

　これらの法および国有林の保護林は、森林を厳正に保護する立場と、森林の持つある機能の部分を保護する部分保護の立場の2概念に区分される。厳正保護とは、指定地域の一切の行為を排除して森林の生物相を保存しようとするもので、原生林や高山植物生育区域の保護がこれに属する。ただし、富士山麓のハリモミ純林や水沢スギ学術参考保護林など特定された樹種の森林の保護は、この概念には含まれず部分保護の概念である。部分保護の概念は、保護の対象が特定されているもので、保護対象物の保護に必要な管理を消極的あるいは積極的に行おうとするものであって、厳正保護以外のものはすべてこれに含まれる。そして、これらの保護林は、厳正自然環境保全、森林生態系の保全、生物遺伝子資源の保全、国民の保健休養、文化財の保護、産業経済の振興、国土保全・災害防止に設定目的が要約される。このうち概念的には重複するものもあるが、保存・放置の概念でヒトの行為を一切排除するもの、森林の系の維持に必要な最低の管理行為を行うもの、保護対象とする生物種（複数）の保全のためにの監視と管理を必要とするものなど目的により管理に違いがある。森林法の保安林は、国土保全や災害防止などを目的として水源かん養、土砂流出防止、土砂崩壊防止、飛砂防備、防風、防霧、水害防備、潮害防備、干害防備、防雪、なだれ防止、落石防止、防火、魚つき、航行目標、保健、風致の17種類を数えるが、これらは、森林の持つ機能をそれぞれの保全目的に利用しようとするもので、他の法律に基づく保護林の目的が限定されているのと対照的な制度といえる。

　各種の保護林は、設定目的が重複していることが多い。制度として他との重複を排除しているのは、自然環境保全法の原生自然環境保全地域のみである。実際には、同一森林に2つ以上の法による保護林の重複指定がされている場合が多い。例えば、屋久島のスギ原生林は、国立公園特別保護地区、天然記念物、森林生態系保護地域、保安林となっている。

また、保護林は、法によって保護目的は同じでも保護に対する基本的な考え方が異なる。例えば、野生鳥獣の保護といっても、文化財保護法では、「日本特有かまたは日本で著名な動物とその生息地」としており、鳥獣保護法では「鳥獣の保護繁殖を図るため特に必要なとき」として保護の対象範囲を定めていない。また、自然環境保全法の原生自然環境保全地域・自然環境保全地域や自然公園法の特別保護地区は、法の趣旨を反映して自動的に鳥獣保護の取り扱いをうけている。

2．自然保護の概念

　自然保護の概念には、①保存（preservation）を目的とした自然保護、②防御（protection）を目的とした自然保護、③保全（conservation）を目的とした自然保護、④復元（restoration）を目的とした自然保護、⑤再生（rehabilitation）を目的とした自然保護の5とおりの概念がある（渡邊、1987、1994）。このうち、①～③は自然林の保全のための概念で、④～⑤は自然林の修復のためのものである。

　保存的自然保護のための管理は、自然の成りゆきに一切まかせる管理手法である。風害、山火事などの自然災害があっても、そのまま放置しておく手法である。原生自然環境保全地域の管理は、原則としてこの方法が適切である。防御的自然保護のための管理は、森林や樹木などを特定の目的で保全しようとするもの、例えば、天然記念物やランドマークである樹木を適切に管理したり、種子を採種するための母樹や採種林の管理であるといってよい。保全的自然保護のための管理は、広い意味の自然保護概念の管理で、自然休養、国土保全など人々の快適な生活が保証されるよう適切に自然を維持管理しようとするもので、自然公園・保安林・砂防指定地の管理のほとんどがこの概念による管理である。復元的自然保護のための管理は、劣化した自然環境を本来あった自然環境に近づけるための管理で、鳥獣保護法の休猟区や風

害地の自然林の復元がこれにあたる。再生的自然保護のための管理は、すでに失われた自然を本来あった自然を取り戻すことで、その機能の回復を図ろうとする管理で、自然林の再生がこれにあたる。

3. 保護林の管理技術

(1) 保存的自然保護が必要な地域とその作業法

国立公園特別保護地区など保護レベルの高い地域は、すべて保存的自然保護の管理が要求されるところである。作業法は、自然の成りゆきのまま任せる。作業種は禁伐－天然下種更新とし、風害跡地であっても更新に対し一切ヒトの手を加えない。

(2) 防御的自然保護が必要な地域とその作業法

防御的自然保護が必要な地域は、シオジの保護林など、特定の種や種個体群レベルの保全が必要なところである。国・県・市町指定の天然記念物、国・県指定の林木種子の採種林、市町指定の保護樹・保護樹林などがこれにあたる。保全行為は、保全対象が劣化、被害または被害が予測されたときである。作業法は原則として禁伐－天然下種更新とし、作業行為は害を及ぼしている原因の除去にあり、保全対象の系を維持する消極的な行為である。

(3) 保全的自然保護が必要な地域とその作業法

保全的自然保護が必要な地域は、保全を目的とした天然林のうち劣化した森林や二次林などで、自然の推移よりも速く確実に安定した森林に誘導したい森林である。例えば、コナラ二次林や、ブナ帯の撹乱跡の放置森林でブナなどの後継樹がみられない林がそれにあたる。保全目的の機能を一層高めようとする積極的な管理を行う。その作業法（Watanabe、1994；Watanabe and Sasaki、1994）は多様で、稚樹刈だし、下刈り、除伐など更新の状態によって判断する。択伐作業の伐採率は17％以下に止める。低い伐採率であると伐採によって林分構造が急速に劣化することはない。

（4）自然林の復元が必要な箇所の森林の造成法

自然林に自生する植物の種子や稚苗をもって、本来ある自然林の姿を復元しようとするものである。本来ある自然の種子源は、周辺の自然林や埋土種子として多くが存在している。これらの種子は、地表部が撹乱しなければ発芽しない。自然界で撹乱は、①風倒による根返り、②山火事、③降水による侵食や堆積、④大形動物による蹄耕——などによる。撹乱の仕方によって更新してくる樹木の種類が異なる。①、④はブナなど極相構成種の更新に、②はミズメ、シラカンバなど先駆樹種の更新に、③はサワグルミ、ハルニレ、カツラ、トチノキなどに有利に働く。こういった理由から、風害跡地や人工林跡地で極相構成種を更新させるには、適度の撹乱を人工的に行うことが求められる。ブルドーザによる地表処理がこの最適な手法である。さらに森林の多様性を高め、ブナなど更新の難しい極相種を確実に再生させるためには、地表処理したところに目的樹種を植栽、種子の散布・埋め込みを行う。針広混交林の造成などでは、この手法が最も確実で適切である。

（5）自然林の再生が必要な箇所の森林の造成法

再生的自然保護の立場から自然林造成の必要性の高いところは、周辺には地域を指標するような森林（自然林）が存在せずに、その地域に存在するであろう森林を再生させようとするもので、照葉樹林帯のほとんどの地域が相当する。その手法は、自然林の再生箇所の表層地質・微細な地形・土壌型などの環境調査、植生現況・潜在植生・代償植生などの植物調査、環境傾度分析を行い、立地タイプを決定し、小林分ごとに目的とする自然林にふさわしい樹種の植栽を行う。

4．持続可能な経済林における稀少種や生息環境の保全

経済林において持続可能な森林施業を行う際に避けて通れない課題は、希少種・弱い自然・保護生物の生息環境の保全である。原生自然環境保全地域

は他の土地利用を排除することによって目的が達成できるが、経済林においては、そうした制限を課すことはできない。経営に際して森林管理者の自主的な判断を待たねばならない。経済林の拡がりの中で、学術的価値の高い希少種とか保護生物の生息（育）地、弱い自然を保全できる適切な措置を講ずる1つの答えは、持続可能な経済林の区域内の土地利用区分である。経済林の中で生物多様性を保つために必要な壊れやすい自然や、絶滅危惧種、貴重種の生息環境を、たとえ小面積でも保全区域として区分し、地域全体の森林の中にモザイク状に配置させておくことである。このような経営的配慮によって貴重種等の生息環境が保全され、経済林全体の生物多様性の維持を図ることが可能となる。著者が1969年、定山渓国有林で行った具体的な保全事例を紹介しよう。豊平川上流の奥定山渓国有林は、水源涵養機能のほか、国立公園特別地域としての森林景観の保全、鳥獣保護などの公益的機能を重視した経済林である。この地域の森林は、公益性の確保・増進とあわせて、高蓄積、高成長量、高収益の林業経営を確保し、さらに、生物多様性の維持・保全を図ることが求められていた。こうした要件を満たす森林経営は、路網を基本とした択伐－人工補整の作業仕組によって達成できる。林道の開設は自然破壊であるとする反対意見や、高コストの択伐林よりも皆伐林が適当とする意見の中での経営実験であったが、定山渓営林署の職員や基幹作業員の支持によって、持続可能な経営林の要件（総論参照）を満たす経済林への転換を図った。また、生物多様性の完全な維持・保全は、基本的に高蓄積、高成長量、高収益、森林の多目的利用とは矛盾していることから、森林経営を第一義とする一般の施業林分では実現できない。この矛盾を解決するためにとった理論的・技術的対応は、経営林区域の中で、川岸などの弱い自然や、貴重植物の生育地、その他定山渓国有林にとって重要な天然林を、択伐林の中にたとえわずかの面積でも区画して保存したことである。現在、高密路網が張りめぐらされている択伐林の中に、河辺禁伐林、エゾマツ原生林、ダケ

カンバ原生林、漁入り（いざりいり）ハイデなど保護区域が点在している。それら保護区域は、存在することによって目的が達成される。こうした持続的経営林の5つの要件を満たした森林経営は、数十年にわたり同じ経営理念をもって実践することによって、目的とする成果を得ることができる。

定山渓国有林において、生物多様性を維持するために採用したもう1つの手段は、笹生地の撹乱による天然更新補助作業とアカエゾマツ・トドマツなど主要更新樹種の植栽である。この作業は、持続的経営林の要件とは矛盾しない。笹生地の撹乱の効果は、ヒロハノキハダ、ウダイカンバなど有用広葉樹をはじめ多くの低木類が埋土種子などから発生し、複相林化を促進させた。生態系の撹乱が生物多様性を高めたのである。撹乱は生物多様性を高めるとするのが、現在の最も有力な学説の1つとなっている。その地域に普遍的に生育している種の多様性は、撹乱によって高まる。

森林の伐採は生態系を撹乱する行為で、必ず系に影響を与える。その影響は、場合によってよいことも、悪いこともある。伐採が貴重動物によい影響を与えた、東京大学北海道演習林（北演）のクマゲラの事例を紹介する。北演におけるクマゲラの生息密度は世界一高いが、興味深いことに原生林よりも林分施業法を行っている第一作業級の営巣密度が高いのである。この主な原因は、高密度路網によって林冠が疎開された空間ができて見透しがよく、直径40 cm以上の通直のトドマツが多数存在し、これらの樹木のうち2〜3°傾いた樹幹にクマゲラが営巣するからである。

天然林に限らず人工林地域にあっても、渓畔、湖の周り、貴重種の生育地など壊れやすい自然は、人工林化せずに、たとえ微細な面積であっても林内に保護区を設定し、壊れやすい森林を守っていく必要がある。弱い自然を保全することを、これからの森林管理の常識としたい。また、人工林域内に更新した有用広葉樹も育成し、人工林の複相林化・モザイク林化を図りたい。そして人工林を超長伐期化し、複相・複層林化することにより生物多様性の

高い森林生態系に誘導することができる。

以上、経営林内の生物多様性は、土地利用区分によって他の4つの要件と調整され調和を保つことができる。

5. 森林の保全・修復・再生と法制度

　法指定を受けた森林の保全・修復は、それぞれの法の目的に沿った管理が課せられている。森林の保全・修復は、自然の恵沢を私たちが享受し、かつ、次の世代に遺し伝えるために、持続的に維持していくことが主な目的であることから、法による指定を受けた森林の取り扱いは、それぞれの法のもとの管理であってよい。

　森林の保全・修復で問題となるのは、人間活動の結果、守るべき自然林が消失してしまった地域、すなわち、地球環境傾度に沿って必要な自然林の空白域、例えば都市・農村に転換された照葉樹林帯の中での自然林空白域に対して、いかに自然林を復元・再生し、保全していくかの課題である。こうした森林の造成は、まず国、県または市町村の法、条例を整備し、地域住民、市町村当局の理解と協力を得て、保全・修復を図るのが適当である。これまで、緑の保全に関しては、多くの県・市町村でそれぞれの目的にあった条例をつくり、緑地保全、修景美化、保護指定樹木の登録などを行ってきた。そこで、失われた森林の再生には法や条例を改正し、潜在植生の再生を目的とした対策をたてるのが得策である。特に里山地帯の自然林の保全・復元・再生の意義は、どこにでもあった身近な普遍的な森林を再生し守り育てることにある。それは、普通の森林は最も故郷になじんだ森林であるのと同時に、その地域を代表する遺伝子集団であることによる。

　地域の環境傾度にそって適切に自然の森づくりを行い、自然林を再生・修復することをうたった法や条例とは、地球環境傾度マトリックスでの、個々の環境ごとに自然林を保全することを課した法・条例の整備にあるといって

過言ではない。

引用文献

林業と自然保護問題研究会（編）. 1989. 森林・林業と自然保護. 日本林業調査会, 344pp.

渡邊定元. 1994. 樹木社会学. 東京大学出版会, 450pp.

渡邊定元. 1995. 持続的経営林の要件とその技術展開. 林業経済, 557：18 — 32.

Watanabe,S. 1994. Natural forest management base on selection cutting - High stocked, sustainable,enrichmenting, managed forest-. In : F. Konta, S. Watanabe,Y.Takei（eds.）. The Restoration of Natural Forest-Theory and Practice- , Bunichi Sogo Shuppan, 159 — 180.

Watanabe,S.and Sasaki S. 1994. Silvicultural management systems in temperate and boreal forests : A case history of the Hokkaido Tokyo University Forest. Can. J. For. Res., 24(6) : 1176 — 1185.

第2節

野生動物の保護

石田　健

はじめに

　野生動物という言葉は、現在では、直接利用でき経済価値のある資源としての動物だけでなく、多様な動物を総称する言葉として用いられている。このことは、森林施業に対する社会的要請にも大きな影響を及ぼしている。百年の計である森林の管理と、数年から数十年の期間に大きく変化している野生動物に対する社会認識の折り合いをどこでつけ、過去と未来の施業を繋げていくべきなのだろうか。本節では、私たちが、将来、日本で、なにを、なぜ、どのように野生動物を保護しようとしているのかを、森林に生息する様々な野生動物の機能と、野生動物個体群保護の背景となる思想の変遷、および野生動物を保護することの近未来的意味によって説明する。

1．森林と野生動物

　森林においては、樹木に比べて、動物の現存量（バイオマス）はわずかである。生態学の10パーセント則を当てはめれば、生産者である樹木に対して、消費者である動物は10パーセント足らずを大して超えられないことは自明である。さらに、有機物を固定している木材量を樹木の側へ加えるならば、動物が維持する量の割合はさらに大幅に小さく見積もられる。そのため、森林の静的構造を記述する場合に、動物はそれほど重要ではないように見える。一方、森林の動態や多面的機能、生物多様性といった面に注目する

場合には、動物は重要な意味を持つ。動物は、樹木を消費したり、破壊、分解したりするほか、種子や花粉を速やかに遠くへ運ぶことによっても樹木と関係を持ち、森林の動態に大きな役割を担っている。森林を多細胞動物の体に例えるならば、樹木は筋肉や器官といった構造を担う役割を、動物や菌類は血液やホルモンのような調節機能を担う役割を主に持っているように見える。そして、そうした動物と樹木を含む植物、さらに菌類や細菌類との多様な相互作用がとても長い時間働いた生物進化の結果として、私たちが目にする森林の姿と仕組みがある。

　顕花植物の種数の多さは、花粉を媒介する昆虫との共進化によって多様化したと言われている。また、樹木の大型種子の一種である堅果、いわゆるドングリは、栄養豊富で、昆虫のゾウムシ類、蛾類や哺乳動物のノネズミ類、クマ類など多くの動物によって食べられる。ドングリの結実量が年変動することも、それを食べる動物たちの集団の性質に大きな影響を与えている。一方で、ドングリの結実の特性は、動物に食べられることと、食べられることを部分的に回避して動物によって散布され更新すること、に適応していると考えられている（Vander Wall、2001）。したがって、森林の更新が実現する百〜数千年といった長期間においては、どのような動物集団が生息しているかも、森林の構造に大きく影響することがわかる。例えば、モーリシャス島においては、大型鳥類のドードーがその重要な種子散布者だったと推測されるアカテツ科の樹木の実生がほとんど見られなくなってしまったことが、ドードーの絶滅から300年以上経って明らかになってきた（Temple、1977；Barlow、2001）。もともといた動物がいなくなったり、新たな動物が生息しはじめたりしても、数十年といった短期間では森林の樹木の構成に変化は現れない。森林施業における野生動物保護の意義は、森林全体の変動まで考慮した長期間における影響の可能性を加えて考察する必要のある所以である。

近年、生物多様性の言葉で表現されるようになっている概念も、野生動物の保護を評価する基準として援用できる（日本生態学会、2003）。現在までに、生物学者によって学名を付され登録されている生物種の総数として言われている140万〜180万種のうち、植物は30万種ほどなのに対し、動物は100万種を大きく越える。特に、昆虫類に多くの種が記載され、人間がまだ記載し残していると推定される何千万種もの生物においても、昆虫が占める割合は大変大きいだろうと考えられている（ウィルソン、1999）。

さらに、種多様性においても生物量においても、目に見える植物や動物や菌類以外の微生物の占める割合が大きいという指摘もある（Nee、2004）。遺伝子から生態系レベルまで幅広く異なる階層に想定される生物多様性のうち、種の多様性が重用視される昆虫を中心とした野生動物の種数の多さや種数の変異・変動は、当分は生物多様性を評価する最も重要でかつ便利な指標である。

2. 野生動物とヒトとの関係

ヒトが進化して誕生して以来、著しく人口が増加し人間活動が地球上の広範囲で活発になった近世までの人類史の大部分においては、人間はみな自然を直接に利用し、自然を畏れてきた。多くの野生動物とも直接の利害関係を持ち、利害関係のある野生動物についての知識を蓄え、活用してきた。また、四千年ほど前からは、一部の動物が家畜化され、人間の管理下で直接に大きな利潤を生む動物とそれ以外の野生動物との差が生じた。

近世になって自然の利用が進み、一方で多くの都市に人口が集まり、身分や分業が著しくなり、自然と直接かかわらない人口が徐々に増加すると、自然に無関心であったり、自然を畏れることを知らない人々の割合が徐々に増加した。そのような人々は、重機を自由に使って自然の開発を劇的に進めている現代の工業国や発展途上国において、多数を占めるようになっている。

そのために、野生動物についても、言葉や映像や音声などを用い、あるいは自然の中に連れ出されて見せられ、説明されないと、野生動物の存在や重要性を実感できない人々が多いと言える。その一方で、博物学から生物学へと発展した自然科学の活動によって、多面的で膨大な生物情報が蓄積されつつある。また、チャールズ・ダーウィンを契機とした進化論と、遺伝と発生をつかさどる DNA の理解を礎とし、人とそれ以外の生物との関係性についての知識としての理解は非常に深まってきた。

近世になって、多くの生物が絶滅したり、森林など生物が豊富な自然環境が減少し続けていることに気づいた一部の人々の中から、様々な形で自然保護を訴え、そのために行動する人々が増えてきた（鬼頭、1996）。公害による劇的な人身被害を目の当たりにし、自然環境に配慮しないことによって、人間自身にとっても恐ろしい結果を招く可能性のことを学んだ。

北海道大学法学部の畠山武道氏は、大雪山に生息するナキウサギの保護を訴える側の立証負担の軽減が、行政訴訟裁判の過程で進んだと指摘する（大雪山のナキウサギ裁判を支援する会編、1997）。かつての四大公害裁判（熊本水俣病・四日市喘息・新潟水俣病・富山イタイイタイ病）の場合と同様に、日本社会の 環境保護を重視する平均的価値観や判断基準が変遷してきたのである。

原生的自然が残り少なくなり、国民の財産としての価値が高まる一方、日本人の生活は豊かになり、野生生物や自然環境を保全しようとする価値観が急激に力を増し、価値観が大きく変動している。22 世紀を待たずに、保護すべきなにかとは、すべての生物種を含む生物多様性であることが、社会的に当然のこととして認知されていくであろう。生物多様性の保存を保証することが、人間活動の正否を判断する最重要の基準となっていくであろう（レヴィン、2004）。

3. ツキノワグマの保護対策

　日本に生息する野生動物から、典型的な例をいくつかあげてみよう。アカゲラやアオゲラといったキツツキは、子供向けの絵本では「木を侵す虫を食べる森のお医者さん」というような表現が普通に受け容れられている。しかし、40年ほど前には、植林木に穴を開ける害鳥と記述されていたこともある。

　同様に、鹿児島県の奄美諸島の固有種で、絶滅危惧種や天然記念物にも指定されているアマミノクロウサギは、そこの植林不適木でさえあるスギ植林木を食べる害獣と言われていた時代があった（服部、私信）。同様に、オーストンオオアカゲラは、シイタケのほだ木を破壊する害鳥扱いをされていた

東京大学秩父演習林における生態調査で、標識計測等の後に再放獣されて立ち去る若い雄のツキノワグマ

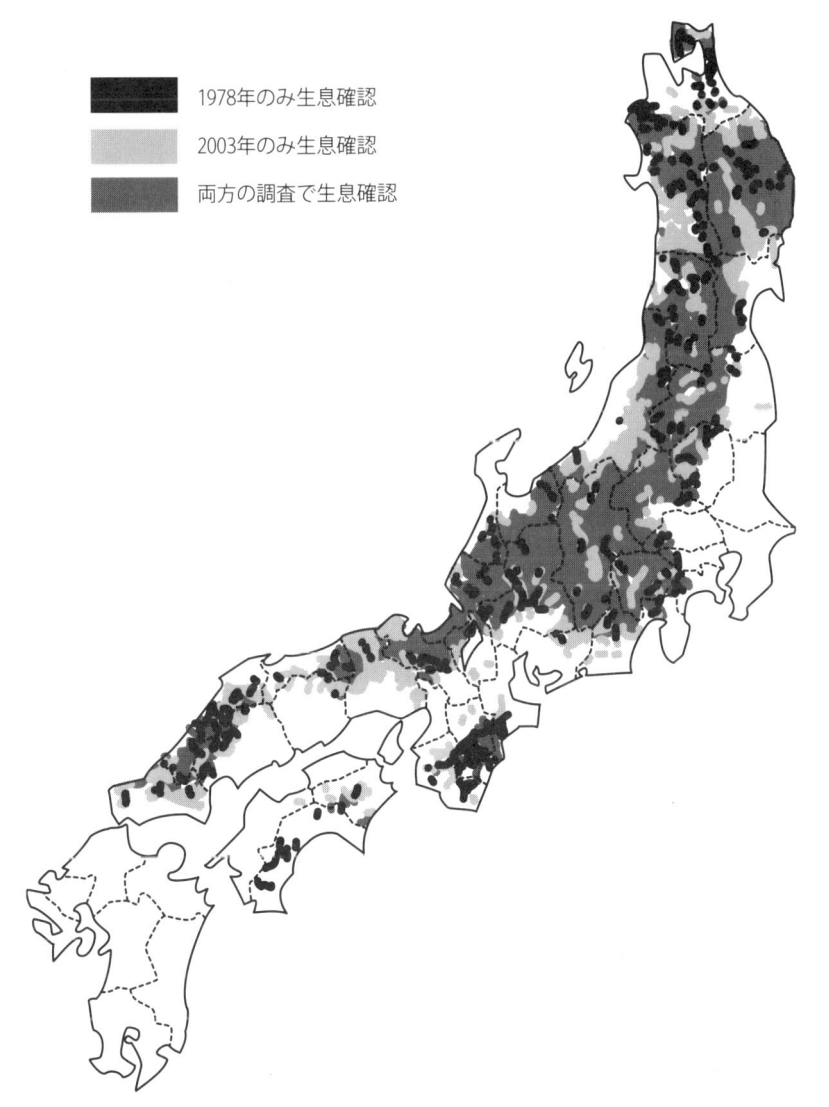

■ 1978年のみ生息確認
■ 2003年のみ生息確認
■ 両方の調査で生息確認

同一手法で実施された環境省自然環境基礎調査第2回（1978年実施）と第6回（2003年実施）の結果、ツキノワグマは大部分の地方で分布域を回復していた（環境省生物多様性センター、2004）。2007年現在、天然林資源の回復と人間活動の山林からの後退に伴って、大型野生動物の多くが個体群を回復していると推定される。

（石田、1995）。現在、これらの鳥獣を保護することに異議が唱えられることは滅多にない。しかし、実際にこれらの種が好んで生息する天然林を保全する方法については、必ずしも合意形成されていない。

　本州と四国に生息するツキノワグマは、日本の森林に生息する最も大きな動物の1つである（日高、1996）。肉食目に分類され、トラやオオカミに近縁の動物であるが、日本の森林においては、主に草や木の葉や果実、昆虫などを食べている。食物網の最も高い位置にあるわけではないが、多量の多様な植物性の食物を消費するので、ツキノワグマが生息している森林は、植物の多様性や生産量が大きいと考えられる。生産者である植物の多様性に伴って、他の動物なども多数生息していると期待されることから、森林環境を保全する上で、傘種（アンブレラ・スピーシズ）としてとりあげられる場合が多い（大井、2004）。

　ツキノワグマは、長年、スギやヒノキの剥皮害、いわゆるクマハギを起こす害獣として、駆除の対象にされてきた。拡大造林期には、積極的な駆除活動によって、四国や静岡など、局所絶滅に追い込まれた地域もある。関東から東北にかけての東日本では、まだ健全な個体群を維持しており、森林蓄積の回復や針葉樹人工林化の後退によって一部の地域では個体群が回復している可能性も高い。しかし、西日本では、絶滅（九州）あるいは絶滅の心配の高い地域個体群が大部分を占める。各地でヒノキやスギのクマハギも続き、また、農作物への加害と、近年では人に対する傷害致死の事件も少なからず発生している。

　こうしたツキノワグマによる農林業被害あるいは人身害の事前予防策として、従来はその区域の生息個体数を減らす狩猟または有害獣駆除による捕殺が主な手段として実施されてきた。しかし、捕殺によって被害が目的どおりに低下し予防されているどうかの検証は行われていない。少なくとも、捕殺が実施されているにもかかわらず、農林業被害や人身害が引き続き起こって

いる地方が多い。ツキノワグマは、成獣に対する捕殺圧によって地域個体群の絶滅確率が高くなりやすいと予想されており（三浦・堀野、1999）、なるべく捕殺個体数を少なくするために、一度生け捕りしてから、別地点に移動させて発信器や標識を装着して放獣し、個体の行動を追跡して、問題行動を繰り返す個体のみを捕殺する方法も試みられている（横山、2006）。この方法は費用と労力がかかり、その上必ずしも移動放獣の効果は高くなく、応用できる場合は限られている。

例えば、クマハギの防止策を検討するにあたって、保護しようとしている森林資源が、地域的に将来にわたって利用、管理可能であり、ツキノワグマを駆除して密度を低下させ、あるいはクマハギ防止策のための投資をして、保護する資源価値があるのかという評価が示される例はない。生息密度等を把握して絶滅確率を計算できるようにし、ツキノワグマの行動に個体差が大きいことや、堅果の結実量や事前の繁殖成功率による個体数の変動によってツキノワグマの行動が変わるであろうこと、特定の個体が特定の場所をよく利用する理由があることなどを理解し（Ishida、2001）、具体的に確率の高い予想をすることに努めれば、少なくとも長期的には、ツキノワグマ個体群の保全と被害防止の両立が容易になると期待される。

4．より具体的な野生動物管理をめざして

キツツキ類、アマミノクロウサギ、ツキノワグマのいずれの場合も、それぞれの野生動物の保護と管理のために行うべきことは、その目的を明確に認識し、目的を達成するために合理的な方法を考えることである。この場合、目的は2つに絞られる。将来にわたって生物多様性を保存する観点から野生動物の地域個体群を保存する目的と、それぞれの野生動物と人間との利益の対立（生態学的な競争）を回避または許容範囲に抑制する目的である。

こうした目的を達成するためには、保護の対象となる野生動物の生態につ

いて基礎研究を行ってよく理解することが重要である。また、生物多様性を構成する地域個体群の集団の単位を予め知っておくこと、また、その集団の絶滅確率を推定可能にする個体群パラメータ（繁殖個体数、内的増加率、齢別の死亡率、個体の生存に影響する重要な環境要素など）を把握することが望ましい。さらに、後者の目的を達成するためには、実施した対策の効果をモニターして目的の達成度を評価し、常に手法の改善に努める必要がある。生物多様性の保全と、野生動物の利用や駆除捕殺などは両立する目的だと考えるのがよい（松田、2000）。また、生物多様性の保護は、一定の静的な状態を保つことではなく、変動する系の生態学的安定性を維持することだという理解と、人間の生存にとっても重要な要素であるという理解を社会で共有する努力が求められる（レヴィン、2004）。

引用・参考文献

Barlow, C. 2001. The ghosts of evolution. Perseus Books Group, 304pp.

大雪山のナキウサギ裁判を支援する会（編）. 1997. 大雪山のナキウサギ裁判. 緑風出版, 317pp.

日高敏隆（編）. 1996. 日本動物大百科1 哺乳類1. 平凡社, 160pp.

石田健. 1995. オーストンオオアカゲラは今. 私たちの自然, 408：14－17.

Ishida, K. 2001. Black bear population at the moutainous road construction area in Chichibu, central Japan. Bull. Tokyo. Univ. For., 105：91－100.

鬼頭秀一. 1996. 自然保護を問いなおす. 筑摩書房, 255pp.

環境省自然環境局生物多様性センター. 2004. 種の多様性調査. 哺乳類の分布調査報告書, 215pp.

S. レヴィン. 2004. 持続不可能性. 文一総合出版, 375pp.

松田裕之. 2000. 環境生態学序説. 共立出版, 213pp.

三浦慎悟・堀野眞一. 1999. ツキノワグマは何頭以上いなければならないか、人

口学からみた存続可能最小個体群(MVP)サイズ. 生物科学, 51：225 — 238.

Nee, S. . 2004. More than meets the eye. Nature 429：804 — 805.

日本生態学会(編). 2003. 生態学用語事典, 共立出版, 349 — 351.

大井徹. 2004. 獣たちの森. 東海大学出版会, 245pp.

Temple, S.A. 1977. Plant-animal mutualism: coevolution with Dodo leads to near extinction of plant. Science, 197：885 — 886.

Vander Wall, S. B. 2001. The evolutionary ecology of nut dispersal. Botanical Review, 67：74 — 117.

E.O. ウィルソン. 1995. 生命の多様性 I・II. 岩波書店, 559+91pp.

横山真弓. 2006. ツキノワグマはなぜ人里に出没するのか. エコソフィア, 17：23 — 29.

第3節

ニホンジカの採食圧下における自然植生の保護

田村　淳

はじめに

　近年、ニホンジカ（以下シカ）による自然植生への影響は、全国的に問題化している。例えば、絶滅危惧植物の減少（井上、2003）やササの衰退（梶、2003）、樹木の更新阻害（TAKATSUKI and GORAI、1994；TAKATSUKI and HIRABUKI、1998；NOMIYA et al.、2003）などが報告されている。その主因は、シカの個体数の増加、誘因として狩猟圧の低下や森林伐採による餌植物の増加、暖冬化による死亡率の低下（古田、2002；三浦、1999）などがあげられている。

　神奈川県の丹沢山地では、1960年代後半からシカによる人工林の被害問題が発生して、1980年代後半から自然植生への影響が顕在化している（山根、2003）。具体的には、シカの強い採食圧が累積的にかかってきた森林、特に丹沢大山国定公園特別保護地区（1,867ha）では、希少植物の減少（勝山ほか、1997）やスズタケの退行（古林・山根、1997）、稚樹の減少（星ほか、1997）、不嗜好性植物の増加（村上・中村、1997）が報告されている。また、林床植生の退行が進んだことにより土壌流出の進行（石川ほか、2006）や生物多様性の劣化も危惧されている。そのため、林床植生の保全・再生が急務になっている（神奈川県、1999）。

　シカの採食圧から植生を保護する方法として、物理的にシカ採食を防止する方法とシカを排除する方法がある。前者の例として植生保護柵（面的保

護)、樹皮食い防護ネット(点的保護)があり、後者の例として個体数管理がある。丹沢山地では、神奈川県が1997年から林床植生の保護のために植生保護柵を設置して、上層木の保護のために樹皮食い防護ネットを設置してきた。また、2003年からは第1次神奈川県ニホンジカ保護管理計画において植生の劣化状況に応じて自然植生の回復を目的とした個体数管理を行っている(神奈川県、2003)。なお、その保護管理計画では生物多様性の保全と再生が目標に掲げられている。このように神奈川県は、他県と異なり個体数管理に先んじて植生保護柵や樹皮食い防護ネットを設置することで、自然植生の保護・再生を図ってきた。

　本節では、丹沢山地の自然植生域でとられたシカの採食圧下における植生回復対策と、その後の調査でわかってきたこと、さらに植生回復の今後の課題について紹介する。

1. 植生回復の取り組み

(1) 植生保護柵の設置(面的保護)

　林床植生の退行した地域に植生保護柵を設置する場合、その目的は主に2つある。まず、衰退しつつある植物をシカの採食から守ることで生活環を循環させること、次に、シカの採食圧が低下した際に柵外で植生回復させるための種子(遺伝子資源)の供給源とすることである。丹沢山地では、林床植生の退行が進行している丹沢大山国定公園特別保護地区から植生保護柵を設置している。特別保護地区は標高1,300 m以上の地域を中心に設定され、植生は主にブナを含む落葉広葉樹林である。

　植生保護柵の大きさは一辺40 m四方を標準として、設置する地域に複数個設置している。これは、地形の起伏、破損による全面退行の回避、および動物の移動経路を考慮したことによる。ただし、現地の微地形や樹木の成立状況に合わせているため、小さい柵では一辺10m、大きい柵では一辺50m

に及ぶものもある（入野・田村、2002）。なお、柵の色は景観に配慮して茶色に着色されている。

（2）植生保護柵設置後の林床植生の変化

シカにより林床植生が衰退した地域に植生保護柵を設置したら、林床植生は衰退前の状態に回復するのだろうか？　この問いに答えることが植生保護柵の効果を判定する鍵になろう。その基準としては、シカによる自然植生への影響として先に上げた4項目、すなわち希少植物の減少やスズタケの退行、稚樹の減少、不嗜好性植物の増加がどう変化したかを評価するのが適当と考えている。これら特定の種に着目した方法は種アプローチと呼べるもので、自然生態系に焦点をあてた生態系アプローチと比較して実際的な方法とされている（羽山、2003）。

そこで、それぞれの項目について植生保護柵設置後3年以上経過した時点で調査したところ、いずれも回復の兆しが見られた。調査地域で林床植生が退行したのは1980年代からで、衰退して約10年後の1997年に植生保護柵が設置された。そのため、林床植生が退行しても10年以内に植生保護柵を設置すれば、林床植生が回復する可能性があると考えられた。以下に、植生保護柵設置後におけるそれぞれの項目の変化について概略する。なお、調査結果の一部には1993年と1994年に試験的に設置された小規模な植生保護柵（1辺2m高さ1.5m）のものを含む。

①希少植物

希少植物の回復を評価するにあたり、当該地域の植物相を3時点で比較した。すなわち、シカの採食圧が低かった時期（1980年代中頃まで）、シカの採食圧が高かった時期（1980年代後半から現在）、シカの採食圧を排除して4年以上経過した時点である。第1、第2時点の植物相は博物館収蔵標本及び当該地域の過去の群落調査データ（宮脇ほか、1964；大野・尾関、1997）を用い、第3は現地調査した。対象とした植物種は、丹沢山地にお

いてシカの採食が減少要因とされている希少植物10種（神奈川県レッドデータ生物調査団、1995）である。それらのカテゴリーは、絶滅種が1種、絶滅危惧種が5種、減少種が4種である。

　その結果、シカの採食圧により消失したと考えられる希少植物が、植生保護柵を設置して復活したことが明らかになった（田村ほか、2005）。具体的には、対象とした10種のうちシカの採食圧が高まる前に当該地域で確認されていた希少植物は4種あって、いずれも採食圧が高かった時点では確認されていなかった。植生保護柵の設置後4年目には4種とも生育を確認でき、さらに対象とした10種のうち当該地域で新たに出現した希少植物が2種あった。

　このように、植生保護柵の設置により希少植物が回復することがわかった。しかし、個体数が少ないことで環境のゆらぎや近交弱勢による絶滅が危惧されるため、今後は遺伝的変異や個体群動態の調査が必要である。

　②**スズタケ**

　植生保護柵設置後における、スズタケの桿長の変化から評価した。植生保護柵設置時点は10cm内外だったのが、設置後3年経過して平均桿長は15.5〜17.6cmに成長した（田村、2001）。さらに、設置後6年経過した時点で約40cmに成長していた（田村、未発表資料）。一方で、柵外は現在も10cm内外で葉のサイズも小さい。そのため、柵内外の現存量の差が顕著になっている（**写真1**）。これらより、スズタケは着実に回復していると判断できる。ただし、スズタケは一般に1.5〜2.0mになることから、その程度の高さになるにはさらに時間を要するだろう。

　③**稚　樹**

　稚樹高の変化で評価した。植生保護柵設置時点と設置後5年経過した時点で16樹種を対象として稚樹高を比較したところ、どの樹種も稚樹高が有意に高くなっていた。その一方で、柵外では有意な成長を示す樹種はなかっ

写真1　植生保護柵

た。逆に、5年経過して稚樹高が有意に低くなっている樹種もあった。

　植生保護柵の設置後に稚樹高が高くなったのは、シカ採食圧の除去に加えて、スズタケがあった地域ではスズタケが退行したことも一因であろう。なぜなら、スズタケなどのササ類は樹木の更新阻害要因である（NAKASHIZUKA and NUMATA、1982）ため、本来スズタケが密生していたであろう地域ではシカの採食圧が低かった時代に稚樹は定着できなかった可能性が高い。その後シカの採食圧の高まりとともにスズタケが退行したことで、林床の光環境が改善され、実生が定着できるようになり、さらに植生保護柵の設置により実生がシカ採食から保護されて成長しているのだろう。

　④不嗜好性植物

　植生保護柵設置時と設置後5年経過した時点で、不嗜好性植物の出現頻度を比較した。柵内では統計的に有意な変化は見られなかったが、柵外でフタリシズカ、マルバダケブキが増加した。このことは、採食圧に耐性のある種が一度成立すると、シカの採食圧を除去しても林床に長くとどまるこ

第3節　ニホンジカの採食圧下における自然植生の保全　277

とを示唆している。同様な事例は、イギリスの広葉樹林でも報告されている（KIRBY、2001）。

(3) 樹皮食い防護ネットの設置（単木保護）

丹沢山地の自然植生域においてシカの樹皮食い対象木として確認されている樹種は、高木種から低木種まで多種多様である。特に、シカに頻度高く樹皮食いされている樹種には、ウラジロモミ、ミズキ、リョウブ、アオダモがある。ウラジロモミでは、胸高直径1m以上の大径木が環状剥皮により枯死する個体が1990年代に目立ち始めたため、1997年から神奈川県は県民ボランティアの協力により樹皮食い防護ネットを設置している（**写真2、3**）。

樹皮食い防護ネットの設置目的は、環状剥皮による枯死を防ぐことにより高木種から低木種の寿命を全うさせることと、種子供給源の確保にある。そのため、丹沢山地では高木種のウラジロモミをはじめ低木種のアブラチャンやサラサドウダンツツジ、カマツカにも、樹皮食い防護ネットを設置する場合がある。これまでに約1,000本の樹木に樹皮食い防護ネットを巻いてきた。

設置後9年経過（2006年10月現在）して目的を達成しつつあるが、そ

写真2　樹皮食いされて枯死したウラジロモミ

278 第3章 森林の保全・修復・再生技術

写真3 樹皮食い防護ネットを巻いたウラジロモミ

写真4 樹皮食い防護ネットを巻いて、その後倒れたウラジロモミ

の一方で新たな問題も出てきている。例えば、これまで採食されなかった樹種が新たに樹皮食いされるようになったり、樹皮食い防護ネットを設置しても強風による幹折れで枯死する個体が出てきたという問題である（**写真4**）。こうした枯死個体はネット設置前に樹皮の一部が剥皮されていたことから、剥皮部から腐朽菌が侵入して樹体を弱めたことが幹折れにつながったと推定

(4) 植生保護柵及び樹皮食い防護ネットの構造的な問題点

　植生保護柵や樹皮食い防護ネットには、いくつかの構造的な問題点がある。植生保護柵については、倒木、落枝、積雪により破損する恐れがある。実際に設置後5年経過した植生保護柵の破損状況を2地域で調べたところ、どちらも4割強の破損が見られた（入野・田村、2001）。そのため、普段から見回り、補修といった維持管理をすることが重要である。

　樹皮食い防護ネットは、5年に1回程度ネットを張りなおさないと樹木の成長に支障をきたす恐れがある。そのため、ネットについても維持管理をする必要がある。

2. 今後の自然植生の保護に向けて

　植生保護柵および樹皮食い防護ネットには、シカの採食から森林植生を保護する効果があることが実証されつつある。しかし、現在の植生保護柵やネットによる植生回復対策は、あくまでも短期的な目標を達成するための緊急措置である。長期的な目標は、柵およびネットを設置しなくても、希少植物を含めシカも他の動植物も絶滅せずに生育・生息し続ける生態系の再生である。そのため、今後も長期的な視点に立って個体数調整を含めたシカの総合的な保護管理事業を、継続的かつ科学的なモニタリングを基本とした順応型管理により実施していく必要がある。また、短期的には優先して保護すべき種を特定して、その種の生育地に柵やネットを設置していくことが望まれる。優先して保護すべき種としては、希少植物だけでなく、丹沢山地で大規模に退行しているスズタケや更新が阻害されている樹種も対象になろう。対象種をはっきりさせれば、自ずと保護すべき場所も決まってこよう。例えば、絶滅危惧種を回復させるなら、それらが多く集中して分布するような地域に柵を設置することが有効となるし、稀少植物もスズタケも生育していな

い地域では後継樹群の成立を目的として柵を設置できる。いずれにしても、対象種の分布情報を把握することが重要になっており、そうした生物多様性情報の収集が自然植生やシカを含む野生生物の保護・保全対策に不可欠になっている。

引用文献

古林賢恒・山根正伸．1997．丹沢山地長尾根での森林伐採後のニホンジカとスズタケの変動．野生生物保護，2（4）：195 — 204．

古田公人．2002．ニホンジカ個体数増加の背景と原因．林業技術，724：2 — 6．

羽山伸一．2003．神奈川県丹沢山地における自然環境問題と保全・再生．「自然再生事業」．鷲谷いづみ・草刈秀紀（編）．築地書館，250 — 277．

星直斗・山本詠子・吉川菊葉・川村美岐・持田幸良・遠山三樹夫．1997．丹沢山地の自然林．「丹沢大山総合調査報告書」（財）神奈川県公園協会・丹沢大山自然環境総合調査団企画委員会（編）．神奈川県環境部，175 — 257．

井上健．2003．シカ植食防止要望書について．日本植物分類学会ニュースレター，9：10 — 11．

入野彰夫・田村淳．2002．丹沢山地の特別保護地区内における植生保護柵の設置実績と破損状況．神奈川県自然環境保全センター，自然情報，1：29 — 32．

石川芳治・白木克繁・戸田浩人・宮　貴大・鈴木雅一・内山佳美．2006．丹沢堂平地区のシカ食害地における林床植生、リター堆積量および土壌浸食量．日本関東支論，57：259 — 261．

梶光一．2003．エゾシカと被害：共生のあり方を探る．森林科学，39：28 — 34．

神奈川県．1997．丹沢大山自然環境総合調査報告書．神奈川県．

神奈川県．1999．丹沢大山保全計画．神奈川県環境部自然保護課．

神奈川県．2003．神奈川県ニホンジカ保護管理計画．神奈川県環境農政部緑政課．

神奈川県植物誌調査会編. 2001. 神奈川県植物誌 2001. 神奈川県立生命の星・地球博物館.

神奈川県レッドデータ生物調査団. 1995. 神奈川県レッドデータ生物調査報告書. 神奈川県立生命の星・地球博物館.

勝山輝男・高橋秀男・城川四郎・秋山 守・田中徳久. 1997. 植物相とその特色Ⅰ. 種子植物・シダ植物.「丹沢大山総合調査報告書」神奈川県公園協会・丹沢大山自然環境総合調査団企画委員会（編）. 神奈川県環境部, 543 — 558.

Kirby, K.J. 2001. The impact of deer on the ground flora of British broadleaved woodland. Forestry74（3）: 219 — 229.

小金沢正昭. 1998. 県境を越えるシカの保護管理と尾瀬の生態系保全. 林業技術, 680 : 19 — 22.

三浦慎悟. 1999. 野生動物の生態と農林業被害. 全国林業改良普及協会.

宮脇昭・大場達之・村瀬信義. 1964. 丹沢山塊の植生.「丹沢大山学術調査報告書」国立公園協会（編）. 神奈川県, 54 — 102.

村上雄秀・中村幸人. 1997. 丹沢山地における動的・土地的植生について.「丹沢大山総合調査報告書」神奈川県公園協会・丹沢大山自然環境総合調査団企画委員会（編）. 神奈川県環境部, 122 — 167.

Nakashizuka, T. and Numata, M. 1982. Regeneration process of climax beech forests Ⅰ .Structure of a beech forest with the undergrowth of Sasa. Jap. J. Ecol 32 : 57 — 67.

Nomiya, H.,Suzuki, W,Kanazashi, T., Shibata, M.,Tanaka, II. and Nakashizuka, T. 2003. The response of forest floor vegetation and tree regeneration to deer exclusion and disturbance in a riparian deciduous forest, central Japan. Plant Ecology 164 : 263 — 276.

大野啓一・尾関哲史. 1997. 丹沢山地の植生（特にブナクラス域の植生について）.「丹沢大山総合調査報告書」神奈川県公園協会・丹沢大山自然環境総合調

査団企画委員会（編）．神奈川県環境部，103 — 121．

Takatsuki, S. and Gorai, T. 1994. Effects of Sika deer on the regeneration of a Fagus crenata forest on Kinkazan Island, Northern Japan. Ecological Research 9: 115 — 120.

Takatsuki, S. and Hirabuki, Y. 1998. Effects of Sika deer browsing on the structure and regeneration of the Abies firma forest on Kinkazan Island, Northern Japan. J. Sustainable Forestry, 6 (1/2): 203 — 221.

田村淳・入野彰夫．2001．丹沢山地の特別保護地区に設置された植生保護フェンス内の植生．神奈川県自然環境保全センター研究報告，28：19 — 27．

田村淳・山根正伸．2002．丹沢山地ブナ帯のニホンジカ生息地におけるフェンス設置後5年間の林床植生の変化．神奈川県自然環境保全センター研究報告，29：1 — 6．

田村淳・入野彰夫・山根正伸・勝山輝男．2005．丹沢山地における植生保護柵による希少植物のシカ採食からの保護効果．保全生態学研究，10：11 — 17．

山根正伸．2003．ニホンジカ被害問題に残されている課題、神奈川県丹沢山地の経験から．森林科学，39：35 — 40．

第4節

絶滅危惧の希少樹種とその保全

金指　あや子

1. 日本における絶滅危惧種の現状

　日本に生息・生育する動植物は9万種以上と言われ、面積の割に種数が多く、固有種の割合も高いという特徴がある。それは、多くの生物の生息・生育地となる森林の面積割合が高いことに加え、日本が南北に長く連なる多くの島で構成される島国で、標高差の大きな複雑な地形であるため、多様な環境が存在し、さらにヨーロッパなどと比べて氷河期の影響が少なかったため、遺存種が多いことなどによると言われている。

　このように多様性に富んだ豊かな生物相を持つ日本においても、生物多様性保全の緊急性は決して他国の問題ではない。2001年7月までにまとめられた環境省のレッドデータリストによれば、絶滅危惧種は動物で669種、地衣・蘚苔類なども含めた植物等で1,994種にのぼる。種の総数に対する絶滅危惧種の割合を分類群ごとにみてみると、魚類と貝類でそれぞれ約25％、また哺乳類や維管束植物もそれぞれ約24％となっている。つまりこれらの分類群では、およそ4種に1種が絶滅の危機にさらされていることになる（環境省自然環境局、2002）。

　1989年に植物のレッドデータブックが初めて作成された段階では、日本に生育する維管束植物のおよそ6種に1種が絶滅危惧種と発表され、当時の社会に大きな衝撃を与えた（岩槻、1992）。しかし、それから8年後の1997年、維管束植物についてのレッドリストが改訂され、上述の「4種に

1種」という結果が示された。前回のとりまとめ時と比べて基準の改変など多少の違いはあるものの、状況は改善するどころかさらに深刻化していることが明らかになった。

2．絶滅危惧木本植物の現状と減少要因

図1に、2000年環境省レッドデータリスト8植物Ⅰ（環境庁、2000）の中で絶滅危惧種にリストされた261種の木本植物について、その減少要因を示した。国土地理院の2万5000分の1の地形図を1メッシュとして、減少要因として挙げられたメッシュの数を集約したものである。これによれば、これらの木本植物が絶滅危惧に追い込まれるようになった最大の原因は、土地の造成・道路工事・河川や湿地等の開発など「各種の開発」で、それに続いて「森林の伐採」があげられる。当然とはいえ、日本でも開発や森林伐採による生息・生育地の直接の消失や破壊が、木本植物の生存に深刻な影響を与えていることは明らかである。また山野草の盗採・販売に象徴されるような「濫獲」も見逃すことのできない重要な要因である。木本植物では濫獲による減少はツツジ類に集中しているのが特徴的である。

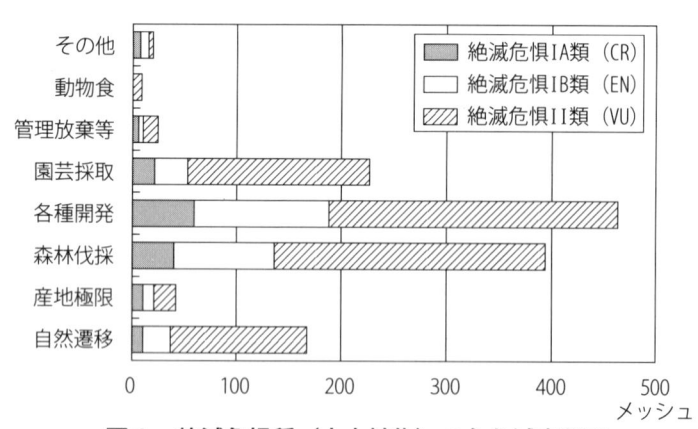

図1　絶滅危惧種（木本植物）の主な減少要因

また、近年では里地・里山や草地において古くから人間の働きかけとともに育まれた多様な生物相が、人間の生活様式の変化による生育環境の改変、劣化・縮小に伴って失われていくケースが目立つ。さらに、海外から国内に持ち込まれた動植物（いわゆる移入種）が野生化し、国内種の生存を脅かしている現状も大きな問題となっている（鷲谷、1998、2000；松浦、2005）。このような状況は植物だけでなく、動物や昆虫類、さらには魚類など様々な生き物たちにも同様に深刻な影響を与えていることは言うまでもない。人間の活動によって急速にその生存が脅かされている野生生物を保全することは、人間の責務である。

　樹木は陸上生態系で1次生産の多くを担い、野生生物に多様な生息場所を提供している。特殊な生態系を構成する希少樹種を生息域内で保全することは、その生態系に含まれる多様な生物種の保全につながるので、生物多様性を維持するうえで重要である。

　以下、人為的要因によって絶滅の危険にさらされている日本の主な希少樹種の現状と保全について、主な事例を紹介する。

3. 希少樹種の現状と保全

（1）個体の分布密度の低下による繁殖力の低下

　絶滅の危機に直面している日本の主要な希少樹種の現状を概観すると、主要な衰退要因の第1は更新不良である。

　森林における土地利用の変更や開発、あるいは伐採・植林などの林業活動は、希少樹種の生育地や個体を直接消失させるだけでなく、小集団化・分断化、さらには個体分布密度の低下をもたらし、他殖性の樹木にとっては他家受粉の機会を減少させることにつながる。その結果、花粉制限によって種子の生産性が低下したり、自家受粉率が相対的に高まって、種子や実生の定着などの次世代更新の様々な段階で自殖弱勢が起こるなどの悪影響がもたらさ

れる。もともと生育地や個体数が限られている希少樹種においては、このような影響は特に深刻である。

　マツ類など針葉樹の多くは他殖性であるが、自家不和合機構を持たないため、自家受粉でも種子生産は可能である。しかし、一般に自家受粉をすると、致死遺伝子の働きでシイナが形成される割合が高まる。シイナのできる程度は、個体ごとに遺伝的に保有している致死遺伝子の量によって異なり、保有量の多い個体ほど、自家受粉由来種子のシイナ率は高まる（Kanazashi et al.、1990）。このような傾向は、シイナの形成が自殖以外の他の要因による影響が小さいマツ類では特に顕著に見られる。

　屋久島と種子島にのみ分布する五葉松の一種のヤクタネゴヨウ（絶滅危惧IB類，マツ科マツ属）は、主に過去の伐採によって個体数が著しく減少し、さらに近年は生育地内で枯立木が多く観察され、その原因としては、マツクイムシ被害の影響も指摘されている（Nakamura et al.、2001）。ヤクタネゴヨウの自然受粉種子はシイナ率が極端に高いものが多く、更新不良の重要な要因であることが以前から指摘されている（林、1988；山本ら、1994）。しかし、孤立的に生育しているヤクタネゴヨウ個体に人工交配で他家受粉をさせると、自然受粉種子の充実種子率（平均32.1％）に比べて、いずれも高い充実種子率（平均84.1％）が得られたことから、これらの個体は、自然状態では主に自家受粉しか行われておらず、その結果、種子の生産性が低下していることが認められた（金指ら、1998）。このため、現在、孤立分布しているヤクタネゴヨウは、このままでは健全な次世代を残すことができないと考えられる。

　このような状況の中、平成12年度から5カ年計画で、残存するヤクタネゴヨウの成木から採穂して接ぎ木によってクローン個体を養苗し、生育地外に植栽する現地外保全が事業的に進められた（九州森林管理局、2004）。このような現地外保全によって、ヤクタネゴヨウが林分状態で生育すれば、他

家受粉条件も改善され、個体の成長に伴って健全種子の生産も期待される。特に、現在、残存個体数が 100 〜 200 個体程度と推定され、それぞれの個体の分布における孤立化が進んでいる種子島のヤクタネゴヨウについては、残存個体の遺伝的多様性を維持した次世代集団を形成するため、残念ながら、このような人為的管理を行わなければならないような状況にまで陥っているといえる。

なお、ヤクタネゴヨウと同じ五葉松であるヒメコマツは、絶滅危惧種にはリストされていないが、房総半島では、急峻な岩場にまばらに分布しているものが多く、これらのヒメコマツにおいても、種子生産が不良である状況が報告されている。これらの個体に対して、人工他家交配によって種子生産の回復を認めた事例があり（明石、未発表；池田ら、2005）、自然状態で他家受粉が行われにくい状態は、ヤクタネゴヨウと同様であると考えられる。

一方、本州中部の亜高山帯に遺存的に分布するトウヒ類は、拡大造林の一環として進められたカラマツの植栽によって多くの生育地が失われた。これらのトウヒ類は種子生産の豊凶が激しいため、種子の生産状況は十分には確認されていない。しかし、これらのトウヒ類の中でも、特に単木的に分布しているヒメバラモミ（絶滅危惧 IA 類，マツ科トウヒ属）については、これまでに調べられた種子のシイナ率が高く、さらに、母樹周辺にある稚樹の遺伝子解析などから、その多くが自殖種子由来であることが認められている（勝木ら、2004）。このように孤立的に分布する個体では他家受粉条件が悪く、相対的に自家受粉の割合が高くなるため、花粉制限に加えて自殖弱勢によって種子の生産性が低下し、マツ類と同様に健全な他殖種子の生産は非常に困難な状況であると考えられる。

このような種子生産の低下は、シデコブシ（絶滅危惧 II 類，モクレン科モクレン属）でも同様に認められている。シデコブシは東海丘陵要素植物の 1 つであり、岐阜県東濃地域を中心に伊勢湾を取り囲む地域に点在する小湿

地にのみ分布する。これらの湿地を含む丘陵地帯は名古屋という大都市近郊に位置し、これまでに多くのゴルフ場や宅地の開発が行われてきた。このため、シデコブシの生育地の消失、分断・孤立化が大規模に進んでいる。特に生育地の小集団化や個体の分布密度が低下しているシデコブシ集団においては、他家受粉が極端に少ない結果、花粉不足と自家受粉によって種子の生産は著しく減少し、さらに近親交配の程度は、集団が小さいほど高まっているという危機的状況にある（石田、2004）。

なお、遺伝的多様性の稿（第1章第6節）でも示したように、シデコブシは地域集団ごとに遺伝的な分化の程度が比較的高い（河原・吉丸、1995；中島・坂井、2003）。このため、他地域からの植栽導入はもとより、同じ地域内の局所集団間においても、種苗の植え戻しのような保全作業は特に慎重に行う必要がある。

（2）湿地開発や河川改修による更新サイトの減少

小集団化に伴う種子生産性の低下と同様、希少樹種の更新を妨げる主要な要因の1つに更新サイトの消失がある。

恵那山を中心とし、岐阜県東濃地域、長野県南西部、愛知県北東部にかけての地域で、湧水のある小湿地や高層湿原に分布するハナノキ（絶滅危惧II類，カエデ科カエデ属）は、シデコブシと同様、東海丘陵要素植物の1つである。ハナノキが生育する里山にある小湿地は、昭和40年代に進められた水田の開発・整備、ゴルフ場や宅地開発などによって、シデコブシと同様に、生育地の大規模な消失や集団の分断・孤立化が進んでいる。さらに、従来は開発の対象にされてこなかった残された湿地についても、近年では、工場やゴミ処理場などの施設用地として、開発の対象となっている場合も多い。

ハナノキは雌雄異株であるため、自殖の影響は直接には現れない。また、種子も大量に生産され、上記のような花粉制限による種子生産性の低下は明らかには認められない。しかし、現在、ハナノキの局所集団の多くは個体数

が非常に少ないうえ、自生地内では実生の更新は極めて稀であり、ハナノキ集団の存続にとって、更新不良は大きな問題となっている（鈴木ら、2004）。

更新不良の第1の原因は、湿地依存であるハナノキの更新特性に適した更新サイトが次第に減少したためと考えられる。近年、里山環境が大きく変化する中、放置林分が増加し、また人工林内の植栽木が成長し、間伐の手遅れも相まって、生育地やその周辺の光環境が悪化している。これが、ハナノキの更新サイトの環境を大きく変化させていると考えられるが、このような場所では、部分的な伐採や間伐などがハナノキの更新サイトの形成に寄与するであろう。なお、谷地湿地に生育するハナノキの集団は、必ずと言っていいほど、休耕田と隣接していることが多い。このような休耕田に繁茂する雑草や雑潅木を刈り払い、ミズゴケが分布する本来の更新サイトに近い湿地環境を整えることで、ハナノキの更新サイトの復元や創出が可能になると考えられる。

一方、近年の治山・治水や砂防を目的とする河川改修により、その更新サイトが奪われている樹種もある。

ユビソヤナギ（絶滅危惧IA類，ヤナギ科ヤナギ属）は、群馬県湯檜曽川、福島県只見川水系、宮城県江合川・鳴瀬川、岩手県和賀川などに隔離分布する。河川によって形成された特異な環境に成立し、河川の自然攪乱体制の下で更新や個体群の維持が図られている。しかし、全国的に進められている砂防ダムの構築、護岸工事などにより、ユビソヤナギの生育地や更新サイトとなる砂礫堆積地が著しく減少し、さらに生息場所が河川攪乱体制から取り残されるなどして、集団の縮小・分断・孤立化が進んでいる。すでに、河川改修が進み、新たな攪乱が発生できないような生育地においては、人工的に更新サイトを創出するなどの人為的管理が必要である（鈴木、2004）。

（3）種間雑種形成による遺伝的劣化

小笠原諸島に固有なオガサワラグワ（絶滅危惧IA類，クワ科クワ属）は、

緻密な材質が好まれ、高級材として明治期に大量に伐採され、個体数が激減し、現在では200本程度しか残存しないといわれている。一方、養蚕での利用のためにシマグワが植栽導入され、現在では相当数の個体が野生化している。シマグワはオガサワラグワと容易に交雑するため、交雑の進行によって、純粋なオガサワラグワが失われることが危惧されている。小笠原では、すでに若木に成長している種間雑種も確認されているが、これに対して、最近、両種を識別する遺伝マーカーを用いた解析により、葉の切り込みの有無などの形態的特徴から、正しく雑種か純粋種かを区別できることが明らかにされている（Tani et al.、2003）。このため、実生稚樹の葉の形態から、雑種を取り除くことは技術的に可能となっている。地道な作業とはなるが、稚幼樹の中から雑種を取り除き、同時に純粋種の実生を増やすような管理が求められている。

　しかし、一方で、小笠原では明治期の入植に伴って導入したヤギが野生化し、その食害により地域によっては赤土が露出するまで植生が破壊されている。また、過去に小笠原に木材生産を目的に植栽導入されたアカギは、強い繁殖力によって分布を急激に拡大し、他の植物を駆逐し、小笠原の森林性体系に深刻な状況を引き起こしている。オガサワラグワの保全においては、雑種の排除だけではなく、このような多くの問題にも対処しなければならないという困難な課題もある。

おわりに

　希少樹種は、その存在そのものが、生物多様性の幅を広げる重要な要素である。ここで紹介した希少樹種はごく一部にすぎないが、それぞれが特有の森林生態系を構成し、その生態系の中ではさまざまな野生生物が生育する。これらの希少樹種は生物多様性のゆりかごの支柱のような存在ともいえる。しかし同時に、それぞれは人為的影響によって衰退し、減少している最中に

ある。

　種の総数（個体数）としてはまだ危機的な状況ではないと判断される場合でも、局所集団としての存続が厳しい事例は、さまざまな場所で認められる。一口に「保全」といっても、衰退要因によってその保全方法も異なる。本来の自然の回復力で、次世代集団が形成できれば理想である。しかし、危機的状況が厳しい集団については、すでに単なる生育地の保護や囲い込みだけでは持続的な集団の維持には対処できない状況にある。これらの地域集団は、遺伝的多様性の章でも触れたとおり、生物多様性の重要な要素であり、安易に失われて良いものではない。希少樹種の保全においても、地域集団の保続を念頭におき、それぞれの実情に応じて、人為的管理を含めた適切な保全対策を早急に取る必要がある。

引用文献

林重佐．1988．ヤクタネゴヨウ（アマミゴヨウ）の保護と保存，林木の育種 147．

池田裕行・遠藤良太・尾崎煙雄・藤平量郎．2005．房総半島におけるヒメコマツの保全－人工交配による種子の稔性向上－．林木の育種「特別号」：10 － 13．

石田 清・平山 貴美子・戸丸 信宏・鈴木 節子．2004．小集団化がシデコブシの遺伝的荷重に及ぼす影響―推移確率行列モデルによる予測．第 51 回日本生態学会大会講演要旨集：282．

岩槻邦男．1992．滅びゆく日本の植物 50 種（編著）．築地書館，206pp．

Kanazashi, A., Kanazashi, T. and Yokoyama, T. 1990. The relationship between the proportion of self-pollination and that of selfedfilled seeds in consideration of polyembroyny and zygotic lethals in *Pinus densiflora*. J. Jpn For. Sci., 72：277 － 285.

金指あや子・中島清・河原孝行．1998．ヤクタネゴヨウの遺伝資源保全研究．林木の育種，188：24 － 28．

環境庁自然保護局野生生物課. 2000. 改訂・日本の絶滅のおそれのある野生生物 8 植物 I（維管束植物），484pp.

環境省自然環境局. 2002. いのちは創れない 新・生物多様性国家戦略，25pp.

河原・吉丸. 1995. シデコブシとその遺伝的変異. プランタ，39：9 — 13.

勝木俊雄・島田健一・吉丸博志. 2004. 絶滅危惧種ヒメバラモミの更新における自殖の影響. 日本林学会大会学術講演集，115：403.

九州森林管理局. 2004. ヤクタネゴヨウ増殖・復元緊急対策事業報告書（平成 15 年度），38pp.

松浦啓一. 2000. 移入種による生物多様性の攪乱. 生物科学，56：66 — 68.

中島美幸・坂井至通. 2003. 東濃地域に分布するシデコブシの遺伝的多様性. 岐阜県森林研研報，32：15 — 20.

Nakamura, K., Akiba, M. and Kanetani, S. 2001. Pine wilt disease as promising causal agent of the mass mortality of *Pinus armandii* Franch. var. *amamiana* (Koidz.) Hatusima in the field. Ecological Research, 16：795 — 801.

鈴木和次郎・金指あや子・大住克博. 2004. 希少樹種ハナノキは、どのように個体群を維持してきたのか？ 第 115 回日本林学会大会.

鈴木和次郎. 2004. リレー連載 レッドリストの生き物たち（16）稀少樹種ユビソヤナギ. 林業技術，746：32 — 33.

Tani, H., Kawahara, T. Yoshimaru, H. and Hosh, Y. 2003. Development of SCAR markers distinguishing pure seedlings of the endangered species *Morus boninensis* from *M. boninensis* × *M. acidosa* hybrids for conservation in Bonin (Ogasawara) Islands.Conserv genet 4：605 — 612.

鷲谷いずみ. 1998. 侵入植物が生物多様性に及ぼす脅威. 遺伝，52：18 — 22.

鷲谷いずみ. 2000. 外来植物の管理. 保全生態額研究，5：181 — 185.

山本千秋・明石孝輝. 1994. 希少樹種ヤクタネゴヨウの分布と保全について（予報）．105 回日林講，750.

第5節

景観の保全と創造

奥　敬一・深町加津枝

1．森林風景計畫

「思ふに計畫者の任務は、森林を風致的に解剖し批判し、その長所を發見して、之を助長すると共に、短所を見出して之を蔽ふやうに努めることである。」

日本の国立公園制度の父といわれ、自然風景に関する多くの業績を残した田村剛は、著書の中でこのように述べている。この一文が書かれた「森林風景計畫」（1929）は、新島善直、村山醸造の「森林美学」（1918）とともに、森林景観を技術や計画の対象として体系的に扱った、国内では最初期の文献であるが、ある意味この一文の中に森林景観に対する考え方の本質が集約されているといっても過言ではない。この文章に託された考え方を、私見も交えながら、現代的な言い回しで整理してみよう。

「森林を風致的に解剖し批判」する

これはつまり、計画の対象としている森林を景観の観点から解析し、適切に評価することを示している。そこには、単に現状の森林景観の善し悪しだけではなく、その場所自体が持っているポテンシャルの高低も含めて見極めることが要求されていると言えるだろう。

「長所を發見して、之を助長する」

ここでは、上で見極められた高いポテンシャルを持つ部分を、できるだけよい状態に保つとともに、よい面を効果的に見せて景観面の機能を最大化す

ることを求めている。つまり、「ポジティブマキシマム」の発想を示していると言える。現状の景観がすぐれている場所を保全することはもちろんであるが、人の利用の面から潜在的に景観のポイントとなるような場所に対しても、景観を磨く作業が必要なのである。

「短所を見出して之を蔽ふ」

逆に景観的に好ましくない状態の部分や、そういう状況を引き起こす作業については、それが目立たぬように策を講じて、マイナスの部分を最小化することが求められる。これが、「ネガティブミニマム」の発想である。

そして、森林景観の保全や創造を計画的に考える優先順位もまた、この順番と言えるだろう。まず、森林を広範囲でとらえてどこが重要なのかを評価し、そこからそれぞれの地点に適した施業なり整備の方向性をあてはめていく、という流れである。

2．風致施業の登場

このような森林景観を保全あるいは創造するための施業は、これまで「風致施業」という名前で知られてきた。

戦前（1933）には京都の嵐山国有林において、大阪営林局（当時）による「嵐山風致林施業計畫書」が策定された。これは森林景観のための具体的な風致施業計画としては、まさに嚆矢となるものであり、続いて同じく京都の東山国有林でも風致施業計画が策定された。ところが戦後になり、高度成長に伴う木材の高需要期に再び現れた風致施業は、等高線伐採や不可視域での伐区設計といった事例に代表される、「短所を蔽ふ」施業がほとんどであった。それに対して、伐採跡を目立たなくする、あるいは見えない場所で伐採するという「隠す」風致施業ではなく、より積極的に森林景観を向上させる「見せる」あるいは「魅せる」風致施業を目指すべきであるという指摘は、1970年代後半から現れ始めることになる。

それから四半世紀の間、日常・非日常の風景としての森林の重要性についての認識は深まり、森林の持っている美しさや楽しさを効果的に発揮させる施業技術に対する期待は、一層高まってきたのだが、その間、「長所を助長する」風致施業や、さらにその前段階にあるはずの「森林の風致的な解剖と批判」の部分はどのように扱われてきたのだろうか。以下では、この1970年代後半以降の時期に焦点を当てて、この部分を担うはずだった「見せる風致施業」に関連して得られた知見、語られてきたこと、そして充分に議論されてこなかった事柄を、研究と実践事例の報告から整理してみたいと思う。

3.「見せる風致施業」がたどった道

対象とした資料は、学術雑誌として日林誌、日林論、各支部会誌、森林計画学会誌、造園雑誌（ランドスケープ研究）などのほか、各大学紀要・報告、日林学術講要、林業技術誌、地域林試報告、営林局（森林管理局）業務研究報告、主要な単行書であり、森林総合研究所の森林・林業関連文献データベースである「Folis」による検索を中心に抽出した。特に現場での実践事例報告の収集は Folis による検索に大部分を依拠しているため、入手できなかった関連研究や報告、事例も多数あるものと思われるが、概略の傾向ということでご了解をいただきたい。また、「見せる風致施業」に話題を絞り、等高線伐採や不可視域での伐区設計といった「隠す風致施業」についても省いている。以下の文中に記載する事例数は、この作業に基づくものである。

さて、先にも記したとおり、「見せる風致施業」論は「隠す風致施業」に対する反省として登場してきたものである。その目指したところは、以下に要約することができる。

（1）ネガティブミニマムからポジティブマキシマムへの発想の切り替え
（2）景観の中での森林以外の要素との組み合わせの重視
（3）視点と視対象との関係性の重視

(4) 前提としての景観計画の必要性

そして、これらを実現するために求められていた技法・技術としては、以下のようなものがあった。

(a) 景観的に重要な箇所の判別と施業の適地選定
(b) コンピューターグラフィックスによる景観シミュレーション
(c) 計画の対象となるシーンを適切に評価できる景観評価手法の確立
(d) 伐採、間伐、密度管理、林床管理、混交林化や風致樹導入などの施業技術の体系化

これらのうち、(a)～(c)の技法や解析技術は、いずれも同時期に発達した計算機の能力に負うところが非常に大きいものであった。

最初に研究面から、これらの課題がどのように扱われてきたのかを見てみたい。まず、(a)の適地選定技術については、地図をメッシュに区切って1つ1つのメッシュの属性(植生や地形条件、標高データなど)から景観的な重要性や利用適性を判定する手法(メッシュアナリシス)による分析が種々試みられ、被視頻度(ある地点が主要な視点からどれくらい見られやすいか)解析などの手法が確立されている。また、(b)のＣＧシミュレーションもハードウェア、ソフトウェアの発達に伴って、初期の線画状のシミュレーションからリアルな森林景観の再現まで技術が進展している。

個々の林分を美しく見せるという観点から森林風致研究の中心となってきたのは、(c)にあたる景観評価であり、多くの実証的研究が積み重ねられてきた(39事例)。中心は一般の被験者を対象とした計量心理学的な実験であり、特に、意味微分法(Semantic Differential 法、略してSD法)といわれる10～20対程度の形容詞対を用いた景観のイメージ評定実験の蓄積が進んできた(18事例)。そうした研究の結果、森林景観のイメージを表現する多様な評価語(例えば、明るい—暗い、暖かい—冷たい、など)が、どのような評価軸(例えば、自然性因子や開放性因子など)に集約されるのかに

関しては多くの知見が得られている。

　景観評価のもう1つの流れとして、森林管理の操作対象となる林分の物理的な構造（例えば、立木密度や下層植生の状態など）を、景観あるいは空間利用上の好ましさと関係づけて指標化を試みた研究も多く存在している（20事例）。おおむねどの樹種においても、数百本～1,000本／ha以内の立木密度で、景観的にもレクリエーション利用性からも好ましい評価が得られることが、共通の結果として示されてきている。この両タイプの研究がほぼ半分ずつを占めているというのがこれまでの森林景観評価研究の大勢であるが、一部には、さらにSD法によって抽出されたいくつかの景観評価軸と、物理的指標とを関連づけようとした報告も見られた。

　一方、森林管理の現場では、主に（d）にあたる施業技術の実践の部分を担ってきた。実践事例において大きな比重を占めてきたのは、密度管理によって森林風致の形成を試みた事例である（12事例）。針葉樹人工林で6事例、天然林（広葉樹二次林）で6事例が見られた。間伐を通して人工林や広葉樹二次林を景観的に向上させようとした事例では、群状保残間伐や風致間伐と呼ばれる手法が用いられていた。既存の人工林を天然林型に誘導したり、風致樹の導入を行った事例も見られた。天然林型への誘導事例に用いられた施業方法としては、群状択伐や画伐、あるいは択伐に風致樹種の保残を組み合わせたものがあった。その他に、レクリエーション林を総合的に整備し、利用空間を改善しようとした取り組みとして、眺望の確保のための通景施業や沿道の樹木の密度管理が2事例見られた。

　こうした林分単位での施業の試みについての報告はそれなりの数が存在していたが、施業前の計画段階における景観上重要な林分の判別や可視特性の解析による施業適地の判別といった事例は極めて少なく、今回の資料では1事例にとどまっていた。

　以上のように、研究、実践ともに一定の知見の積み重ねは進んだものの、

この間、双方の知見を積極的に統合しようとする試みは充分になされたとは言えなかったし、風致施業も決して定着はしなかった。そこにはもちろん、風致施業の主な実施者であった国有林の余力の低下という大きな要因もあったにせよ、大きくわけて3つのギャップが横たわっていたように思える。

第1のギャップは、SD法などを用いた研究から導かれる多元的なイメージ評価と、実際の森林管理・施業との間のギャップである。SD法とそれに伴う因子分析による評価軸の抽出は、人々の森林景観に対する認識の構造を明らかにするという点では貢献を果たしてきたが、実際の施業・管理の対象となる林分の物理的な指標との関連の整理は、立木密度に関するものを除けばわずかである。つまり、例えば「自然性」という評価軸が重要であることが明らかにされたとして、それを向上させるために森林の何をどう操作すればよいのかについての情報は、ほとんどなかったのである。さらに言えば、森林とは直接関係しない形容詞対も含まれる個々の評価言語を、「○○性」という漠然とした評価軸に集約することが本当に意味のあるものなのか、という問題をおきざりにしてきたことも、心理実験と施業技術との翻訳可能性を妨げてきた一因と考えられる。

第2のギャップは、風致施業の実践事例において事前・事後の景観評価が十分なされていないことである。原則的に風致施業が、それを見る人の存在（そして多くの人の目に触れること）を前提としている以上、施業実施の前とその後の経過に沿った時系列的な景観評価は行っておくべきものであった。こうしたデータが蓄積されていないため、将来の風致施業技術のための貴重な情報が見過ごされている可能性がある。効果の高い使える技術はどれだったのか、継続して施業を実施する必要性はないのか、といった知見は切に求められるものである。また、風致施業として提案されてきた技術の、生態学的、造林技術的観点からの検討にも、いまだ多くの余地が残されている。

第3のギャップは、個々の林分に対する施業と、その上位に来るべき広域

スケールでの景観計画とのギャップである。冒頭から記してきたように、より望ましい森林景観を形成する前提としては、まず一定の範囲の中でどこが大事な景観なのか優先順位をはっきりさせ、それぞれの場所でどのような森林を目指すのかを示す計画が必要とされている。しかし、多くの実践例では、なぜその場所が選ばれたのかという根拠が希薄なまま施業が実施されている感は否めない。また、その場所でどのような森林を将来の目標像とするのかについても、決して明確とは言えなかった。

「見せる風致施業」すなわち、美しい森林景観をつくる技術を向上させるためには、これらのギャップを1つ1つ埋めていく必要があると言えるだろう。とりわけ、景観計画―事前評価―施業―事後評価―継続的なモニタリングという基本的なプロセスを踏むことは、見直されなければならないだろう。さらに、計画の中で施業の目標像を確定するには、そのモデルとなる「美林」の存在も重要である。それは誰の目にも美しく見える森であるかもしれないし、その地域に固有の風景を形づくる森かもしれない。いずれにせよ、評価研究を通した「美林(モデル)」の発見とその成因の解明も、これからの「見せる風致施業」を支える基盤となるだろう。

ここまで「風致施業」という、やや手あかのついた言葉を対象として話を進めてきた。しかし、そういう名前の施業があったことについては、もはや森林・林業関係者の間でも、省みられることが少なくなっているのではないかと思う。

だが、風致施業がたどってきた道を振り返り、そこにどのような問題があったのかを見ておくことは重要なことだと思う。おそらくこれからも、風致施業に代わる別の何らかのキーワードとともに、森林の空間的な利用に関係する様々な事業や施策が行われ続けることは間違いがない。そのときに同じ轍を踏まないためにも。

4. 結びにかえて

　さて、もう一点、「森林」と「景観」とが交じり合う場所で最近気になっていることがある。

　森林管理に関連して「景観」や「里山」というキーワードが存在感を増していく中で、多くの自治体や公的機関が「市民」といかに手を結んで里山の森林景観を管理していくかを模索している。里山域に計画された公園の中に市民参加林のような一画を設けて近在の市民を募集、組織化し、レクリエーション的な利用を通して管理を共同で進めようというパターンも最近よく見られるようになった。

　しかし、計画者側に景観や里山に対するビジョンが欠如していたり、割り当てられた場所が市民による管理やレクリエーション利用に適当でなかったりする場合も多い。ことにバブル崩壊以降、民間の開発計画（ゴルフ場であったり、リゾート計画であったりする）が頓挫した大面積の森林を、自治体が買い上げざるを得なくなった例が近年増えているが、そうした「仕方なく」向き合っている計画でその傾向が強いように思われる。そのため、中には良く言えば「市民参加」だが、悪く言えば行政の限界（財政的、人員的なものも含む）からくる「計画放棄」ではないか、と思える例も少なくはない。

　里山をはじめとする身近な森林域に、市民がかかわれる機会と選択肢が増えることの意義は確かに大きいが、その継続には行政の側にもさらに強いエネルギーと覚悟がいることも忘れてはならない。国有林や自治体の林務関係職員の多くが、市民参加型の活動を運営し、その支援をすることに休日の多くを費やしている現状には本当に頭が下がるが、その努力が生きるためにも、将来の森林景観に対するしっかりしたビジョンと、現実の土地に即した具体的な計画を持つことが求められる。

第6節

自然林再生のあり方

鎌田　磨人

はじめに

　2002年に自然再生推進法が施行されたこともあり、様々な形で「自然再生」が試みられている。自然再生の最終的な目標は、様々な地点で実施される再生事業を互いに関連させあいながら、国土あるいは地域全体の「自然」を質的に向上させ（Hobbs and Norton, 1996）、そして、土地と人々、人と人との絆を取り戻すことによって、その地域で人々が幸せに暮らしていくための見通しをつけることである（鷲谷、2003）。

　その目標に向かって自然再生を合理的に行っていくためには、次の事項が検討されている必要がある。すなわち、広域的な視点から生態系の質やその分布状況を判断し、再生事業を行うべき場所の優先順位を決めるための方法論や情報の提供方法（どこから再生していくべきか）、個々の場で再生目標とする生態系の構造や機能を決定し、事業計画を立てていくための方法（どのように再生するべきか）、そして、目標に到達するまでの道筋について地域住民と行政と研究者との間で合意を図っていくため、また、事業に地域住民が自主的・積極的に参画できるようにするための方法・仕組み（誰がどのように取り組むのか）、についてである（鎌田、2004）。

　このような中、徳島県は、徳島県勝浦郡上勝町において、スギ植林の伐採跡地に自然林の再生を行おうとする「千年の森づくり事業」を進めている。この事業の特徴は、以下のとおりである。①モデルとなる残存自然林およ

び植栽予定地である伐採跡地で植生調査および地形区分を行い、地形区分に対応する樹種群を見出した上で、伐採跡地を地形区分してゾーニングし、植栽計画が策定されたこと。すなわち、生態学的に検証可能な形で植栽計画が策定されていること、②遺伝子攪乱を防止するため、植栽予定地周辺に自生する樹種以外は植栽しないことが約束されていること、③そのための種子採取、苗木づくりは、地域住民の有志によりボランティア的に形成された種苗生産組合により行われていること、④植栽地の一部は29の県民ボランティアグループによって苗木が植えられていること、そして、⑤「千年の森」の利活用については、地元林業関係者、森林ボランティア、学識経験者、行政等からなる組織が、利用・体験・調査プログラム等を主体的に作成し、県との協働で実施していくことになっていることである。また、⑥徳島県が「と

(a) ビオトープ・ネットワーク方針図

(b) 自然林再生事業地

図1　事業地の位置図

a)「とくしまビオトープ・プラン」に示された徳島県全域を対象とした生態系ネットワークの再生方針の中における高丸山の位置づけ
b)「千年の森づくり」事業地およびその周辺の状況

くしまビオトープ・プラン（徳島県、2002）」の中で示した、県土全域を対象とした生態系ネットワークの再生方針（**図1**）と合致するものともなっている（Kamada、2005）。

　県土全域の自然再生方針である「とくしまビオトープ・プラン」の策定手法、そこで示された方針と千年の森づくり事業との整合性、千年の森づくり事業の中で試みられた生態学的な調査・論理に基づく植栽計画策定手法については、Kamada（2005）が詳述している。ここでは、自然林再生のあり方について、Kamada（2005）にまとめられた内容を要約的に示した上で、植栽の計画から実施にいたる過程で、「計画とのずれ」がどのようにして生じるのかということについて検討しておきたい。

1．自然林再生に向けた計画の策定過程

(1) 背　　景

　自然林の再生を含む「千年の森づくり」事業は、1996年度に徳島県が策定した新長期計画の戦略プロジェクトの1つとして、徳島県農林水産部林業振興課の主導で始まったものである。1997年度に「千年の森づくり構想策定検討委員会」が立ち上げられ、「千年の森」がめざす基本理念が策定された。立ち行かなくなったスギ・ヒノキ人工林経営を活性化し、長期的に維持可能なものにしたいとの林業振興課の意向から始まったものではあるが、委員会で検討を重ねる過程で、現在の森林が抱える問題を人工林の経営問題のみに押し込めるべきではなく、残存する自然林の保護、劣化しつつある里山林の保全をも目指していくべきであるとの意見が大勢を占めた。その結果、「いつの時代の要請にも対応できる森、森と人との共生のシンボルとなる森、県民が誇りに思える地域のシンボルとなる森」を基本理念とし、「保護を基本とする自然林、人々の暮らしの中でつくりあげられる里山林、生産との関わりの中で育まれる人工林」を具体的な森林タイプとして目指すこととなっ

た（千年の森づくり整備基本計画検討委員会、2000；徳島県、2001）。

1998年度に「千年の森づくり地域選考検討委員会」において、立候補のあった徳島県内5つの地域の中から、上勝町旭地区高丸山周辺（**図1**）のスギ伐採跡地等がモデル事業地として選定された。その主な理由は、以下のようなものであった。

まず、八重地集落の共有林であった高丸山山頂付近の森林は、その水源涵養機能を維持するために、住民の主体的な意思として町に99年間貸与してきたという史実や、太平洋戦争中に高丸山のブナを戦闘機のプロペラ用材として供出するよう下された政府の命令に対して、地区の世話役がその森林が持つ水源涵養機能の重要性を訴えて伐採を中止させたという史実が、千年の森の理念である「人と森の共生」が実践されてきた好例として示し得るものであった。

また、上勝町は「日本の棚田百選」にも選定された美しい棚田景観を有する地域であり（飯山ら、2002）、地域住民はそのような「地域資源（今村ら、1995）」を保全し、まちづくりに活かしそうとしていた（山中ら、2000）。その活動に賛同し、活動をともにする地域外の市民グループも多数あった。こうした住民や市民グループに、「千年の森」を地域資源の1つとして位置づけてもらい、連携をしながら「千年の森づくり」の活動を多様化させ、地元地域の活性化に役立てたり、里山保全に向けた活動にも結び付けたりしてもらいたいという、委員の願いも含まれていた。

1999年度には「千年の森づくり整備基本計画検討委員会」において、高丸山周辺での森林整備についての基本計画が策定された（千年の森づくり整備基本計画検討委員会、2000）。そこでは、①高丸山に残存する自然林の保護を図りながら、環境教育の場として活用すること、②自然林に隣接する現況のスギ林を大径木の人工林にしていくこと、③伐採跡地に人の手を加えず自然遷移に委ねた森づくりを行う区域、専門家が植栽・育成管理を行いなが

ら自然林を復元していく区域、県民参加のもと植栽・育成管理を行う区域を設けることが決められた。そして、自然林の復元を行うに当たっては、残存する自然林を調査し復元目標を明確にした上で植栽樹種の選定を行うこと、植栽予定地でも調査を行った上で植栽計画（空間配置、植栽密度）を決定すること、また、遺伝的な撹乱を防ぐために事業地周辺で採取された種子や稚樹から育てた苗木を用いることが委員から申し入れられ、それが事業者である徳島県に受け入れられた。

これを受けて2000年度には「千年の森づくり技術指針等検討委員会」が設置され、調査を行いながら自然林再生の具体的な方法が検討された。以下では、調査に基づく植栽計画検討の手順および結果の概略を述べることとする。

（2）自然林再生のための計画策定手法──再生目標および手法の明確化

徳島県は、生態系の質を体系的に向上させるための方針や手法を定める上位指針として、「とくしまビオトープ・プラン」を策定した（徳島県、2002）。本指針では、自然再生等に係る新規事業の計画策定時等には、その内容を反映させ、計画相互の整合を図る必要があることが明記されている。高丸山での自然林の再生事業は、「とくしまビオトープ・プラン」と整合する形で進められている（Kamada、2005）。

再生目標とする植生の明確化、そして、生態学的な論理に基づく植栽樹種の選定およびその配置計画の策定は、次のような流れで行われた（**図2**）。すなわち、①植栽予定地における植生回復ポテンシャルを把握した上で、②再生目標として選定されたモデル林を構成する樹種の分布と地形との対応関係の把握、および、③植栽地の立地ポテンシャルの把握を行い、そして、④植栽構種の選定および植栽予定地のゾーニングを行い、各ゾーンでの植栽密度を決定した。

これは、次のような仮説に基づいて提案されたものであり、モニタリング

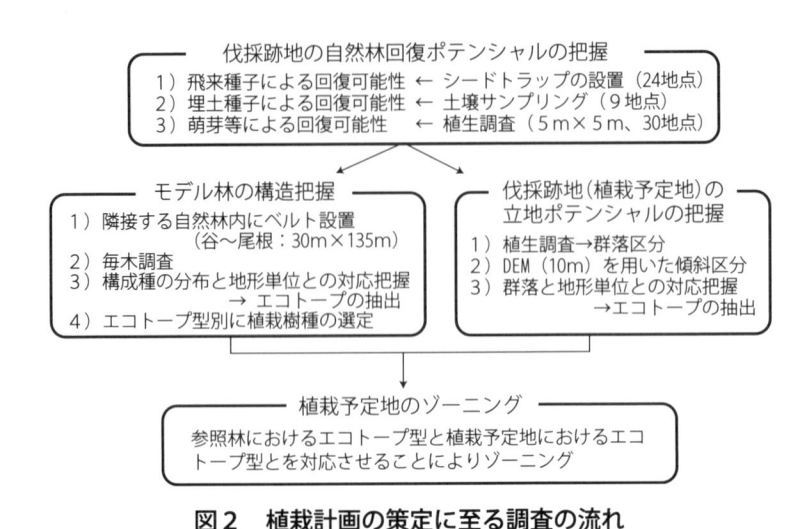

```
┌─────────────────────────────────────────────────┐
│          伐採跡地の自然林回復ポテンシャルの把握        │
│  1）飛来種子による回復可能性 ← シードトラップの設置（24地点） │
│  2）埋土種子による回復可能性 ← 土壌サンプリング（9地点）    │
│  3）萌芽等による回復可能性   ← 植生調査（5m×5m、30地点）│
└─────────────────────────────────────────────────┘
              ↓                    ↓
┌──────────────────────┐  ┌──────────────────────┐
│   モデル林の構造把握    │  │ 伐採跡地（植栽予定地）の │
│ 1）隣接する自然林内にベルト設置│  │   立地ポテンシャルの把握 │
│   （谷～尾根：30m×135m）│  │ 1）植生調査→群落区分    │
│ 2）毎木調査            │  │ 2）DEM（10m）を用いた傾斜区分│
│ 3）構成種の分布と地形単位との対応把握│  │ 3）群落と地形単位との対応把握│
│   → エコトープの抽出   │  │   →エコトープの抽出    │
│ 4）エコトープ型別に植栽樹種の選定│  │                      │
└──────────────────────┘  └──────────────────────┘
              ↓                    ↓
         ┌─────────────植栽予定地のゾーニング─────────────┐
         │ 参照林におけるエコトープ型と植栽予定地におけるエコ │
         │ トープ型とを対応させることによりゾーニング      │
         └───────────────────────────────────────────┘
```

図2　植栽計画の策定に至る調査の流れ

を通じて、その仮説やそれによって設定された目標の妥当性を評価できるようになっている。すなわち、（i）それぞれの樹種は異なった撹乱体制に依存した更新特性を持っている。そして、（ii）その撹乱体制は地形単位に対応している。そのため、地形単位に対応した樹種をモデル林の中から見出し、植栽樹種として選定することできる、そして、（iii）植栽予定地の立地区分に基づいた植栽計画を立てることにより、自立的に存続可能な群落を復元することができる、というものである（Kamada、2005）。

　具体的な調査手法及び結果の概略は、以下のようである。モデル林としては、植栽予定地に近接した斜面及び尾根に残存する自然林を選定した。斜面林では、渓流から斜面上部までが含まれるよう30m×105mの調査区を、尾根林では30m×30mの調査区を設置した上で、各調査区を15m×15mの小区画に区分した。そして、そこに生育する胸高直径4cm以上の樹種について毎木調査を行い、枯死木を含むすべての個体の位置及び標高、胸高直径、樹高を測定した。また、各小区画内のスズタケの植被率も記録した。

　地形単位は、斜面の中での位置および傾斜角によって区分可能であり、谷、

谷壁、斜面、尾根の4つに区分された。そして、それぞれの地形単位と生育している種との対応関係が認められた。すなわち、谷や谷壁ではチドリノキ、ヒナウチワカエデ、イタヤカエデ等のカエデ類が、斜面中部ではブナが、斜面上部ではヨグソミネバリが優占していた。尾根ではツガが優占して林冠を形成し、林冠下にはシキミ及びアセビが多く出現した。スズタケは、斜面下部から上部の林床で優占し、谷や谷壁、尾根ではほとんど出現しなかった。

伐採跡地での植生回復に係るポテンシャルは、次のような方法で評価した。まず、自然林との境界から異なった距離の伐採跡地内に配置した24個のシードトラップにより、伐採跡地への種子供給の実体を把握し、飛来種子による再生可能性を検討した。次に、9地点で土壌をサンプリングし、埋土種子量からの回復可能性について検討した。あわせて30地点で植生調査を実施し、群落区分を行った。そして、森林基本図（1/5,000）をもとに作成した5m×5mのDEMから、GISを用いて地形区分図を作成し、群落の分布と地形単位との対応を把握した。

その結果、ヨグソミネバリに関しては自然林に近接する領域では比較的多くの種子参入があるものの、他樹種や自然林から離れた領域では、飛来種子はほとんどないことが判明した。埋土種子もほとんど存在していなかった。また、斜面では、天然更新を阻害するスズタケが優占していた。これらのことから、特に林冠を形成する樹種を植栽によって補うことが、効率的な自然林再生につながると結論づけられた。

伐採跡地でも地形単位に対応した群落が認められ、それら群落の構成種には、モデル林との共通性が認められた。そのため、モデル林の各地形単位で認められた種群の中から、森林の骨格をなす高木性樹種を選定し（**表1**）、それらを伐採跡地の地形単位に対応させて植栽することとした（**図3**）。植栽密度については、植栽後の活着率や死亡率等に関する科学的根拠がなかったので、他所で実施されている広葉樹施業での経験的な判断に基づき（鈴

表1　選定された植栽樹種

樹　種	谷	谷壁	斜面	尾根
チドリノキ	●			
ホオノキ	●			
カツラ	●			
トチノキ	●			
ケヤキ	●	●		
イタヤカエデ	●	●		
ヒナウチワカエデ	●	●		
コハウチワカエデ	●	●	●	
シナノキ		●		
アカシデ		●		
イヌシデ		●		
オオモミジ		●		
ヤマボウシ		●		
ヨグソミネバリ		●	●	●
ヒメシャラ		●	●	●
ブナ			●	
ハリギリ			●	
ヤマザクラ			●	
キハダ			●	
ツガ				●
シキミ				●
モミ				●
アズキナシ				●

木、私信)、以下のように決定した。すなわち、すべての地形単位において、植栽する樹木の総計を4,500本/haとし、卓越する優占種を持たない谷及び谷壁では、植栽される樹種の密度がなるべく均等になるように配分して植栽すること、また、斜面ではブナの密度を3,000本/haとし、それ以外の樹種をなるべく均等な密度となるように植栽すること、そして、尾根ではツガおよびモミの密度がそれぞれ1,500本/haとなるように植栽することとした。

植栽を実施するに当たっては、苗木生産に関しての問題が生じるであろう

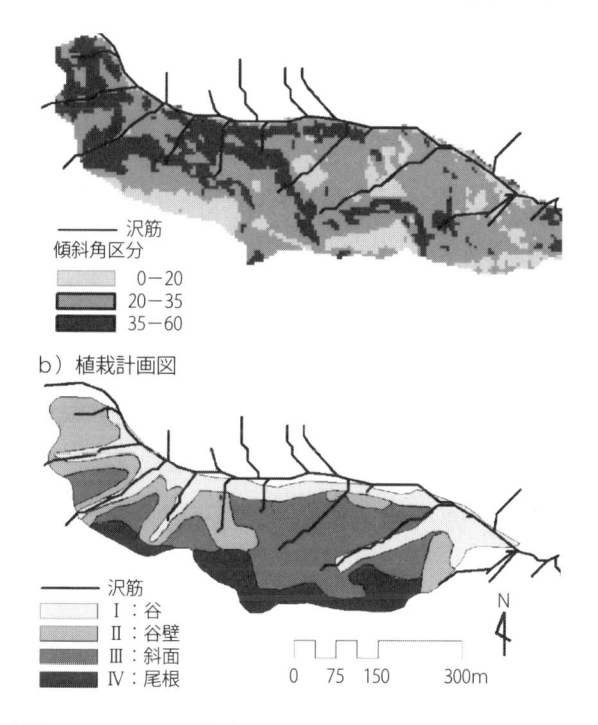

図3　a) 傾斜角区分図、b) 傾斜角区分とその位置的特性に基づいて作成された植栽計画図

ことが、計画段階で予想された。例えば、ブナのように数年に1回程度しか結実が見込めない種については、どの時点で必要な苗木数が確保できるかがわからないからである。そのため、事業者である徳島県は、確保できた苗木数を確認しながら、数を確保できていない種については、将来、確保できた時点で植栽していけるようにスペースを空けながら植栽を実施する等、フレキシブルに対応していくということであった。

　植栽は、森林組合に委託して行われる区域（専門家植栽区）と県民ボランティアで行われる区域（県民植栽区）に分けられ、専門家植栽区では2003年度から、県民植栽区では2004年度から植栽が実施されつつある。県民植栽区は29の区画に分割され、それぞれの区画での植栽や下草管理等は、応

募してきた県民・団体に任されている。そして、計画上では、それぞれの区画が属する地形単位に対応した種が計画に従って植えられるよう、それぞれに用意された苗木が配布されることになっている。

　以下では、モニタリング調査によって明らかにした、計画段階での植栽樹種や密度と実際に植栽された状態との間のずれ、また、そのずれを生じさせることになると考えられる「情報伝達」に着目して行った関係者からのヒヤリングの結果の概略を紹介しておく。

2．植栽実施上の問題点

（1）植栽された樹種と密度

　専門家植栽区については、地形単位として設定された、谷、谷壁、斜面、尾根の4区分毎に10 m×10 mの方形調査区を各3個設置し、種を同定した上でそれらの樹高及び幹長、根際直径、位置を測定した。また、生育状況について、健全、上部伐（生存しているが、誤伐により幹が切断された痕跡があるもの）、植物体残存（誤伐によって枯れたもの、または跡になっているもの）、枯死・植物体残存（自然枯死し、植物体が残存しているもの）、枯死・植物体無（植栽時に施されたマルチング等が確認されるが、植物体が確認できないもの）の5タイプに分類し、記録した。県民植栽区については、県民参加のもとで調査を行うこととし、調査マニュアルを作成し調査方法を説明した上で、県民自らでそれぞれの区画を調査してもらうこととした。

　図4に、専門家植栽区で植栽された樹種及びその密度について、各地形単位での計画密度との過不足の平均値を示す。まだ植栽途中ではあるが、選定された樹種を均等密度で植栽すると計画された谷及び谷壁については、ケヤキが突出して植栽される一方、他の種については計画密度に達していなかった。斜面では、選択的な植栽が必要なブナが全く不足している一方で、キハダやヨグソミネバリは計画密度に達していた。尾根では、選択的植栽が必要

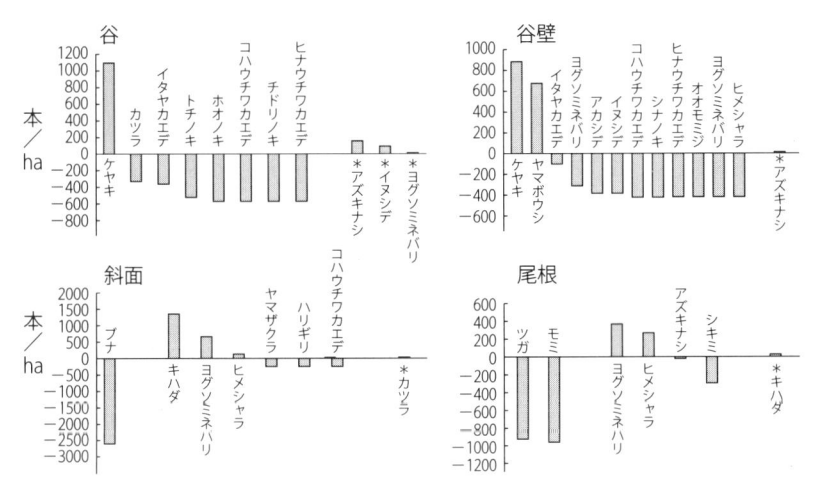

第6節　自然林再生のあり方　*311*

図4　各地形単位での植栽計画密度と実際に植栽された密度との整合性
正の数値側が過分に植栽されていること、負の数値側が不足していることを示す。＊は、当該地形単位では植栽する樹種として選定されていなかったもの。

なモミ及びツガは全く足りておらず、ヨグソミネバリやヒメシャラは計画密度に達していた。それぞれの区画で、少なくはあるが、植栽計画にない種が植えられていた。

　植栽樹種や密度については県民植栽区でも同様な傾向が見られたが、これとは別に、県民参加のもと調査を行う際の問題として、以下のようなものが残った。植栽に携わった県民は、苗木を配布される際（5月）にどのような種を植えるのかについて説明を受けていたものの、モニタリング調査を行った際には（11月）、多くの方はそれを覚えていなかった。これに加え、実施時期が遅くなったために苗木も落葉していたこと、調査リーダーとなる同定能力を有する専門家の数が少なかったこと等により、ほとんどの植栽個体に対して種を同定することができなかった。県民参加でのモニタリングを行うことが計画されている場合には、植栽を行う際に種名を書いた札やペグ等を

準備し、モニタリングを容易に行えるようにする工夫が必要であろう。

植栽された樹木と他の樹木との見分けがつきにくい広葉樹施業を成功させるには、誤伐をいかに防ぐかが課題であるとのことであったため、植栽木の周辺に杭をさしたり、チップ等でマルチングを行ったりすること等で見分けやすくし、誤伐を少なくしようとしていた。下草管理等に伴う誤伐率は、全体で14％であった。

植栽計画が策定されて以降、植え付けられるまでの間にどういう情報がどのように伝達されたのか、また、苗の育成、出荷等の過程でどのような問題があったのか等について、事業担当者へのインタビューを通して明らかになったことの概略を述べておきたい。

「千年の森づくり事業」における、苗木生産の発注から植え付けまでの流れを**図5**に示す。発注は、県庁（林業振興課）と農林事務所が担当している。発注者が苗木生産組合に伝達すべき項目について、発注者の思惑と、それに対する受注者の受け取り方を対応させて、**表2**にまとめた。この中で、苗木生産組合の側から、樹種の指定はあったものの、樹種別の必要本数について

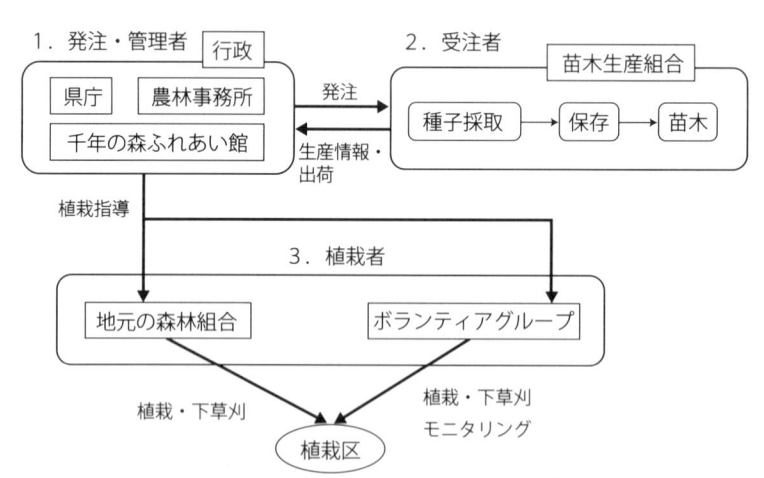

図5　苗木生産の発注から植え付けまでの情報の流れ

第6節　自然林再生のあり方

表2　苗木生産に関する発注者（県）からの指示内容とそれに対する受注者（苗木生産組合）の受け取り

伝達項目	発注者	受注者
植栽樹種の種類	・地形区分に対応した樹種を生産するよう指示した	・途中で指定外の樹種が増えたことが一番困った
樹種別の必要本数	・本数については特別に指示しなかった（苗木不足だけは避けたい） ・地元の苗木生産システムをつくることを重視した ・なるべく早期に林冠が閉鎖することを重視した	・苗木がどれくらい必要か分からないため、困ることが多かった
期限	・年次計画をつくり、指示をした	・年度ごとで生産は行えない
産地指定	・地元種子を使うことを指示した	・地元種子を使用した

は明確な指示がないままであったため、どれくらいの量をとってよいのかわからず、種子の採取が容易で育苗も簡単な、例えば、ケヤキやヨグソミネバリといった苗木を多く生産しがちであるとのことであった。このことが、計画樹種および密度と、実際に植栽された樹種および密度とのずれを生じさせたと思われる。

　植え付けは生産状況に応じて行い、不足分は苗ができた段階で適宜植え付けるという方針となっているにもかかわらず、このような不整合が生じた原因には、林業技術者でもある発注者側が植栽地の早期林冠閉鎖を重視したことがある（この考え方については、いずれ時間がたてば閉鎖林冠ができると考えている生態学研究者との間にもずれも生じさせた）。また、生産されてしまった苗は無駄にすることはできないという心情もあったようである。こうした林業技術者の「想いやり」自体を否定することはできないが、そのため、植栽計画に沿った密度での植え付けが行えないという結果も引き起こしている。

　県民等のボランティアグループによる植栽は、「千年の森ふれあい館」が

表3 生産・植栽された苗木に対するそれぞれの意見

	発注・管理者		受注者
	行政	ふれあい館	苗木生産組合
受注者から発注者（出荷）	・生産された苗木は、無駄にできない	・苗生産の具体的な生産数が分からない ・いきなり多くの量の苗木を持ってくることがあり困った ・苗生産状況が、こちらには入ってこない ・苗木の保管に困った	・苗木の出荷方法が決められていない
発注者から植栽者（植栽指導）	・植え方は地形単位に対応して問題なく植えてある ・活着も良い ・県と参加者に意識レベルの差がある ・参加者が植栽後に管理を放棄してしまうことに対しては、考えなければならない	・参加者の植栽後の管理放棄は、考えなければならない ・県側は、植え方の説明が細かすぎた ・苗木の受け渡し、道具の貸し出しが困難であった ・用意した苗木が現場で多く余ることが困った	

参加者をプロモートし、苗木を仲介して参加者に渡す役割を担っている。千年の森ふれあい館は、苗木の発注側でも生産側でもない中間的な立場になっているため、情報の流れをうまくつかめずに困ることが多いようだ（**表3**）。例えば、ふれあい館が参加者の要望を聞き取り、苗木の生産者と本数調整を行うのだが、生産状況は、ふれあい館には入ってこない状況であった。千年の森ふれあい館のような中間的な役割は、他の事業では少ないかもしれないが、自然再生事業等で中間的な窓口をおく必要がある際には、即応性が求められる地域住民や県民とのインターフェイスとしての役割を実質的に担えるよう、独自に活動できる体制を担保すべきであろう。

種取りから苗木の生産、出荷までを一貫して行っている苗木生産組合は、

多様な種の苗木をつくらなければならないが、当初は、それぞれの樹種の結実特性や発芽特性（発芽率等）、活着率等がわからないので、試行錯誤を繰り返しながら進んでいった。また、ここでは、コンテナ苗を用いて苗を育てるよう指導されていたが、生産者としてはそれ自体が初めての試みであり、うまく育てることができるか不安を抱えながらスタートしたようだ。遺伝子撹乱の防止を含め、地域産の苗を用いた植栽を行っていく必要があるが、そのためには、それぞれの地域で苗を育ててくれる、熱意をもった人・組織の存在が重要である。そうした方々との連携を深められるよう、そして、苗木生産の方法や疑問に迅速に応えられるよう、県等の試験場等では、各地で行われている広葉樹施行や苗木生産等に関する情報を収集しておく必要があるだろう。

千年の森づくりに協力している苗木生産組合は、「豊かな自然林を創りあげたい」という想いを持った方々が集まって組織されたものであり、そうした方々の熱意によって支えられているものであることを付記しておきたい。

おわりに――森づくりから地域づくりへ

先に述べたように、上勝町の住民は棚田等の地域資源を活用したまちづくりを行おうとするアクティビティが高い。また、その活動に賛同し、それを応援する地域外の市民グループも多い。千年の森の目標である「いつの時代の要請にも対応できる森、森と人との共生のシンボルとなる森、県民が誇りに思える地域のシンボルとなる森」を達成していくためには、千年の森が地域づくりを行うための資源の1つとして有用であることが地域住民をはじめとする様々な人に認知され、そのための活動の場として利用されていかなければならない。

「千年の森」を核とした活動のあり方を検討するために、住民、行攻担当者、研究者が参加したワークショップ（WS）を10回程度、3年間（2002

写真1 「千年の森ふれあい館」で開催された利活用を考えるためのワークショップ
a) 各部会でのプログラムの検討、b) 検討結果の発表

表4 ワークショップで提案された活動プログラム（花岡ら、2003）

1	森ができるまで！！調査	21	宝さがしゲーム
2	山でしてはいけないこと調べ	22	たねをさがそう！
3	けもの道マップづくり	23	千年の森プログラムヒアリング
4	環境教育指導者育成プログラム	24	高丸山と棚田デジカメ講習で本を出版
5	わき水調査	25	わたしの木のそだち
6	巨木を求めてテクテクツアー	26	山野草、キノコを食する会
7	高丸山祭りスタッフ体験	27	間伐材の温もりを我が家に 親子工作教室
8	時代の餅づくり食べ比べ体験	28	癒し塾
9	樹木の里親体験活動	29	おやこでイタダキマス
10	森の女神（山の神）の任命	30	木工クラフト教室（おし花）
11	メモリアルツリーの設置	31	里山体感ツアー
12	キノコの森づくりプログラム	32	ヤッホー調査隊ツアー
13	来館（来山）ノートの設置	33	間伐材工作、指導者養成
14	森の達人の決定	34	石積みボランティア
15	わさび田遊山（ゆさん）	35	高丸山共生体感
16	小枝、樹皮、つるなどの細工	36	高丸山植物特別調査
17	森の創作劇プログラム	37	七輪陶芸
18	丸太からつくる手づくり本棚	38	シカウォッチング
19	本の出版	39	森の語り部
20	先人の知恵、再発見！	40	子供による子供のための体験プログラム作り

～2004年度）にわたって開催してきた（**写真1**）。森づくり検討部会、環境教育検討部会、参加交流検討部会からなるそのWSでは、総計40におよ

ぶ活動プログラムが提案された（花岡ら、2003；**表4**）。2005年度には、この検討会は「千年の森サポートクラブ」として再編され、千年の森ふれあい館が主催する「けものの足跡探し（"けもの道マップづくり"からの改題）」、「ヤッホー体験（"ヤッホー調査隊ツアー"からの改題）」、「森ができるまで！！調査」への実施協力、また、独自活動として、「湧き水調査」等を行った。同時に、検討会に参加していたグループが核となって、上勝町内の林業グループやまちづくりグループ等とともに「かみかつ里山倶楽部」を組織し、2006年度から千年の森の運営・管理を担うようになった。

このように、千年の森は地域資源の1つとして認識されるようになりつつあり、その資源を地域づくりのためにどのように利用できるかを、住民自らで考えようとする機運も生まれつつある。こうした動きは、行政的な枠組みの中では、森づくりを担当する部局・課が所掌する範疇を越えるかもしれない。けれども、その森が永く人々とともにあり続けることを願うならば、森づくりから始まった活動を、当該地域で行われている様々な地域活性化のための活動とリンクさせながら、地域住民や県民らの自発的な活動として展開されるようになるよう積極的に支援・協働していく必要がある。

謝　辞

千年の森づくりに加わる機会を与えてくださった徳島県林業振興課、徳島農林事務所林務課、（社）とくしま森と緑の会、千年の森ふれあい館の担当諸氏（特に、梅崎康典氏、松村俊憲氏、井坂利章氏、兼松功氏、早田健治氏、中田陽子氏）、森づくり・まちづくりのあり方について一緒に議論していただいた千年の森づくり推進協議会の米田潤一氏、共に調査を行い、また、県民参加のモニタリング調査をプロモートしていただいた（株）エコー建設コンサルタントの飯山直樹氏および徳島大学工学部建設工学科の中野祐介氏、ワークショップの運営をしていただいた（有）環境とまちづくりの澤田俊明氏と花岡史恵氏、そして、ワークショップに参加して様々なアイディアを出

してくださった上勝町在住の、あるいは上勝町まで駆けつけてくださった多くの方々。この小論は、これらの方々との協働によるものである。心からお礼申し上げるとともに、千年の森が地域に深く根ざす森に育っていくことを願いたい。なお、モニタリング調査やヒヤリング調査の実施には、（財）日本生命財団からの研究助成金、（財）住友財団からの環境研究助成金及び日本学術振興会科学研究費補助金（基盤A,18201008）を使用した。

引用文献

花岡史恵・澤田俊明・鎌田磨人・福田景子・松村俊憲．2003．森づくりワークショップによる参加型「千年の森」活動プログラムづくりについて．土木計画学研究・講演集（CD版），28：4．

Hobbs, R.J. and Norton, D.A. 1996. Toward a conceptual framework for restoration ecology. Restoration Ecology, 4：93 — 110.

飯山直樹・鎌田磨人・中川恵美子・中越信和．2002．棚田畦畔の構造および草刈りの差異が植物群落に及ぼす影響．ランドスケープ研究，65：579 — 584．

今村奈良臣・向井清史・千賀裕太郎・佐藤常雄．1995．地域資源の保全と創造—景観をつくるとはどういうことか．農山漁村文化協会．

鎌田磨人．2004．戦略的な自然再生－研究と施策と事業と人の連環．日本緑化工学会誌，30：394 — 395．

Kamada, M. 2005. Hierarchically structured approach for restoring natural forest - trial in Tokushima Prefecture, Shikoku, Japan. Landscape and Ecological Engineering, 1：61 — 70.

千年の森づくり整備基本計画検討委員会．2000．平成11年度千年の森づくり整備基本計画検討委員会報告書．

徳島県．2001．千年の森づくり技術指針．徳島県林業振興課．

徳島県．2002．とくしまビオトープ・プラン、自然との共生をめざして．徳島県

県民環境部環境局自然共生室.

鷲谷いづみ．2003．今なぜ自然再生事業なのか．「自然再生事業、生物多様性の回復をめざして」．鷲谷いづみ・草刈秀紀（編），築地書館，2 — 42．

山中英生・澤田俊明・上月康則・鎌田磨人・石田健一・山口行一・田中祐一．2000．PCM 参加型計画手法による棚田保全戦略の分析．環境システム研究論文集，28：255 — 266．

第7節

不成績造林地の修復

小谷 二郎

　現在、日本では、戦後の拡大造林によって約 1,000 万 ha の人工林が造成されている。しかしながら、なかには適地判断の誤りなどから当初見込んだ生育に達せずに不成績化した林分も存在する。ここでは、特に日本海側の豪雪地帯で起きている不成績造林地を例にとって、その生態的特性と修復方法について解説する。

1．不成績造林地の発生──造林適地基準の甘さ

　不成績造林地の多くは、土壌条件や気象条件などの造林適地判断の誤りがもととなって発生する場合が多い。豪雪地帯（最深積雪深の平年値が 250 cm 以上の地域）では、特に雪が造林木に与える影響の判断基準の誤りが不成績の原因に大きく関係している。

　豪雪地帯での比較的成林率の高いスギ人工林と周辺広葉樹林（ミズナラを主とする二次林）で、上層木の平均胸高直径と林分材積の関係（**図 1**）をみると、スギ人工林の材積は、林分平均胸高直径が 20 cm 以下ではミズナラ林よりも少ない。ちなみに、少多雪地帯（最深積雪深の平年値が 250 cm 未満の地域）でのスギ人工林とミズナラ二次林ではその差が小さくなることから、豪雪地帯では若齢期に成林阻害要因があることは明らかである。これは、紛れもなく豪雪による雪圧の影響である。

　豪雪地帯のスギ造林地は毎年のように積雪下に埋もれ、ほとんどの造林木が斜面の下方向に倒伏してしまう。そのため、雪解け時には斜立かひどいと

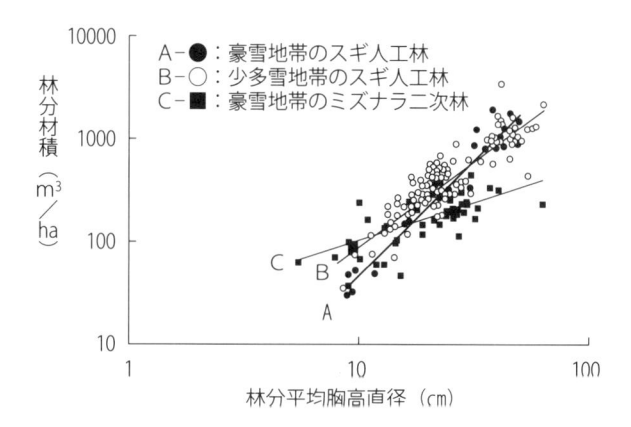

図1 スギ人工林とミズナラ二次林における平均胸高直径と林分材積の関係の比較（小谷、未発表）
A：y=0.2501x ＋ 2.2558, r=0.972, n=29, B： y=1.9736x ＋ 1.6547, r=0.895, n=149, C：y=20.057x ＋ 0.7173, r=0.687, n=48

写真1 スギの根元曲がり
地際からの採材は不可能である。

きには根返りとなり、回復不可能となる場合も多い（前田、2000）。こうした影響で、高標高域（特に、800m以上）の造林木は当初見込んだ本数やサ

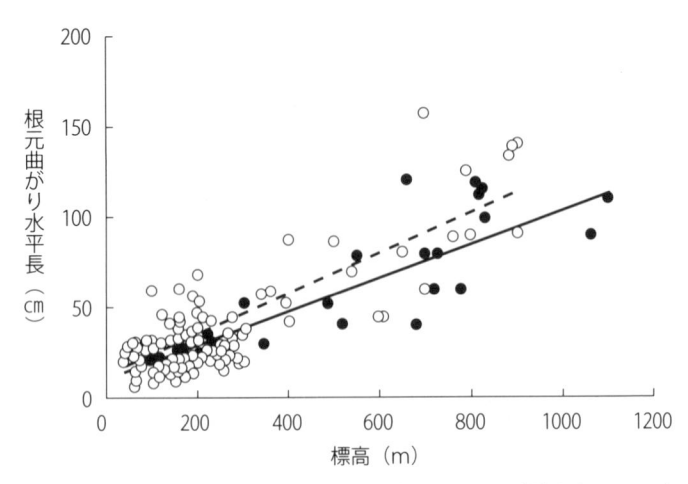

図2　スギ人工林における標高と根元曲がり水平長（地上部1.2 m）の関係
（小谷、2003）を一部改変
○（破線）：15－30年生（y=0.1159x+10.488, r=0.854, n=108）, ●（実線）：80年生以上（y=0.0924x+12.233, r=0.791, n=23）

イズに達せずに、放置状態となった造林地がみられるようになった。これが、豪雪地帯に発生した不成績造林地である。また、「不成績」に至らないまでも、積雪の影響でスギは標高（積雪深）とともに樹幹の根元曲がり（**写真1**）が大きくなり（**図2**）、それにつれて樹高も低くなる（小谷、2003）。その傾向は高齢林でもさほど変わらない（**図2**）。

　成長して胸高直径が大きくなれば材積も少多雪地帯と変わらなくなる（**図1**）ので、伐期を延ばせば材としての利用価値が上がるのではないかと錯覚しがちである。しかし形質が劣っているので、高齢になっても利用価値の高い材を生産できる林分は多くはないだろう（小谷、2003）。つまり、豪雪地帯では少雪地帯のような形質は、もともと期待できなかったはずである。そのことをもっと厳密に検討して拡大造林の適地判断をするべきであったと考えられる。

2. 不成績造林地が注目された原因——多数の広葉樹の侵入

　不成績造林地が注目されるようになったのは、不成績造林地に多くの広葉樹が侵入している事例が報告されるようになってからである。豪雪地帯は冷温帯地域に属し、ブナをはじめとしてミズナラ・ミズメ・ウダイカンバ・イタヤカエデなど有用広葉樹が多く分布する。このような林を伐採してスギを植栽した場合、これらのタネや稚樹がもとになって、スギ造林地にも広葉樹の侵入（主体をスギ造林木と考えて、後から入った広葉樹を侵入者とする）がみられる。これらの広葉樹は、スギの生育を邪魔するものとして雑草木とともにすべて刈り払われた（下刈り、除伐）。ところが、広葉樹には刈り取

表1　18年生スギ不成績造林地における主な樹種の常在度および優占度
（小谷、1990）を一部改変

樹　種	尾根筋 常－優	斜面中腹 常－優	谷筋 常－優	全体 常－優
コシアブラ	II -6.7			I － 2.3
ミズナラ	V -38.7	III － 12.5		III － 17.1
マルバマンサク	IV － 7.0	III － 4.0		III － 3.7
タムシバ	IV － 4.3	I － 0.5		II － 1.7
ヤマモミジ	IV － 2.2	II － 1.2		II － 1.0
ホオノキ	II － 2.8	I － 0.1		I － 1.0
ナナカマド	III － 7.9	II － 1.8	I － 0.4	II － 3.4
リョウブ	V － 7.7	III － 12.1	I － 0.9	III － 6.9
ウワミズザクラ	IV － 12.9	III － 17.9	IV － 16.8	IV － 15.9
タニウツギ	I － 0.1	III － 3.4	II － 4.8	II － 2.7
オオバクロモジ	I － 0.7	III － 3.6	II － 4.2	III － 2.8
ミズキ	I － 1.7	IV － 14.0	V － 35.7	IV － 17.1
ウリハダカエデ		III － 1.5	III － 4.7	II － 2.6
イタヤカエデ		I － 0.3	II － 4.7	I － 1.6
キハダ		II － 4.6	III － 19.5	II － 8.0

注）常在度：I（1〜20%）、II（21〜40%）、III（41〜60%）、IV（61〜80%）、V（81〜100%）
　　常－優：常在度－相対優占度（%）

られても再生する力（萌芽力）があり、スギの成長が芳しくなく閉鎖が遅れたことや、下刈りや除伐を終了しても成績の思わしくない造林地が放置されたことで、気がついた時には多くの広葉樹が混交しているのである。このように、期せずして混交した広葉樹は不成績造林地の修復に大きな役割を果たす。

表1は、不成績造林地に侵入する主な広葉樹を示している。先に、ブナや市場性の高いミズメ・ウダイカンバなどの広葉樹が侵入していることを述べたが、多くの不成績造林地はミズキ・ミズナラ・ウワミズザクラなどの周辺広葉樹林、特に旧薪炭林跡の二次林の構成種で占められている（横井、2000）。これは下刈り、除伐といった造林地での特有の作業と関係しているようだ。

3．広葉樹の侵入様式──地拵え・下刈り・除伐の影響

不成績造林地の問題がまだあまり議論されていなかった頃、富山県の長棟での報告（阪上、1984）や新潟県の五味沢での報告（前田ら、1985）は、我々に少なからず衝撃を与えた。両者ともブナ天然林の伐採跡地での造林地の事例である。前者の場合は、ウダイカンバやブナが侵入した造林地の実態を調査した結果、ウダイカンバがスギよりも高い生産力を示したというのである。造林地に侵入したウダイカンバは、他の樹種に比べて数年でスギを追い越し、旺盛な成長を遂げる（図3）場合が多いためである。同じ結果は、カラマツ人工林に侵入したウダイカンバにもみられる（大住ら、1985）。この原因として、以下の点が考えられる。すなわち，スギの植栽に関する作業が風散布型種子で埋土種子となるウダイカンバの発芽床を提供した（長谷川、1997）こと、ウダイカンバは後述するように萌芽力がないが、下刈り期間中は側枝の冬芽からの再生で生存できたこと、である（長谷川、1998、2000）。これらの事例は、いずれも造林後4～5年以内の時で、下刈りのみ

第 7 節　不成績造林地の修復　325

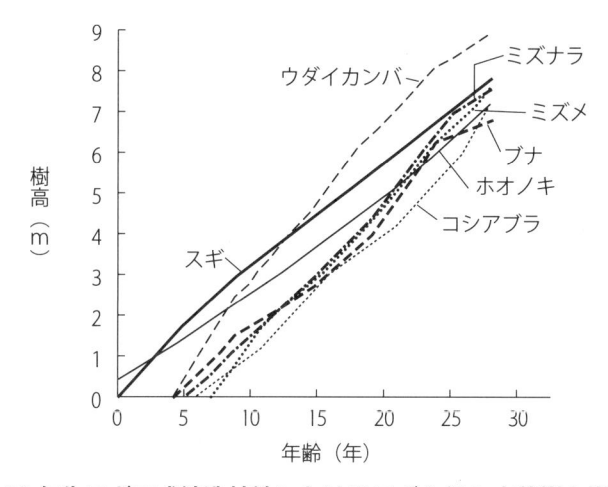

図 3．28 年生スギ不成績造林地におけるスギと侵入広葉樹の樹高成長
（小谷・矢田　1989）を一部改変

表 2　下刈り後と除伐後におけるスギ不成績造林地に侵入した主な広葉樹の優占度と出現種類数の比較（小谷、未発表）

樹　種	下刈り	除伐	平均
ミズナラ	15.5	6.2	11.5
マルバマンサク	12	1.2	7.4
リョウブ	10.9	2.5	7.3
オオバクロモジ	9.6	0.9	5.9
ミズメ	4.4	0.2	2.6
ミズキ	2.4	30.5	14.4
ウワミズザクラ	7	14.6	10.3
キハダ	0.1	10.3	4.5
ウリハダカエデ	0.8	9.5	4.5
ホオノキ	2.5	6.3	4.1
タニウツギ	2.2	4.8	2.4
ツノハシバミ	1.5	3.5	2.3
出限種類数	32	24	29

注）優占度（％）は、DBH2cm 以上の樹種を対象に D2H の合計割合で示した。
　　下刈りも除伐も施業後 8 年経過（15 年生、23 年生）した時点での調査。
　　調査プロット：(100 ㎡ × 4)

が行われた期間である。ところが、ウダイカンバ（ミズメも同様）も侵入後7～8年経ってから伐採（除伐）されると、萌芽力がないため消滅してしまう（長谷川、1991、1998、2000）。表2は、同じ造林地での除伐前後（下刈り後8年経過（15年生時）と除伐後8年経過（23年生時））の侵入広葉樹の比較である。ミズナラやウワミズザクラは両年とも比較的多く出現したが、除伐後にはミズメの優占度は低くなり、一方でミズキ・キハダ・ウリハダカエデなどの優占度が高まった。さらに、除伐は広葉樹の種類数を減らしている。

　新潟県の五味沢では、6回の下刈りと1回の除伐が行われたにもかかわらず、造林地内に多数のブナ稚幼樹が侵入した。これは地拵えとブナ種子の大豊作年が重なったことと、刈り払いが稚幼樹の段階であったため、萌芽再生力が維持されていたためである。ブナの前生樹が種子を着ける林齢に達していなかったり、凶作年であったりして、種子や稚樹が少ないと、広葉樹が侵入できない場合も多い。このような場合、雪圧害によってスギが本数を減らしてササ地化した事例も多く見られる。

　このように、不成績造林地での広葉樹の侵入には広葉樹の更新様式に加え、地拵えのタイミングや下刈り・除伐といった保育作業が大きく影響している。ブナやウダイカンバは、若い時期にしか再生力を持たない。特に、ウダイカンバは萌芽ではなく頂芽の抑制による芯変わりであり、7～8年生時の根元からの伐採（除伐）ですら、その後の再生は不可能である。これに対して、ミズナラ・ウワミズザクラ・ホオノキ・ウリハダカエデなどは若齢期でも40年以上経過しても萌芽再生力は衰えず（紙谷、1993）、"しぶとく"生き残る性質を持つ。このことが、不成績造林地でこれらの樹種の優占度を高めた原因である。

　これまで見てきたように、不成績造林地は、植栽木の成長の問題であるが、その修復には天然に分布する広葉樹を活用せざるを得ない。そのために

写真2　標高1,100 mのスギ人工林
ウダイカンバやブナとの混交林

写真3　スギ不成績造林地でのブナの補植（3年生）
ブナは、造林地に階段を切り大苗で斜植えされている。

は、広葉樹の更新、成長特性を把握することが重要である。

なお、不成績造林地での下刈りと除伐がウダイカンバやミズメの更新に与える影響に関しては、富山県林業技術センターの長谷川幹夫氏の研究成果によるところが多いので、参考にされたい（長谷川、1991、1998、2000）。

4．不成績造林地の林相改良——元の植生への回復

不成績造林地の問題を解決するためには、まず今後不成績造林地を造らないことがなにより重要である。これまでスギの人工造林は、最深積雪深が250 cmまでの地域とされた（前田ら、1985；小野寺、1990）。しかし、経済性を考慮した場合200 cm以下にするべきである（小野瀬、2000）という結果が出されている。また、豪雪地帯ですでにスギ造林地を造成し、下刈りの途上にある林分では、多くの広葉樹が侵入し不成績が見込まれると判断されれば、即刻中止するべきである。かりに、不成績が見込まれないとして

も、その後の除伐は行わない方針とした方がよい。除伐を行うとしたら、不良木を伐採し有用な樹種の優勢木を残す。この方法は、残存木の成長を促し形状を良好にする効果がある（石田ら、2002；横井、2003）。その後は、林分が閉鎖し階層構造ができ上がるまで放置して、スギと広葉樹を十分に競争させるべきであろう。そのことによって、広葉樹もスギも形質が良好になる（**写真2**）。

しかしながら多くの不成績造林地では、潔癖なまでの除伐を行った後に不成績であることを認識する場合が多く、高木性広葉樹の侵入が少ないのが実情である。こうした造林地では、林業的な価値はあきらめ、元の植生へ回復させる方向に転換べきであろう。基本的に、放置状態にし推移を見守る。回復速度を速めることを考える場合は、さらなる投資の追加を覚悟して行わなければならない。その場合の選択肢としては、ブナの補植（**写真3**）や改植が最も有力と考えられる。ブナは元来の植生から考えても当然の選択と思われる上に、人工造林の成功例はいくつか報告されている（橋詰ら、1994；中沢、1982；小谷、2001）。ただし、土壌や立地など現場の状況を見極めながら、ブナ以外の冷温帯地域に存在する樹種を混交させた、危険分散的な造林を考えるべきである。

5．不成績造林地の将来——様々なスケールからの可能性

不成績造林地の将来の可能性を、小さなスケールと大きなスケールで考えてみたい。

小さなスケールでは、不成績造林地が林分レベルで混交林としての機能を持つ可能性である。不成績造林地も、現在はスギの形質が悪く本数も少ない。形質はともあれ、高齢になれば生産力が高まるかもしれない（**図1**）。そして、100年後には広葉樹林と競合しながら混交林が維持され、天然スギと天然生広葉樹のような関係を築いていくものと思われる。つまり、林業

的な価値と公益的価値の両面を持った森林へ誘導することが可能であるかもしれない。

　大きなスケールでは、周辺森林をも取り込んだ景観レベルでの動植物の生育環境の場としての可能性である。日本を含めた先進地域では、森林に対し種多様性の維持や遺伝子保存を含めた環境保全機能としての重要性が期待されている。しかし、針葉樹人工林のみならず多くの森林は成熟の方向に向い、将来は高齢に偏った森林になることが予想される。こうした中、豪雪地帯の不成績造林地は、他の森林に比較し未成熟で多様性も低い林であるかもしれない。しかしながら景観レベルで考えれば、周辺自然植生の中のギャップ地としての役割を持ち、森林空間を多様化し、野生動植物の生育環境の多様化をもたらすのに貢献するかもしれない。今後は、スケールを広げて、周辺植生との関係を考えた森林の配置の中に不成績造林地を位置づけることを提案したい。これは、豪雪地帯の不成績造林地に限らず、土壌不適地による不成績造林地も同様である。

　以上のことから不成績造林地は、小さなスケールからみても大きなスケールからみても、将来興味深い森林の姿を想像させてくれているのではないであろうか。しかしながら、広葉樹をも含めた大規模な人工林による不成績化は二度と繰り返してはならない。

引用文献

長谷川幹夫．1991．スギ不成績造林地での下刈り、除伐が広葉樹の定着に与える影響．日林誌，73：375－379．

長谷川幹夫．1997．造林地での地拵え、植栽が形成する発芽床の特性．中森研，45：115－116

長谷川幹夫．1998．多雪地のスギ造林地に侵入したウダイカンバの消長に及ぼす下刈り、除伐の影響．日林誌，80：223－228．

長谷川幹夫．2000．不成績造林地の取り扱い．豪雪地帯林業技術開発協議会（編）．雪国の森林づくり―スギ造林地の現状と広葉樹の活用―．189pp．日本林業調査会，121 － 156．

橋詰隼人・谷口真吾・山本福壽．1994．ブナの人工造林に関する研究（Ⅱ）―20 年生人工林の生育状況．105 回日林論，369 － 372．

石田　仁・山田昭仁・藤島文博．2002．針広混交林育成試験―初期の除伐が林木の成長と形状に及ぼした影響―．中森研，50：23 － 26．

紙谷智彦．1993．豪雪ブナ林帯における薪炭林再生過程に関する生態学的研究．新潟大農学紀要，30：1 － 108．

小谷二郎・矢田豊．1989．多雪地帯における不成績造林地の改良に関する研究（Ⅱ）―放置されたスギ造林地の林分構造および広葉樹の生育状況―．100 回日林論，257 － 258．

小谷二郎．1990．多雪地帯における不成績造林地の改良に関する研究（Ⅲ）―侵入広葉樹の優占性について―．101 回日林論，469 － 470．

小谷二郎．2001．ブナ人工造林の適地と初期保育．雪と造林，12：34 － 37

小谷二郎．2003．豪雪地帯の高齢スギ人工林の成長と形質．雪と造林，13：30 － 33．

前田禎三・宮川　清・谷本丈夫．1985．新潟県五味沢におけるブナ林の植生と跡地更新―スギ造林地の成績とブナの天然更新の提案―．林試研報，333：123 － 171．

前田雄一．2000．雪が森林に与える影響．豪雪地帯林業技術開発協議会（編）．雪国の森林づくり―スギ造林地の現状と広葉樹の活用―．189pp．日本林業調査会，15 － 44．

中沢迪夫．1982．広葉樹の育成に関する研究（Ⅰ）―ブナ人工林の生長について―．新潟県林試研報，25：45 － 64．

小野寺弘道．1990．雪と森林，わかりやすい林業解説シリーズ 96．林業科学技

術振興所, 81pp.

小野瀬浩司. 2000. 雪国における成林予測と造林限界. 豪雪地帯林業技術開発協議会（編）. 雪国の森林づくり―スギ造林地の現状と広葉樹の活用―. 189pp. 日本林業調査会, 67 － 88.

大住克博・桜井尚武・斉藤勝郎. 1985. ウダイカンバ二次林の更新過程（Ⅰ）新埴地に侵入したウダイカンバの分散構造と生長. 96 回日林論, 359 － 360.

阪上俊郎. 1984. ブナ林伐採跡地の更新（Ⅰ）―スギ不成績造林地に成立したウダイカンバ林について―. 32 回日林中支講, 155 － 158.

横井秀一. 2000. 不成績造林地の現状と問題点. 豪雪地帯林業技術協議会（編）. 雪国の森林づくり―スギ造林地の現状と広葉樹の活用―. 189pp. 日本林業調査会, 90 － 119.

横井秀一. 2003. 広葉樹が混交するスギ不成績造林地の除伐による改良の効果. 雪と造林, 13：38 － 41.

第8節

水辺林の保全・再生

長坂　有

はじめに

　水辺林は、樹種構成の多様さや生態学的機能（物質循環、生息場形成など）への関心から、ここ十数年ほどの間に、日本でも様々な研究が進むと同時に、保全・再生への具体的な取り組みが増えつつある。これは1997年の河川法改正、さらにはその前から行われ始めた「多自然型川づくり」の流れを受けたものであり、自然再生推進法の制定（2002年）もその延長線上にあるといえる。しかし、いざ再生となると基本理念の欠如や土地の確保、技術の未確立などの理由から、その手順や方法は未だ試行錯誤の状況にある。そこで本論では、主に河畔林再生技術の確立を目指して筆者らが行ってきた試験経過を中心に、水辺林再生への道筋を整理したい。事業における土地確保の可否に関しては、対象地の社会的条件も密接にからむため、ここでは再生のための土地空間の必要性について、生態学的見地から触れるにとどめる。

1. 水辺林の保全・再生の目的、手法

　水辺林の保全・再生の目的とは、山地から河口までを含む河川生態系の保全・再生とほぼ同義ということができ、ある特定の種の保全ではなく一定の範囲内の生物群をセットで残すことが究極目標となろう。ただ、その地域の潜在的な極相、もしくは優占種となる樹木群の保全ができれば、そこに共存する他生物の保全も同時に行われる場合は多いであろう。自然再生技術の確

立については、試行を行いながらその結果をフィードバックしてよりよい方法へ改善していく順応的管理（adaptive management）が推奨されており、水辺環境再生に関してもこの考え方は有効と思われる。本論では、再生に必要な手順として以下のような事項を取り上げ、述べていくことにする。

①現存する天然林（郷土樹種見本林）の保全

②手本となる天然林を目標とした再生

  a）周辺母樹がなければ郷土樹種の育苗、植栽

  b）自然侵入が期待できるならば天然更新

2．見本林の保全

現在、河川改修等により川の動態が本来とは異なる条件となっている河畔が多いとはいえ、河畔林の機能的側面、周辺の他生物への影響も含めて、極力以前あった林に近いものを再生することが望ましいのはいうまでもない。そのため、参考となる手本を残す意味からも、断片的に残っている天然の

写真1　代表的な河畔林の景観
　　　　（夕張市、シューパロ川）
水辺近くにオノエヤナギ、キヌヤナギなどのヤナギ若齢林．後方にハルニレ、ヤチダモなどの壮齢林が生育する

水辺林を、見本林あるいは模範林として保全することを最優先すべきである（**写真1**）。過去の植生調査報告などから再生対象地周辺の自然植生を推定することも可能ではあるが、再生の目標像を描くには、現存する良い林に勝るものはなく、残存林の保存は郷土樹種の遺伝子源の保全、ひいては再生の際の母樹（種子源）としても機能しうる。このような林は、開発の歴史が浅い北海道の農村地域でさえも次々に姿を消しているが、土地利用を免れた段丘斜面や社寺林、公園、山地渓畔などでは比較的良好な状態で天然に近い樹種構成が残っている場合がある。こういった林を見つけるには、地形図上で自然地形あるいは旧河道が残されている箇所などを目安に、小面積でも広葉樹林が河川周辺に残っている場所を探し出すことである。また、保存状況が良い林については、地形、立地条件なども含めた植生調査を行い、データベース化することが望ましい。

3．再生作業の実践

（1）植栽による再生

　土地利用が進んで周辺に母樹がない中下流域の河畔などでは、植栽により水辺林再生を行わざるを得ない。山地渓畔においても対象地への稚樹更新の確実性や、草本、ササによる被圧を考慮すると、天然更新よりも植栽の方が現実的な場面は多いであろう。しかし、多様な広葉樹が必要とされる水辺林再生に関しては苗木の流通も確保されておらず、さらに地元産という制約が実現をより困難なものとしている。また、樹木種子は豊凶や休眠があるなど稚樹の安定供給に不確定要素がある上に、苗木育苗には通常2年以上が必要となるため、実行に先立つ早めの計画設計が重要である。

　人為的影響を受けた場所で植栽を行う際にまず注意すべきことは、重機などにより固められた土壌条件を改善することである。放棄農地や土場跡地、高水敷など、排水性が悪く根も侵入しにくくなった土地では、樹種を問わ

ず植栽木の不成績の原因となる。また、植栽予定地が水辺に近く、樹種の冠水に対する耐性を考慮する必要がある場合には、適正な樹種選択も求められる。筆者らが北海道の小河川において、平水時の水面比高20cm程度の高水敷に河畔性広葉樹7樹種を植栽したところ、ヤチダモが最も生残率が高く、次いでサワグルミ、ハルニレ、オニグルミという順位となり、カツラ、トチノキ、オヒョウはほとんど生残できなかった。これは、天然林での樹種分布からも理にかなった結果であり、配植を考える際には水位変化も考慮し、利用可能な樹種を選択する必要がある。

様々な樹種の混交林を再生しようとする場合、樹種の本数配分、密度、配植などをどのように設計すればよいかは、未だ検討を要する部分である。特に、整地された均質な立地環境下では、各樹種の生理特性の違いに起因する淘汰が起きにくいため、多樹種を単木単位でランダムに混植すると成長の早い樹種（ケヤマハンノキ、サワグルミなど）が旺盛に成長し、他種を被圧してしまう場合もあるからである。広葉樹の混交林造成の1手法として、群状

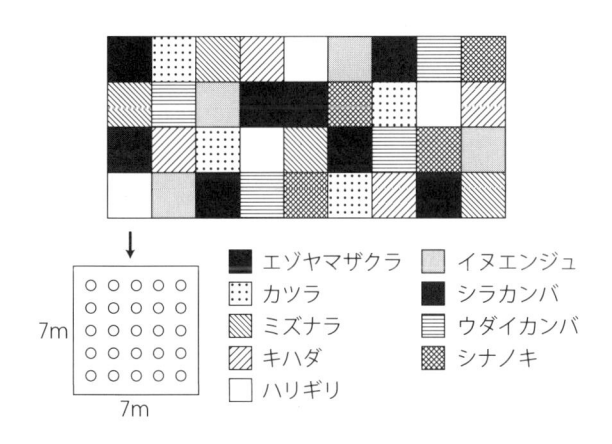

図1　群状混植の配植例
1辺7mの方形区に各樹種25本が植栽されている

混植という方法が試行されている。これは、同一樹種数十本を1つの集団としてある面積の方形区に植栽し、数樹種の集団を市松模様に配置したものである（図1）。これは、種間競争を減らし将来的に多種からなる広葉樹林の成林をねらったもので、一斉林がモザイク状に成立する河畔林の構造に近いデザインともいえる。約100年後の水辺林の成林形をイメージしてみると、北海道の河畔であれば水際近くにヤナギ、ハンノキ類、やや内陸にハルニレ、ヤチダモ、オニグルミ、山地渓流ならば斜面よりにカツラ、オヒョウといった混交林が想定できる。そこでこれらの樹種数十本を小集団として、川との位置関係も考慮しながら群状混植を応用するといったことが提案できる。将来像をイメージして、小集団の平面的形状やサイズなどを樹種ごとに変えるといったことも検討に値するであろう。

（2）天然更新による再生

　山地渓畔などで対象地周辺に水辺林構成樹種の母樹が比較的良好に残っており、種子の自然散布が見込まれる場合は天然更新が可能な場合がある。本来、天然の水辺林は、洪水等の自然撹乱による裸地形成後、風散布により一斉に種子が侵入、発芽したり、鳥散布などにより多少遅れて林内に更新したり、再洪水による破壊で一部の樹種が入れ替わったりという、様々な経緯を経てできあがったものである。これには、周辺母樹の分布や種子の豊凶、洪水の季節的タイミング、できた裸地の微地形とそれに伴う水分条件など様々な偶発的要素も関係している。筆者らは、こうした撹乱の模倣として、高茎草本に覆われた約1500 m^2 の河畔の堆積地をバックホウによりかき起こし、天然更新の促進を試みた。その結果、オノエヤナギ、カツラ、ハルニレなど様々な樹種の実生を多数発生させることができた。

　しかし、かき起こしは洪水撹乱と異なり流水による土砂の洗浄がないためか、残された根系、埋土種子による草本繁茂が著しく、回復したオオイタドリなどに被圧された稚樹は5年ほどで大部分が消失してしまった。この教訓

写真2　草本侵入を抑え天然更新を促進するための盛土

をもとに、草本の初期侵入を減らす効果を期待して、治山ダムに堆積した砂礫土砂をおよそ50 cmの厚さで草本繁茂地に覆土（**写真2**）したところ、同様に数樹種の稚樹が発生した。ここでは少しでも立地の不均質性を持たせるため整地を行わず、凹地状の箇所では2年目でオノエヤナギが密生状態になっている。この方法は、砂防ダムに満砂した土砂等の有効利用にもなると考えている。

　天然更新促進施業のメリットは、他地域からの遺伝子持込みがなく、苗木育成、植栽の手間をかけずに更新が完了することであるが、上述のような例では草本の刈払いを行うなど、発生稚樹を生かすための補助手段を講ずる必要がある。

4．水辺林空間を確保する重要性──撹乱の許容、氾濫原の保全

　土地利用開発によって一旦森林でなくなった場所は、水辺林を再生しようとする際に金銭的にも法的にもそのスペースを確保することが困難になる。特に、扇状地帯から沖積低地にかけての中下流の水辺林は、大部分が失われているといってよい。かつては遊水地としても機能していた河畔域を狭めて

農地等の土地利用が進み、その結果受けやすくなった洪水被害を防ぐため、さらに河川改修やダム建設が必要という悪循環に陥っている。現状では改変された土地環境を前提（可能であれば改善）として、保全・再生を考えざるを得ない場合がほとんどであるが、これは地形変化や水位変動などの動的環境が更新過程の重要な要素となる水辺林にとって、本質的な解決にはならないことを認識しておく必要がある。例えば、改修により地形が固定化し、さらにダムの流量調節によって流量も安定化した川の河畔は、遷移後期種にとっては適地となり得ても、氾濫原に更新するヤナギ類のような先駆性植物の更新にとっては不都合な土地となる。このような撹乱依存種にとっては、河道数100 m～数 km、幅数10～100 mといったスケールで洪水による土砂堆積、洗掘を許容できる区間を保全、再生することが必要と思われ、条件が許す範囲で上高地（長野県）の景観に代表されるような氾濫原を確保することが理想といえる。その際生ずる問題として、どのくらいの空間を最低限確保すれば目的とする樹林（あるいは生物群）を自立繁殖可能な健全状態で保全できるかという疑問はあろう。自然の河川をお手本とするならば、対象となる河畔の植生が何年くらいの周期で、どのくらいの面積が破壊と再生を繰り返してきたのかがわかれば、その循環が復元できる空間スケールを推定できそうである。これは、現存する天然林の齢構成や過去の空中写真などからおよそ分析可能である（**図2**）。宅地の迫った都市部では難しい場面もあるであろうが、農村地帯ではこのようなある程度の大きさの氾濫許容（＝自然再生）空間を造成できる余地はまだあると思われる。

　近年、行政による河畔の放棄農地の買い上げ、河畔林再生といった事業が一部の河川ではささやかながら行われ始めている。また、自然再生事業の1つとして河川の再蛇行化も試行されるようになった。河川の蛇行部や網状流路区間は、本来広大な河川敷地であり、人による土地利用を行わない水辺林の空間として保全しておくことが防災上も、生物環境保全上も最も無理がな

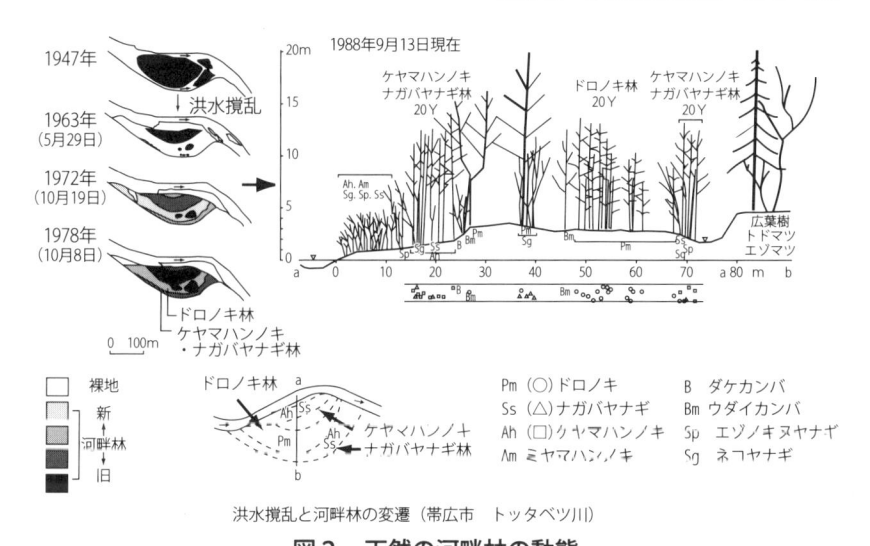

図2　天然の河畔林の動態
このような氾濫許容ゾーンを保全・再生することが重要である

い。すなわち、氾濫原は上流からの流木や落葉などの有機物を貯留する場としても機能し、それらは水辺を利用する生物の生息場や餌資源ともなりうるのである。現状では1本の川の中で連続して水辺林を保全・再生できない場合でも、上流の渓畔林、下流の沖積低地林といった性格の異なる多様な森林を保全し、将来的にはこれらをつなげていくことが、今後期待される。

第9節

流域保全のための森林整備

小山　泰弘

1．脱ダム宣言

　国土の3分の2を占める森林は、住宅材料から燃料まで生活に必要な資源として古くから利用されてきた。しかし今日では、単なる木材資源としてだけではなく、もっと幅広い視点で森林をとらえる人が増えており、中でも水源涵養機能や土砂崩壊防止機能といった「水土保全機能」を森林に求める動きは急速に高まっている。

　平成12年に初当選した長野県の田中康夫知事（当時）は、就任直後の平成12年11月に松本市薄川で計画していた多目的ダムの計画中止を表明し、ダムに代わるものの1つとして流域の森林整備を打ち出した。さらに平成13年2月20日に、「河川改修費用がダム建設より多額になろうとも、100年、200年先の我々の子孫に残す資産としての河川・湖沼の価値を重視したい。長期的な視点に立てば、日本の背骨に位置し、数多の水源を擁する長野県に於いては出来得る限り、コンクリートのダムを造るべきではない。」とする「脱ダム宣言」を発表し、全国でも大きな反響を呼んだ。

2．ダムに代わる森林整備

　ダムに代わる水土保全対策として、ため池や河川改修などの手法に加えて流域の森林整備が考えられてきた。とはいえ長野県では、これまでダム上流域の森林が果たす役割について、ほとんど検討されていなかった。しかし脱

ダム宣言が発表され、それに伴って早急に森林整備を求める声が生まれる中で、ダム上流域の持つ森林の役割を分析することとした。

そこで、ダム計画が中止になった松本市の薄川流域4,297haを対象として、実際の森林整備手法を考えるモデル流域とした。対象流域は、長野県のほぼ真ん中で信濃川水系の支流である薄川上流部にあたり、美ヶ原高原の南部に位置する。標高は、900～2,000mの範囲で、60％以上の地域が30度以上の斜面という急傾斜地域である。対象流域は山地帯上部にあたるため、本来は広範囲にブナを主体とする広葉樹林が拡がっていた地域と考えられるが、現在はカラマツ人工林が約60％、このほかミズナラなどが優占する二次林が30％弱を占めている。これらの森林は、30～50年生程度の林齢が多く、大半が第2次大戦後に成立したものである。

3．ダム上流域の森林が持つ役割

今回の対象流域の下流には、多目的ダムの建設が予定され、下流の洪水防止が期待されていた。洪水防止の観点から森林の持つ役割を検討するため、森林に降った雨の流れから考える。

空から降ってきた雨は地表に落ちる。しかし森の中では、雨足が弱く感じたり、雨が当たらないことがある。これは森林に降った雨が樹冠で遮断されたためである。樹冠で遮断された雨が蒸発すれば、雨は地表に落ちず川に到達することはない。樹木があるということは、それだけで雨を遮断する能力があるといえる。これによって遮断される雨は、樹種によって多少の差があるが、年降水量の20％程度とされている。

樹冠で遮断されなかった雨は、地表面に落ちてくる。しかし、森林内に降った雨はある程度の量までは土壌に浸み込み、時間をかけてゆっくりと川へ流れていく。地表に近い表層土壌を調べてみると、樹木の根が数％、鉱物質は20％程度で、70％程度が孔隙である。この孔隙に水をためることがで

きる。孔隙にたまった水は、時間とともに川へ流れているが、土壌の厚さが厚いほどたくさんの水を蓄えることができる。

　森林土壌に蓄えられた水は、最終的に河川に流れる。しかし、集中的に降った雨の一部を一時的に蓄えてくれることから、洪水防止に役立つと考えられている。

4．水を一時的に蓄える森林土壌

　「天災は忘れた頃にやってくる」という諺のように、日本では台風などの暴風雨や冬期の大雪など様々な気象災害に襲われることがある。ひとたび災害が発生し、表層土壌が流れ出てしまうと、森林の土壌の復元は、一朝一夕ではできない。現在の森林土壌がどのくらいの年月をかけてきたのかはよくわかっていないが、少なくとも百年単位の時間は必要と考えられている。何百年もかけてつくられてきた森林土壌も、ほんの一時の災害であっけなく失われる。ひとたび森林土壌が失われると、立木の再生にも時間がかかるだけでなく、降った雨が一気に流れ出し、影響が大きくなる。

　確かに、樹種によって成長や土壌から吸い上げる水の消費量が違ったり、林齢が高いほど根系が発達するなど、森林の種類や条件によって様々な違いがある。しかし、森林は基本的に土壌の上に成立している。土壌が失われてしまえば、森林の再生には長い時間がかかる。

5．壊れにくい森林の提案

　長野県は、流域を保全する施業を進める上で最も重要なことを、「まず、現在の森林土壌を失わないこと」と位置づけた。それは、どのような森林をという以前に、土壌が存在していることが重要で、土壌が失われてしまえば、森林が持っている機能のすべてが失われると考えたからである。そこで、気象災害などの自然災害に対して、抵抗力の高い森林であることが重要である

と考え、「壊れにくい森林」を提案することとした。

6. 壊れにくい森林とは

　自然災害に対して抵抗力が強い森林として、針広混交林のように多様な樹種が混交する森林が「壊れにくい森林」として良いのではと考えた。将来にわたって広葉樹林や針広混交林の形で森林を維持していれば、流域の中に様々な林齢・樹種の林分が混ざる。樹種や林齢が多様な森林であれば、森林を広大に喪失する危険性は極めて小さくなり、たとえ部分的に森林喪失が起こっても、被害が拡大せずにすむだろうと考えた。

　実際、激しい暴風が襲来すると、スギやヒノキなどの針葉樹は主幹の折損や根返り倒伏などを起こし、回復不能になる場合が目立つ。しかし、コナラなどの広葉樹類は、暴風により大きな枝を奪われても他の枝が残り、また、主幹が折損しても、幹下部や根系から後生芽を発生させて立木として再生してくる。これは、冠雪害や雨氷害などの被害でも同じような傾向が見られる。このことから「針葉樹人工林は天然生広葉樹林と比較すると気象災害に弱い」という一面を持っている。

　今回の対象流域は、森林の60%近くがカラマツの林だった。このままでは気象害等を受ける可能性が高まるため、針葉樹単層林から針葉樹と広葉樹の混交林や多樹種が入り交じる広葉樹林などへと、樹種の多様化を図ることを目標とした。具体的には、カラマツなど一斉林を強度に間伐し林床に光を入れ、侵入生育している在来樹種の成長を促す施業を進めることにした。

7. カラマツ林に在来の広葉樹は生育しているのか

　対象流域で最も多いカラマツ林を見ると、戦後に造林された後、手が入らなくなり間伐が遅れた森林が多く存在していた。ある程度過密になった森林では、間伐しても下層に広葉樹が存在しなかったり、埋土種子が失われてい

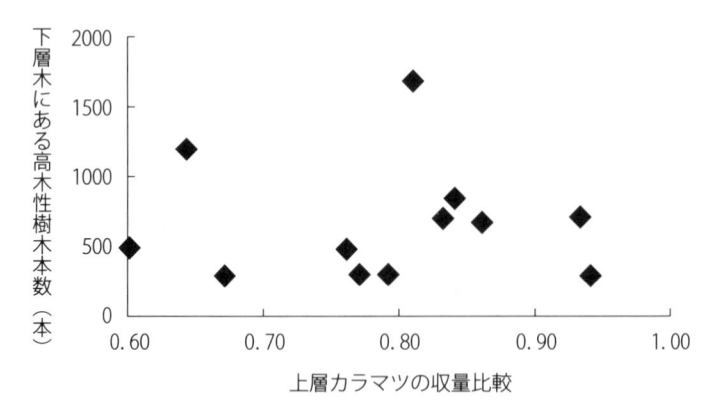

図1 松本市薄川流域におけるカラマツ林の収量比数と下層に生育する高木性広葉樹の成立本数

たりと、林床に光を入れるだけの強度な間伐のみでは、広葉樹の生育は望めない懸念があった。

そこで、対象流域で近年施業が入っていないカラマツ林12カ所で現況の植生調査を行った。その結果、図1に示すように、収量比数が高く過密化しているカラマツ林でも、コナラやクリ、サクラなどの高木性の広葉樹類が、

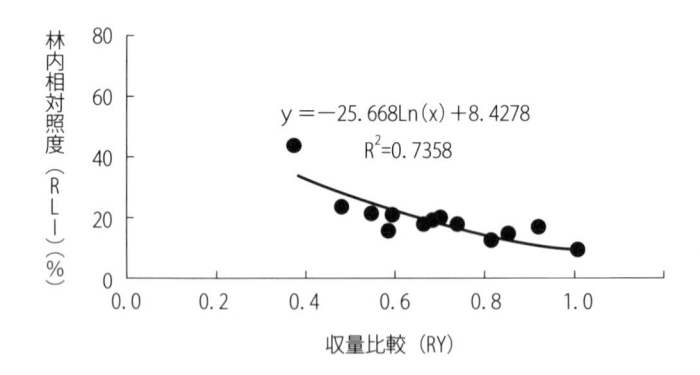

$y = -25.668\mathrm{Ln}(x) + 8.4278$
$R^2 = 0.7358$

図2 長野県におけるカラマツ林の収量比数と相対照度の関係

300〜700本程度は生育していた。

　これまでに調べたカラマツ林の収量比数と相対照度の関係でも、過密化していると考えられるRY（収量比数）0.8の森林でも15%程度の照度が確保される（**図2**）ので、カラマツ林はある程度過密になったとしても一定の照度が得られ、下層の植生を失われていなかった。

　このことから、カラマツ林は、ある程度過密になっていても下層に広葉樹が残っており、間伐で林床まで光が当たれば下層植生を発達させることができると考えた。

8．壊れにくい森林整備のために

　対象流域では、流域保全のための森林整備として間伐を行い、下層植生を発達させることを原則とした。間伐により下層木に光が当たり、下層木が育つことで、針葉樹単層林から針広混交林へと移行していくと考えたからである。

　実際の森林整備は、平成14年から徐々に始まった。民有林の施業では、異なる所有者の理解を得ながら、将来の地域の山をどのようにしていくのかを整理していくことが重要である。しかし、今回の対象地域は、私有林や財産区有林といった木材生産によって収益を得ることを目的としてきた森林（人工林）が多かった。これまで木材生産を目的に育ててきた森林を流域保全のためと説明するには、どうしても時間が必要であった。また、木材生産を目的とする森林であれば、将来の姿を示して理解を求めることもたやすいが、今回示した方法では目に見える形での将来像を示すことには難しかった。

　そこで、県有林などの公的な森林で施業を行い、施業の結果を見てもらいながら説明を行うことで、地元への理解を深めていこうと考えている。

　実際、カラマツ林では強度間伐により、ミズナラなどの高木性広葉樹だけ

でなく、陽光を好むようなノリウツギやリョウブなどの中低木、さらにはススキなどの草本類が発生するなど、下層植生の発達が認められ、一定の効果が得られた。しかし、すべてがうまくいっているわけではない。例えば、流域内に存在するドイツトウヒ人工林では、間伐して明るくなったにもかかわらず、施業後2年が経過しても林床には下層植生が見られないため、広葉樹の植栽が必要となった。

　加えて、長野県内でも近年増加傾向にあるニホンジカが、間伐後に発生した植物を採食し、せっかく発生した下層植生を食べ尽くすばかりか、間伐後に残された残存木の幹を食害するなどの被害が拡大し、森林が衰退してしまう危険性まで認められてきた。

　森林は100年の計にありと言う言葉が残されているが、長野県の県有林では100年を超えるような長期的な展望に立って、流域保全のために森林整備を進める試みは始めたばかりである。これまでの結果からも、良いことばかりとはいえず、樹種をはじめとする諸条件が多様な流域単位での施業には課題が多く残されている。それでも流域の保全は森林土壌を失わないことであることを念頭に、さらなる技術開発を推進していかなければと思っている。

第4章

推進のためのプログラム

第1節

水源林の経験から学ぶ森林経営（施業）計画

泉　桂子

1. 森林施業研究における「水源林」の今日的意義

　筆者は、これまで東京都・横浜市・甲府市の水源林を対象として（本論では、水利用者によってそれらの上水道水源の保護のために所有され、経営される森林を「水源林」と呼ぶ）、その成立過程と経営展開に関する研究を行ってきた[1]。水源林は、今日の森林・林業分野のキーワードである「公益的機能発揮のための森林管理」、「森林の公的管理」、「森林管理における市民参加」、「流域管理」を包含する森林管理事例として、約1世期間にわたり連綿とその管理がなされてきた。本書で取り上げられる「22世紀の森林施業」、殊に木材生産のみならず森林の公益的機能発揮にも配慮したそれを今日の状況に照らして展望するに当たり、これら水源林の森林施業を振り返ることは得るところが多いと思われる。

　その理由の第1は、森林施業研究における歴史的実証分析手法の意義である。施業研究のニーズは今日大きく高まっているが、森林は育成に長期間を要し、どのように森林を取り扱えば望む森林が得られるのか、といった問題の解明には多くの時間と費用を要する。森林管理に対して歴史的実証分析を用いることは、文献に記された「事実」から過去の史的展開を事後的に検証可能であるというメリットを持つ。森林が時間的存在であり、その生育に個人の人生以上の長期間を要するものである以上、その未来展望のために歴史を振り返ることは得るところが大きい。森林が過去の取り扱いの積み重ねで

形成される時間的存在であり、水源涵養機能をはじめとする森林の公益的機能—それは、ストックとしての森林においてオン・サイトに発揮される効用である—に対する期待が高まっている今日、現今の森林はどのような歴史を経て成立したのか、そこにはどのような人間の営みがあったのかはもっと着目されてよい。すなわち、現在の森林は過去の所有及び利用の変遷の上に成立しており、木材生産機能に比べより森林の地域固有性や流域との結びつきが大きく影響する公益的機能の発揮においては、現今の森林を支えている歴史的視点は不可欠である。

第2の理由は、90年代以降国・公有林で顕著となってきたいわゆる「公益的機能に大きく配慮した森林経営計画」[2]が東京都水源林においては早くも1973年に一部取り入れられ、現在まで実施されてきたことである。その経営計画の特徴を整理すると、次の5点である。①水源涵養機能の木材生産機能に対する優越を認める。②水源涵養上望ましい森林像を明確にし、その地域の森林生態系として安定した針広混交の複層林と定める。③森林の取り扱いについて天然林には作業を行わず、既存の人工林には複層林作業を大幅に取り入れ、林内への広葉樹導入を積極的に行う。④伐採予定量は「保続」が問題とならない範囲に縮小される。⑤水源涵養の立場から伐採年齢を大幅に引き上げる。以上の特徴のうち「水源涵養機能」を「公益的機能」と読み替えてみれば、東京都水源林におけるこのような経営計画が極めて先駆的なものであったことが看取できる。東京都水源林の経営計画は、国有林野のそれを先取りする形で展開し、甲府市水源林、横浜市水源林のその後の経営計画にも大きな影響を与えた。

本論では、水源林における経営計画の展開を振り返りつつ、これからの森林施業、特に公益的機能高度発揮のための森林施業を展望する上での試金石となりうるいくつかの論点を示す。

2．水源林における水源涵養上望ましい森林像の変化

　水源林の経営展開から明らかなことは、水源涵養を目的として管理されてきた「水源林」であっても、その「発揮」のさせ方や経営上の望ましい森林像が時代によって大きく揺らいでいたことである。言い換えれば、求められる森林の姿は時代時代の社会的要請や科学的知識に影響されてきた。

　例えば、東京都水源林の歴史を振り返ると、1901 ～ 1932 年頃において水源涵養に望ましいとされたのは常緑針葉樹林であったことは今日と大きく異なる点であり、水源林の形成過程を見るにあたり着目すべき点である。当時は、広葉樹に比べて一意的に針葉樹が水源涵養機能において勝っていると考えられていた。その背景は、まず当時上流地域では、無立木地あるいは極めて粗放的に利用される薪炭林が少なからずみられ、針葉樹林はそれと対峙する存在として認知されていたという点である。また、森林の水分消費作用に注目し、広葉樹は針葉樹より葉面が大きいので水分を蒸発しやすく、また厚い土壌は地下水涵養に不都合だと述べている。森林に対するこのような認識は、健全な森林生態系を維持することにより「土壌の醸成」をはかることが、水源涵養機能の向上につながるとする東京都水源林の見解[3]、「自然条件下での『安定した天然林』」を目標とする横浜市水源林の見解とは異なる[4]。当時の水源涵養に対する認識は、林木と土地の相互作用や、生態系、あるいは物質循環といった視点には至らず、単に樹木あるいは土壌のみを対象としており、葉面蒸散量に依拠して広葉樹より針葉樹を優位と考えていたといえよう。

　その後 1933 ～ 1955 年前後は、針広混交林が水源涵養機能上望ましいとされた時代であった。しかし、「水源涵養上は針広混交林が望ましい」ことが一旦合意されながらも、1956 ～ 1972 年は水源林もまた木材供給という時代の要請に応えざるを得なかった。経営計画は時の国有林野の計画に倣

研究対象とした水源林一覧表

	東京都 水道水源林	横浜市道志 水源涵養林	甲府市有林
管理主体	東京都水道局	横浜市水道局	甲府市
水源河川	多摩川	道志川 (相模川支流)	荒川 (富士川支流)
成立年	1910～1913年	1916年	1947年
位置	山梨県北都留郡丹波山村・同小菅村・同甲州市・東京都奥多摩町	山梨県南都留郡道志村	山梨県中巨摩郡宮本村(現甲府市)
面積	約21,600ha	約2,800ha	約2,600ha

注)管理主体は現在のもの

い、木材生産が優先され、水源涵養上望ましい森林の姿はあいまいとなった。

このように、「水源涵養のために管理される森林」という大前提を持つ水源林であっても、その取り扱いは世の要求によって大きく揺らいできたといえる。このような水源林の経験から指摘できることは、経営計画において森林という長期的視野を必要とする対象につき「目標とする森林の姿を具体的に定めること」は重要な使命であること、また、計画者はそれが定められた経緯・歴史的意義をよく知り重視すべきこと、である。

3．水源林の独自性に基づく経営計画の重要性

水源林の経営展開を振り返ると、水源林施業における国有林野あるいはその他のモデルの模倣、あるいは平行的移植が多くの問題を生じてさせてきた一方で、東京都水源林の経営経験あるいはその独自性によって立つ計画内容が編み出されてきた。1901年からの東京府による水源林経営は、天然林を立木処分あるいは直営製炭により伐採し、跡地に針葉樹造林を行うものであった。これは、当時の国有林における特別経営事業をモデルとし、本多静六らが水源林にその移植を図ろうとしたものであった。それは「水源涵養機能の高い」針葉樹林を造成するものであったが、自然条件、搬出条件、ある

第1節　水源林の経験から学ぶ森林経営（施業）計画　353

いは造林技術の未成熟さから数々の困難に直面した。もう1つ、戦後における東京都水源林の国有林野経営計画への追随も、天然林択伐作業の行き詰まりと拡大造林に対する下流からの反発という形でその限界が露わとなった。他の森林でとられている施業を水源林へ導入する場合には、自然条件や技術面に配慮した慎重さが必要なのである。

　その一方で、戦前期におけるカラマツ・ヒノキの二段林作業は水源林自らの造林経験に基づくものであり、補植に多くの費用・労力を要しながらも気象条件の厳しい1,200m以上の高標高地への効果的造林方法として定着していった。その内容は、裸地（無立木地）に対しカラマツ一斉林を造成し、植栽後11年目に除伐してその下木にヒノキを植えるというものであった。当時、カラマツの水源涵養機能はスギ・ヒノキに比べ低いと考えられていたからである。結果論ではあるが、この作業は1978年の学術調査において水源涵養機能の高い森林として評価されることとなった[5]。また、冒頭で述べたように、戦後における水源涵養重視型経営計画への転換は、上流の経済活動縮小という問題をはらみつつも、他の水源林にも影響を与え、国有林の経営計画に対しても先駆性を持っており、意義の大きいものであった。このような経営計画は、国有林野経営計画の模倣ではなく、それとの決別により可能となった。木材の生産よりむしろ水源の涵養を旨とする水源林にあっては、森林経営計画や森林作業の内容は森林の立地環境や河川の状況に応じてもっと多様化してもよいはずであり、その試みが積極的になされるべきである。これは、水源涵養機能のみならず他の公益的機能に関しても共通する課題と考える。また、このような試みは個々の森林や渓流の動態をきめ細かく観察することで実証的・経験的に施業の効果を把握していく、試行錯誤的な適応型管理ともいえるアプローチと一体化してこそ効果的と考える[6]。

　さらに付言するならば、これまで「教科書的」に捉えられてきた短～中伐期の針葉樹一斉林施業も、1世紀にわたる水源林の経営史を振り返ってみれ

ば1つの選択肢にすぎなかった。例えば、東京都水源林では、戦前期を通じてスギ・ヒノキ人工林は伐期80～100年の長伐期施業がとられていた。また、水源涵養と地元の森林利用ニーズを合致させる一手段として、天然林の小径木を薪炭材として利用する択伐中林作業に近い施業が戦前期～1956年前後まで広く行われていた。長伐期施業や複層林施業導入の中で「短～中伐期の針葉樹一斉林施業」の相対化が進む今日において、これら地域や森林経営目的によって立つ独自施業の試みを再評価することは、今後の施業のヒントにもなりうるものである。

　また、水源林における人工林齢級配置は、その経営に大きな影響を与えた。今日までの水源林の経営展開は、大面積の新植地が出現してはその保育に追われるという経験を2回繰り返している。人工林保育は当然のことながら多くの費用と労力を要し、その調達が経営上の問題となってきた。人工林の中でも特に若齢林分はしばらくの間集約的保育を要すること、森林を経営する者はそれに伴う費用や労働力を調達する必要があることを、我々は肝に銘じておかなければならない。

4．現在の水源林における森林施業上の課題

　水源林という森林管理の制度的枠組みは、森林管理費用が水道会計や自治体一般財源から調達され、木材生産による森林のみの内部的収入で完結しないという特徴を持っている。このことは裏を返せば、その管理費用負担者（水道利用者あるいは自治体の市民）に対して、水源林施業の内容やその結果どのような森林が実現され、水利用にどのような影響を与えるかが説明でき、かつそれへの理解が得られるものでならなければならないことを示唆している。以下では、これまで述べてきた現在水道局が所管するような典型的水源林だけでなく、水利用者によって管理される可能性を持っている潜在的な水源林、将来水源林となりうる可能性のある森林を含めて、その施業につ

いて論じる。

　実地・作業レベルの技術的なことから検討してみると、まず水源林管理の具体的・実地的レベルの技術を考察するに当たっては、当面、現在の天然林は東京都水源林の現経営計画で「その地域で安定した森林」とされたように、そのまま放置しても問題は少ないと考えられている。喫緊の問題とされているのは、人工林、特に要保育年齢でありながらそれが十分でないものや伐期を迎えつつあり次世代の森林を、どのように育成していくかが問題となっているものである。

　人工林において水源涵養上最も急を要する手入れは、間伐である。東京都水源林の経営展開で見てきたように、水源涵養の要諦である森林土壌を良好に保つためには、人工林の林床を明るくし、広葉樹などの下層植生を繁茂させることが必要である。水源林の経営展開で着目すべきは、強度の間伐による針広混交林への誘導、あるいは不成績造林地の伐り透かしによる天然林への誘導というアプローチが、1986年に早くも東京都水源林において取り入れられていたことである。このような方法は、現在でこそ施業の選択肢として広く受け入れられているが、造林木を経済的価値から捉えていた林業の立場からすれば極めて新しい着想であった。このような強度間伐による誘導施業は、地域の自然条件にあったものとして他の水源林においても有用であろう。しかし、このような施業では、強度間伐のみで林内に広葉樹を侵入させることが果たして可能なのか（母樹や埋土種子の存在など）、可能な場合どのような林型が実現されるのか（その樹種や既存の造林木との競合関係など）、といった情報・技術開発を計画に盛り込むことが今後求められる。これらの情報は、次世代の森づくりについても伐採跡地を再植林するのか、天然林に返していくのか、返していくとすればどのような手法がとられるべきなのかを論じるのに有効であろう。現在のところ、これらの情報や技術があいまいなまま「林内への広葉樹導入」、「針広混交林」が計画のキーワードと

なっている。

　また、人工林の伐採について、現在の東京都水源林は森林土壌の健全度維持のために極力「皆伐は避けなければならない」との考えから、人工林に複層林施業を大幅導入している。例えば、1986年以降、人工林のうち単層林施業約500ha、複層林施業約5,500haが計画されている。複層林作業では、皆伐作業に比べ、伐採時に裸地を生じないという点で水源涵養上有利である反面、伐採搬出の功程が上がらないことからその費用が割高となる、残存する樹木が損傷を受けるなどの欠点がある。水源林経営に投じる費用や人員の増加を承知の上でこのような施業を大幅導入した東京都水源林の方針は、大いに評価されるべきである。さらに、このような主伐時に裸地を生じさせない伐採方法は、下流住民から見ても説得力のある水源林施業として受け入れられやすいと考えられる。しかし、このような考えに立てば、水源林管理におけるもう1つの裸地＝林道の敷設に関して、水源林においてはより慎重な姿勢がとられるべきである。「林道がなければ森林管理ができない」という意見もあるが、例えば水源涵養上特に重要な地点ではモノレールやロープウェーの架設などの思い切った選択肢が考えられる[7]。

　また将来、水源林での天然林択伐による用材生産という選択肢が再び検討されることも考えられるが、東京都水源林の経験では、その伐採率は実地で遵守されず、結果的に良木伐採となり、1968年以降は拡大造林に伴う天然林皆伐が択伐作業に取って代わられるようになった。よって中部日本の山岳地帯ではこのような選択肢は勧められず、もし天然林択伐作業を行うとすれば伐採搬出まで水源林の直営で行い、伐採量や伐採方法の厳密・周到な管理を保証することが望ましく、それには相当の費用負担及び人的資源が必要である[8]。それらを賄い得ない場合の方が、今日ではむしろ多い。

おわりに

2001年の森林・林業基本法改正で、「水土保全林」というゾーニングが設けられ、その対象面積が約1,000万haに及んでいることは、森林・林業分野及び社会双方からの森林の水源涵養機能に対する期待の高さをうかがわせる。水源林で行われている森林管理形態は将来的に相当の可能性を持っている一方で、今日いくつかの自治体で「水源涵養税」といった新税創設論議が結果的に「森林環境税」として実現している事例は、水源涵養機能に対する費用負担は容易でなく、費用負担者の合意を得られなければこのような制度は早晩瓦解するものであることを示唆している。

水源林として水利用者等が水源林経営を支えていく仕組づくりのためには、経営の情報を費用負担者に開示することが不可欠であり、森林計画は専門家による専門家のための計画でなく、一般に広く開かれたものとなる必要がある[9]。東京都水源林1996年計画は、この点にも配慮がなされ、イラストや写真を多用し、専門用語を平易な言葉に言い換えたものとなっている。計画者のこのような取り組みは、市民参加を実りあるものにするための大きな一歩である。

注

1) 詳細は、泉桂子．2004．近代水源林の誕生とその軌跡．東大出版会，278pp. を参照のこと．なお本論は同書「第8章　水源林からの教訓」を加筆修正したものである。

2) 1998年以降国有林野では「管理経営計画」との呼称が用いられるようになったが、森林経営体単位における森林の取扱いを定めた計画の一般的な名称として以下「経営計画」を用いる。

3) 例えば、東京都水道局水源林事務所．1986．水源林経営計画書（第8次）．27pp（附属資料44pp）．18 — 19pp．

4) 横浜市水道局．1998．横浜市水源林整備基本計画調査業務報告書．41：69．

5）渡邊は東京都水源林におけるカラマツ・ヒノキ混交林が合理的林業と水源涵養機能を調和させたよき事例であると評価している（渡邊定元．1982．森林施業と水源かん養機能．林業技術，485：7 ─ 13：10．）．なお、この見解は、西沢正久．1978．多摩川上流域における水源林の理想的あり方についての調査研究．（財）とうきゅう環境浄化財団研究助成，12．88pp．（共同研究者：竹下敬司，渡邊定元）に基づいている．

6）1990年代以後アメリカ合衆国国有林でとられるようになった「エコシステムマネジメント」とは、人々の要求と環境の価値を調和させる生態学的アプローチによる森林管理である．その具体的実施方法として「適応型管理」（アダプティブマネジメント）、すなわち計画の実行過程をモニタリングし、モニタリングの結果を分析・評価することが採用されている（柿澤宏昭．2000．エコシステムマネジメント．築地書館，13：206pp．）．

7）島嘉壽雄．2002．森とダム─人間を潤す─．小学館スクウェア，323pp．308；東京都水道局水源管理事務所．2001．水道水源林100年史．299pp．244．

8）択伐作業の一手法である照査法導入の要件として人材の充実を説いた論考に以下の２つがある（今永正明ら．1987．森林施業と自然保護．林業経済，464：1 ─ 10：5．；渡邊定元．1995．持続的経営林の要件とその技術展開．林業技術，557：18 ─ 32：24 ─ 25．）．

9）木平勇吉．1997．森林管理と合意形成．林業改良普及双書，125pp，全国林業改良普及協会．22 ─ 23pp．

第2節

資源循環利用と森林管理

大住　克博

1. 資源循環利用とは？

　資源の循環利用は，過去において資源の供給量が限られ、流通も未発達であった時代には必然的に行われてきたことである。モノを得ることは、経済的、労働的に大きな負担を伴う。単にその理由から、使用したモノを可能な限り回収し、再使用あるいは再利用する社会が成り立っていた。つい半世紀前の暮らしを思い浮かべてみよう。紙やガラス瓶のみならず、金属や古着も回収され販売された。壊した家屋の廃材は作業小屋などに転用され、最後は燃料になった。古瓦は砕いて往来に敷かれた。山野と農家、農地の間にも、同様の回路があった。山の柴（高木の萌芽枝や低木）や草は刈られて飼料となり畜舎の敷き草となり、牛馬を肥やした後の糞尿とともに厩肥となって農業に利用された。茅も刈られて約30年間屋根に葺かれた後、肥料として田に入った。畦や田畑と林との境の草や柴は、除草するだけではなく緑肥として直接田に鋤き込まれた。農家のゴミ、し尿も同様に肥料となった。このように山野から持ち込まれた養分を受けて育った作物は、人の食糧となり、人が山野を管理する労働のエネルギーとなり、人肥は再び農地に戻っていく。

　このような自給的な回路では、基本的に駆動力を太陽エネルギーに頼っていた。しかし、石炭、石油という化石エネルギー利用の開発は、工業化と商品経済, 流通の発展を引き起こし、それはモノの大量生産、広域流通、大量消費、大量廃棄といった新たな様式を生み出した。モノの価値は生産と流通

という短期的な過程の決済に基づいて決められ、市場は安いコストと高い販売価格を求めて海を越えて拡大する。その結果、工業化が進展した社会では人件費がそれ以外の地域より上昇し、労働集約型のモノは地域で生産するよりも、広域から買い入れ使用後は廃棄したほうが安いという状況が生み出され、地域における資源循環の回路は消滅していく。

　現在の経済の基本となっているこれらの様式は、資源は無尽蔵であり、多量廃棄の環境への負荷は小さいという前提で成り立っている。社会・経済は、永遠に成長を続けていくことが可能であるというシナリオである。しかし資源については、1970年代に2度にわたって発生した石油ショック以降、その有限性が強く認識されるようになった。環境への負荷については、まず汚染物質による環境破壊への警鐘が、1962年に、いち早くレイチェル・カーソンによって行われる。その後、一般の非有害廃棄物であっても、その処理や投棄に伴う環境への負荷は大きく、またその負荷を考えた場合、長期的なコストは高くつくということも明らかになってきた。そして、現在の資源利用システムの持続性への懐疑や、問題の先に破綻が待っているのではないかという恐れが語られるようになる。資源や環境の持続可能性は、社会の持続可能性に直接反映すると認識されはじめたのである。そもそも資源や環境は過去の世代から受け継いできたものであり、その分配は現在の世代だけではなく、将来の世代の権利をも脅かさないように行われるべきであるという主張も行われ、さらには、成長を前提とした現代社会の経済システムに対する懐疑まで生まれた。

　このような状況を受けて、1987年、国連の環境と開発に関する世界委員会は、「持続可能な開発（Sustainable Development）」という標語とともに、資源の保全と再生、そしてすべての意思決定における経済と環境の統合という方針を打ち出すに至った。これらが、現代において資源循環型社会が評価され始めた背景である。資源循環という思想は、資源の有限性と環境や社会

の持続性を両親として20世紀後半に生まれ、昨今の地球温暖化対策というゆりかごの中で育ちつつあるといえよう。

2．一般社会の問題として何が議論されているか？

資源を高度に循環利用するという資源循環型社会の実現は、現代社会全体にかかわる課題である。したがって、議論は農林業に限らず広範に及ぶ。その中から主要な論点を拾い出せば、以下のようなことがらが挙げられるだろう。

資源の保続：資源の有限性への自覚から、それを少しでも長く持続的に利用できるようにしようという考えである。有限性が自覚されるようになった動機は、石油のように絶対量が予測されるようになったこと、そして、世界の人口が急増する中で、先進国による資源独占の倫理的妥当性が問われるようになったこと、資源や環境についての将来世代の権利が意識されるようになったことなどである。資源量を長く維持するために、分配、再使用、効率的な利用、社会的な意義の高い使用の優先などといった、賢い利用法の開発が目指される。

廃棄物の低減：資源の大量消費と非循環的利用に移行した現代社会は、必然的に大量の廃棄物を生みだすようになる。都市では投棄する場所の確保もままならず、廃棄物処理のコストも高い。このコスト減らすために、「廃棄物」という観念が不要な生産―消費システムが模索されるようになった。経済あるいは行政の課題として「循環型社会」が取り上げられる場合、そのほとんどはこの廃棄物問題として議論される（例えば、環境庁、2003）。そこでは、発生抑制（Reduce）、再使用（Reuse）、再生利用（Recycle）が3Rと呼ばれるキーワードになっている。

環境負荷物質の抑制：現在ある環境の安定性を保つため、それを脅かすような資源利用をしないとう考えである。1つには、ダイオキシンなどで代表

されるように、回復不能な影響を与える有害物質の使用を即時中止するという排除の手段があり、いま1つには、二酸化炭素排出抑制のための化石資源から生物資源への切り替えのように、長期的に地球環境に弊害をもたらすと推定される資源を、環境負荷が低く循環的な特性を持つと考えられる資源で代替するという手段がある。

　資源循環システムを保障する社会的枠組み：以上の3点では、資源そのものの取り扱いに介入しようとするのに対して、循環利用が実現される仕組みに焦点をあてた議論もある。資源の循環利用が行われるためには、そのシステムを包摂する環境や社会のあり方まで考えていく必要があるという主張である。

　現在の市場経済は、空間スケールは世界に拡大した一方で、環境負荷などの長期的コストを反映する回路は貧弱で、資源の循環的利用とは相容れない部分が大きい。資源や環境に対する将来の世代の権利が考慮される余地はほとんどみられない。わずかに温室効果ガスや産業排水については、問題をはらみながらも排出枠取引などの取り組みが始まっているが、それは、これらの排出に社会から強制的な制限が加えられたからである。したがって、資源循環型社会に近づくためには、現代社会の仕組みに欠けている新たな考え方が必要となる。例えば、市場での商品の取引は、一般的には商品が廃棄された後の処理コストを担保しないため、最終的につけは公的な負担にまわされる。市場の失敗である。市場が対応しきれないのであれば、何らかの社会的な制度や枠組みの導入が不可欠である。そこで、廃棄物についても、負担の社会的公正を図り、かつその発生量を抑制するために、環境税などの環境経済学的な枠組みが提案されている。

　なお、社会的な制度や枠組みを実効あるものにするためには、公的な機関や権威の指導だけでなく、産業界や市民の参加が必須である。そして、広範にわたる関係者の間で合意を得るためには、行政担当者や企業、市民への啓

発が重要で、そこでは情報が大きな役割を果たすことになるだろう。

地域性の重視：資源循環の回路を包摂する空間的スケールについての議論である。資源循環型社会が広範な関係者によるネットワークにより成り立つものであるならば、その単位としては、世界や国家よりも、地域や流域のほうが有効なのではいかという考えが広がりつつある。なぜなら、資源循環の効果が還元されるべき環境や社会は、それぞれの地域に強く根ざしたものであり、地域性という視点の付加は、資源の循環利用に一般市民が実感できるスケールをもたらすからである。このことは、参加意識の発揚にも貢献するだろう。

最近は、地産地消という言葉も同様の文脈で使われている。そこではさらに、政治経済におけるグローバリズムに対し、より地域的な価値に根ざしていこうとする意味合いも込められているようだ。

3．資源循環利用は森林管理とどうかかわるのか？

（1）資源循環型社会の理念と森林管理

では、資源の循環利用は、林業あるいは森林管理にとってどのような意味を持つのであろうか？ 先に挙げた資源の循環利用をめぐる主要な論点のうち、「資源の保続」という動機は、国内の木材資源の現況を量的な視点から判断する限り、あまり切実ではなさそうである。現在の日本国内の森林資源は、保続を考えた全国的な資源計画のもとに管理されていて、現時点での伐採量は成長量を大きく下回っている。しかし、問題はある。国内に資源はあるものの価格が高いため使用されず、安価な木材を海外から大量に輸入していることだ。世界全体では森林資源が減少し不足している中で、一定の生産力を持つ国が自国の資源を利用せず輸入に頼ることは、市場原理に従っているとしても問題が残るだろう（図1）。

森林管理の役割は、2つ目の論点である「廃棄物の低減」に関しても小

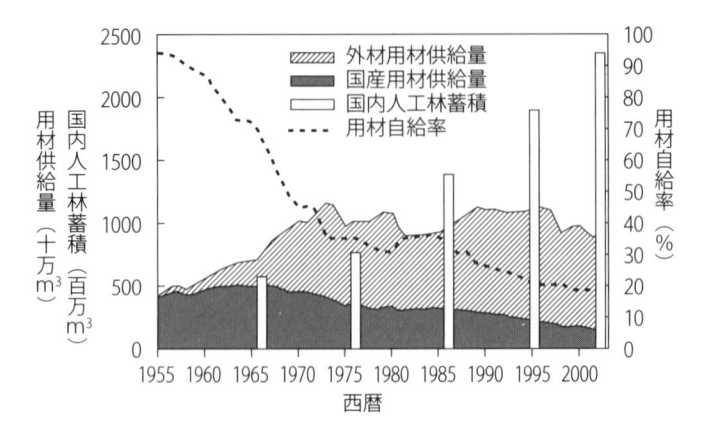

図1　増加する森林の蓄積と低下する用材自給率

さいだろう。製材業はさておき、森林管理は基本的に資源の生産であって消費する行為ではない。森林管理の出番は、3つ目の論点「環境負荷物質の抑制」につながる化石資源の代替、あるいは4つ目以下での議論に関連した、地域における循環的な資源利用に貢献してきたものの、市場競争力を失いつつあるシステムとしての林業の再生というところにあるだろう。例えば、地域内の森林から生み出される生物資源をもって、化石燃料や化石燃料を消費して生産される工業製品を代替すれば、二酸化炭素の排出量の低減に貢献できるだろう。さらに、地域内の森林資源が利用されることで雇用が創出され、地域経済が改善されるかもしれない。また、循環的な森林資源の生産と利用のシステムが安定的に地域に存在することは、直接には資源供給や地域経済の安定化に役立ち、間接には、里山のように長年の利用により形成され維持されてきた二次的な生態系の保全や、あるいはそのような自然環境を基盤として育まれてきた地域文化の継承に貢献することも期待できる。

しかし、森林資源の循環利用についてどの程度のシステムが実現可能で、その結果どの程度の効果が期待できるのだろうか？　複雑な系が生み出す結

果の予測は容易ではない。高度に効率化された既存の大量生産、流通システムから離れ、地域で小規模に資源を循環させることは、短期的なコストにおいてはかえって掛かり増しになるだろう。地形的な制約などから搬出効率の低い国内の森林で生物資源の利用にこだわると、二酸化炭素収支の面ではむしろ悪化するのではないかといった予測もある。そもそも資源循環型の地域社会の追求は、現代社会に対する拒否感と裏腹の関係にある、小宇宙的な社会や桃源郷への憧れと共鳴するところがあり、そのために期待が先行しがちなきらいがある。

（2）森林管理にとっての現実的な意味

地球環境や地域社会への貢献といった社会的公共的な使命から離れて、森林管理者や林業者側の経営的な立場から考えた場合、循環的資源利用には何らかの実利があるのだろうか。

第1に、「林業は循環的資源利用システムである」と強調することは、社会に森林管理や林業の必要性を宣伝するうえで効果的である。現実の国内の林業は、造林から搬出までにかかわる支出や投資のかなりの部分を、公的な支援に頼っている。支援の理由の1つには、市場では評価され難い価値の代償という位置づけがある。人工林においてさえ、社会から木材生産以外の公益的機能の発揮が求められているからである。森林管理や林業が循環的資源利用システムであると表明することは、これらの支援を正当化する力となるだろう。

循環的なシステムに光を当て、地域社会全体で取り組もうと提案することは、人々を啓発し、多少なりとも彼らの目を、グローバル化した市場経済からより循環的、地域的な方向に向ける力になるだろう。これを林業的な期待をこめて翻訳すれば、「工業製品から林産物へ」、「地域外からの移入材から地域産材へ」ということになる。木材価格が低迷する中で、地域産材の利用促進のために何らかの付加価値を求めようと努力が続いている。例えば、近

年、森林所有者が競って森林認証制度を導入する目的の1つはそこにある。地域産の資源を循環的に利用し、環境に優しい社会の建設に貢献するということは、一般の人々にとっても共感しやすい主張だろう。このことは、林業者の立場からみて、資源循環利用の最も現実的な意味かもしれない。

資源循環利用の単位として地域性を重視することは、森林管理にも良い影響を与える可能性がある。現在の森林管理では、特にそれが公的あるいは組織的に行われる場合には、数値化されたデータベースにより広域で計画が立てられることが多い。しかしこのことは、人が山に入り視覚的に認識し判断するという極めて身体的な過程を奪い、計画を抽象的で実感を伴わないものとしてしまっているきらいがある。それと平行して、各流域や地域における生態系や、個々の林分、施業に対する繊細な配慮を欠くようになってはいないだろうか。地域性の重視が、森林管理者に森林管理の意義と責任をより強く認識させるきっかけになることを期待したい。

4．地域における循環の仕組みをどう実現していくか？

ここまでの議論の中で明らかになってきたことは、資源循環型社会という考え方は、資源の保続、汚染の防止から、安定的な環境や生態系そして地域社会の形成まで、多様な目的を持っているということである。さらに森林管理者の場合は、ここに地域産の森林資源の利用促進という目的が加わる。地域における循環型社会とは、このように包括的で複雑なものである。それは立地により多様であるばかりか、どこまで追求するかという点においても地域住民や行政体の考え次第であり、決して1つの正解が在るわけではない。目的が多様であると、ものごとは曖昧になりやすい。さらに、何をすればどのような機能がどのぐらい改善されるのか、あるいは悪化するのかという情報も、まだ十分に整理されてはいない。

資源循環のシステムが、市場まかせで立ち上がる可能性は低いだろう。市

場では、環境への貢献などの公共的かつ長期的な価値は評価されにくい。また、木材など循環型社会の実現に貢献すると思われる生物資源は、市場での競争力が乏しいからである。循環型社会実現のために誰がどこまで労力的、経済的負担をするのかという問題は、最後までつきまとうだろう。

　それでは、社会的な枠組みや制度があれば、資源循環システムを実現できるのだろうか。廃棄物や環境汚染物質、二酸化炭素の排出に環境税をかけるといったように、資源循環問題の一局面を切り取って対処することは可能である。森林資源の利用も、そのような環境経済学的政策により促進することができるだろう。しかし本質的には、社会全体が資源循環型へと移行する中で森林資源の役割が見直され、利用が進むことが順序である。木材の利用促進のみを切り取った議論をもとに、森林管理の活性化による資源循環型地域社会の形成というスローガンを打ち出しとたしても、やがて色あせていくのではないだろうか。

　このように、資源循環の仕組みを実現するためには多くの困難がある。しかし、地球温暖化の進行や、地域社会の衰退に伴う森林管理の放棄のように、現実は刻々と悪化している。とりあえず現在考えられる最善の方法で、いくつかの地域で森林管理を組み込んだ資源循環利用型社会への誘導策を施行し、その結果を解析しながら改善していくという大掛かりな試行を提案したい。流域スケールでの資源循環型社会モデル…資源循環特区の設置である。そこでは、経済的支援から情報の提供までを含む特例的な制度を設け、森林管理・林業だけでなく、農業や商工業、そして住民の生活様式についても、地域内で循環的に資源利用することを奨励する。そして、それによって引き起こされる環境・生物・社会の変化を、経済的な収支とともに中長期間観測し、現代社会の代替案となるようなシステムを作り出すための情報を得ていくのである。

　小さな政府が目指される中で、公的な枠組みを増やすことには否定的な考

えも多いだろう。しかし、市場まかせで環境が管理できないことは、20世紀の歴史に明らかである。現実を見れば、すでに農業や林業、あるいは地方経済自体でさえも、そのかなりの部分は公的資金で支えられている。まず、その使い方を考え直すことから始めればよい。このような試みは、国民生活の安全保障策としても検討されるべきだろう。環境問題は、失敗が許されない課題であることを銘記しなければならない。

参考文献

日引聡・有村俊秀. 2002. 入門 環境経済学―環境問題解決へのアプローチ. 中央公論新社.

ジョゼフ・R. デ・ジャルダン. 新田功・生方卓・藏本忍・大森正之（訳）. 2005. 環境倫理学－環境哲学入門. 出版研.

環境省. 2003. 循環型社会白書 平成16年版. 環境省.

レイチェル・カーソン. 青樹簗一（訳）. 1974. 沈黙の春. 新潮社.

植田和弘. 1996. 現代経済学入門 環境経済学. 岩波書店.

鷲田豊明. 1996. 環境と社会経済システム. 勁草書房.

第3節

NGO、NPO の役割

渡邊　定元

1．これまで果たしてきた NGO・NPO の役割

　NGO（Non Governmental Organization）は、人権、環境、軍縮などの分野で活動する民間の国際協力団体のことで、本来は国連憲章で国連の経済社会理事会と協議関係にある NGO を指している。国連が取り組んでいる社会・経済分野で国際的に著しく貢献しているかどうかが理事会の認定の基準となっている。自然環境関連では世界自然保護基金（WWF）、国際自然保護連合（IUCN）が著名で、熱帯林の保全、持続可能な森林の管理などに大きな役割を果たした。

　NPO（Nonprofit Organization）は、様々な非営利活動を行う非政府、民間の組織で、民間非営利組織と呼ばれている。営利企業とは違って、利益を関係者に分配することが制度的にできない組織を意味する。NGO、NPO ともに市民の自発的な意志により活動を行っている市民団体である。日本では、国際協力や環境、人権など国境をこえて活動する団体を NGO とし、これに対し、NGO の活動を含め、国内の課題について非営利活動も行っている市民団体を NPO という理解が一般的である。

　自然環境の保全を目的とした NGO は、19 世紀後半から 20 世紀初頭にかけて発足した。イギリスのナショナルトラストは、1885 年に民間の有志によって組織され、1907 年に成立したナショナルトラスト法により特殊法人となり本格的な活動を展開する。また、ドイツの天然記念物保存運動

は、コンベンツらの努力により、プロイセン国において 1902 年に「景観的にすぐれた対象の保存に関する法律」、1904 年に「天然記念物保存法」が制定されたことを契機として始められる。1909 年になると、スイスに自然保護連盟が生まれる。このように、自然環境の保全は、NGO によって問題が提起され、その結果として法律が制定されるといった経過をたどっている。NGO と関係当局が車の両輪となって環境保全は図られてきた。1948 年、フランス政府の発議とユネスコ、スイス自然保護連盟の後援のもとに、国際自然保護連合（IUCN）が設立される。1980 年、IUCN は国連環境計画（UNEP）の協力の下に、熱帯林保護や野生生物保護等に関する行動計画「世界資源保全戦略（WCS）」を発表する。WCS は、1987 年に UNEP の環境と開発に関する特別委員会報告「われら共有の未来」で提起された持続的開発（Sustainable Development）の考え方の発端となった報告書である。国際自然保護連合や国連環境計画の活動によって、自然の保全－自然資源の賢明な利用は、開発と対立するものではなく、開発の主要な部分であるとの概念が確立され、自然資源を現代のみならず将来の世代のために、最高度に持続的な利用を可能とするとの国際的な共通認識をうることに貢献した。このような NGO と国連関係機関との二人三脚の体制は、1992 年の国連環境と開発会議（UNCED）における生物多様性条約、地球温暖化枠組み条約や、その後の条約国会議などで多くの成果をあげている。

　UNCED に至る以前、1962 年、国際学術連合会議（ICSU）や国際生物科学連合（IUBS）は、食糧問題、生物生産に関する基礎資料を国際的に収集し、人類の環境の改善維持に資するために国際生物学事業計画（IBP）を実行する。1968 年、ローマクラブは「成長の限界」を発表し、地球規模での経済成長に伴う天然資源、環境資源の消費とその有限性などの問題を提起する。このように、国家間の利害を超えて NGO・NPO が地球環境の保全に果たしてきた役割は枚挙にいとまがない。

1975年に設立された民間のシンクタンクのワールドウォッチ（World Watch）研究所は、地球の環境保全と持続可能な経済発展を一貫して追及しており、環境等に関する統計と研究所独自の分析・主張を盛り込んだ年鑑「地球白書」は、世界に向けて環境と開発の現状を明確化し発信し続けている。

2. 自然環境・原生林・生物多様性の保全とNGO・NPO

　原生林など貴重な自然環境は、1915年に設定の国有林の保護林、1919年に制定された天然記念物保存法、1931年制定の国立公園法などによって保護されてきた。第2次大戦以降になるとチェーンソーなど林業機械の発達、技術革新による広葉樹資源のパルプ化が可能となり、大面積な皆伐が進み、1956年に策定された国有林生産力増強計画によって原生林の伐採が日本各地で進展した。こうした状況を憂慮して、1941～43年にかけて日本生態学会は全国10ヵ所の原生林保護区を提案し、日本学術会議によって保護林の設定が林野庁に要請される。NGOによる、日本最初の原生林の保全についての建議である。その結果、十勝川源流、大井川源流、稲尾岳、屋久島などが国有林保護林に設定される。

　電源開発から尾瀬の自然を護るため1949年発足した尾瀬保存期成同盟は、1950年に日本自然保護協会に発展・移行し、保護・研究・教育普及を柱として原生林・河川・野生生物・珊瑚礁などの保護活動を行ってきた。尾瀬をはじめ屋久島、知床、白神山など各地原生林の保護に多くの役割を果たした。最近では、世界遺産条約の早期批准や指定を促進する活動が注目に値する。日本各地の保護すべき自然については、北海道自然保護協会、屋久島を守る会、大雪の自然を守る会、早池峰の自然を守る会、ブナ林原生林を守る会など地方のNGO・NPOによって保護運動が起こり、中央の自然保護協会などによって政府機関に働きかけが行われてきた。屋久島や知床の自然林、白神山のブナ林の保護、スーパー林道、大規模林道の計画地における原

生林や野生生物生息地は、こうした図式の保護活動によって保全された。国有林の森林施業は、1999年、「新たな森林の整備推進方向」によって自然環境の保全が強く打ち出され、国有林と環境NPOとの対話と協調ができる時代となった。

　一方、民有地の保全では、ナショナルトラスト運動が成果をあげた。ナショナルトラスト運動は、「国民のために国民自身の手で価値ある美しい自然と歴史的建造物を寄贈、遺贈、買い取りなどで入手し、保護管理し、公開する」ことによって無秩序な乱開発から自然環境や歴史的遺跡、文化財などを守ることを目的とする民間運動で、1895年にイギリス人の3人の有志により開始された。日本では、1964年に大佛次郎らによって結成された鎌倉保存会が最初で、1966年には宅地造成されようとした鎌倉の鶴岡八幡宮の裏山を買い取った。また、1974年、和歌山県田辺市民によって結成された「天神崎の自然を大切にする会」は、別荘などの開発から天神崎の自然を守るため特別地域以外の開発可能な民有地の買い取りを行っている。1985年には自然環境公益法人（ナショナルトラスト法人）の設立が認可され、買い取った土地や、寄付に対して所得税と法人税の控除、固定資産税、不動産取得税の免除が認められた。

　大都市圏に位置し、都市近郊の丘陵地の森林が開発され続ける神奈川県は、1985年、県主導で「（財）みどりのまち・かながわ県民会議」を発足させ、ナショナルトラスト型の運動を展開し、県民参加によるみどりの保全をめざす組織が創設された。県民会議は、1995年に「（財）かながわトラストみどりの財団」と名称変更して今日に至っている。その事業は、緑地の買い取り保全、緑地の契約保全、寄贈を受けた土地の保全、市町村トラストへの支援などで、緑地の巡視、草刈り、枝落としなどの維持管理などを併せて実行している。また、1991年に設立された静岡県柿田川みどりのトラストは、日本第一の湧水地を周辺の開発から守るため川沿いの森林を購入し、

流域の保全活動を行っている。小地域の NGO 活動が成功した事例である。以上のとおり、日本のナショナルトラストは、全国を統一した組織ではなく、ローカルトラストであることに特徴がある。

3．森林の修復・再生と NGO・NPO

20世紀の後半から、森づくりは国民的な合意となっている。植樹祭など森づくりの行事は、国土緑化推進機構などの支援による国民をあげての NGO 活動といってよい。森林の修復・再生のための NGO、NPO 活動は、国、県、市町村の緑化推進機構のように公的な緑化関連団体の下で活動を行っているものが多い。また、企業による森づくりや持続的森林経営への貢献は、速水林業などにみられる私有林の森林認証の取得、富士山住友林業の森やニッセイ富士山の森など企業職員らのボランティア活動による緑化活動があげられる。また、NPO 富士山自然の森づくりの活動には、アマダ、テルモ、富士写真など地元企業のボランティアグループが参加している。

森づくりには、公的な緑化関連団体や企業の社会奉仕といったものに対し、地域住民が地域活動の一環として NPO を組織してボランティア活動を行っているケースが多い。自主的な森林ボランティアは富士山周辺だけでも十指をかぞえ、宮城県の「牡蠣の森を慕う会」など漁民による森づくりは全国に波及している。

山村の過疎化と山村住民の高齢化は、森林経営の担い手である林業者の不足をもたらしている。林業の担い手として機能した最初の森林ボランティアは草刈り十字軍である。草刈り十字軍は、環境保全と除草剤の空中散布反対の立場から、富山県で 1974 から始まった森林ボランティアである。県・森林組合が組織をまとめ、大学生など多くの若者が体験学習のため参加してきた。下刈りなど林業の担い手として機能したために反響が大きく、担い手不足に悩む神奈川、埼玉など大都市周辺をはじめ全国各県に拡がった。

4．NPO法人富士山自然の森づくりの事例

　NPO法人富士山自然の森づくりは、富士山の自然環境の修復や世界遺産の登録に必要な環境整備のため、地域住民が富士山の自然環境保全と自然林の再生活動を目的として組織し、全国にボランティアの参加を呼びかけている会で、高度な自然の森づくり技術を楽しく学びながら自然林を造成するところに特徴がある。100年かけて本物の自然林を修復することを目標に、月1回の定期的な森づくりボランティア活動と、森づくりに必要な基礎研究と専門技術者の養成を行っている。

　ここでの植栽は、極相に類似した森づくりのため、ブナの樹冠の拡がりを1つのパッチの大きさとしたパッチ法を採用していることに特徴がある。樹齢100～150年生のブナの樹冠の直径が12～15 mであることより、この拡がりを自然林復元に当たってのブナパッチの基準としている。富士山のブナ林には、必ずヒメシャラが生育していること、ブナ、ヒメシャラ類は伐採された後の再生が困難で、2種は二次林が安定した40～60年後でなければ更新してこないことから、植栽する基本樹種はブナとヒメシャラとしている。また、樹木の遺伝子を攪乱させないために、種子を採取し、道路際とか暗い林に芽生える自然林構成種の稚樹を採取して、苗畑で育苗してパッチに植栽して多様性に富んだ自然の森づくりを行っている。

　自然の森づくりの切実な問題として、いわば「ボランティア」を指導する「ボランティア」が必要となっている。都会人のなかには、森にふれてみたい人々がたくさんいる。そういう人々を富士山の自然にじかにふれさせることも、森づくりの役割である。初体験のボランティアを指導するボランティアが会員の中からたくさん生まれている。研究成果に立脚した植栽技術、森づくり講座・教室を通じて中核となる技術者の養成、その他若者や素人に魅力あるNPO活動の集積は、長期にわたって継続可能な地球環境の森づくり

につながっている。

5．持続可能な森林経営への NGO・NPO の役割

超長期の視点に立って NPO 森林ボランティアが、持続可能な森林経営の担い手となりうるか否か、また、森林ボランテアの役割や、その限界について考察しよう。

森づくり政策市民研究会代表の内山節は、1997 年「新たな森林政策を求めて－森林ボランテア活動を進める市民からの提言－未来に責任を果たせる森林政策を求めて」という提言を発表した。森林政策や行政当局の動きをチェックし、議論し、批判し、提案していく市民として、市民の立場から、森林を守り育て、森づくりへの国民参加の方途を示したものである。国民参加の森づくりは、内山の示す考え方をもって森林環境を理解し、行政と NPO が車の両輪となって進めていくことが求められよう。全国植樹祭や育樹祭は、各県の持ち回りで毎年開かれている。植樹祭が契機となって地域住民参加の緑化運動が定着しており、近年の植樹祭には、針葉樹植栽より生物多様性を考慮した自然林造成の手法が取り入れられ、21 世紀の森づくりの方向を示している。

森づくり NPO には、2 つのタイプがある。第 1 は、地球温暖化や緑地環境によって森林に興味をもつ市民に対し、みどりにふれる場や植林への参加するニーズに応える組織である。日本の各地に組織されている多くの NPO がこのタイプに属する。地球緑化センターは、国内の植林をはじめ熱帯林や砂漠の緑化をサポートしている。第 2 は、山村の労働力不足を補うための植林から除伐・間伐までの作業を請け負う組織である。埼玉森林サポータークラブは、県市町村の協力の下に第 1 のタイプとあわせて第 2 のタイプの事業を行っている。NPO 法人富士山自然の森づくりも、一般の植林ボランティア活動に加えて、放置森林の除伐・間伐を年間活動の中に組み込んでいる。

グランドワークトラストは、森林をはじめ身近な環境の改善・創造を、市民・企業・行政が一体となって活動するNPOで、1981年にイギリスのリバプール郊外で始まった市民運動である。お互いが対立するのではなく、目標とする自然づくりのために保全・修復・再生などの活動を行い着実に成果を上げるには、グランドワークトラストが最も適している。静岡県の三島グランドワークトラストは、荒廃した湧水池と河川環境をみごとに復活させ、その維持管理を担っている。高度成長期に進出した工場の揚水により枯渇した湧水を企業の協力によって再生させ、清楚な三島市の都市環境が生まれている。21世紀型の地域環境NPOは、グランドワークトラストの形態が最善であることを示す事例である。

持続可能な森づくりNPOは、山村で担い手が崩壊していったとき、森林管理・経営の一翼を担うものと考える。著者は、卓越した技術を持つ森林管理オペレーターと、それをサポートする森づくりNPO傘下の森林技術者によって、これからの森林管理が行われていくものと考えている。NPO傘下の森林技術者は、路網計画、森林計画、森林調査、アセスメントなどのソフト部門から、道づくり、地拵え、植栽、下刈り、枝打ち、除間伐、主伐などの事業部門にわたり、部門ごとの専門家、または多能的な専門家によって構成される。山村の過疎化が進む中で、山村の要請によって、その山村の森林に最も適した者が対応する。林業は山村間を移動するNPO傘下の森林技術者が担うのである。森づくりNPOは、各県の連携の下にそれぞれの地域の森林組合とのネットワークによって結ばれている。各県の行政は、NPOと森林組合のネットワークが円滑に機能するのに深く関与するが、実際の業務には関与しない。北海道から九州まで地域ごとの季節労働を統括コントロールさせるのは、NPOが最も適した形態となろう。そして、森づくりNPOは、都市、農村、山村のどこからでも専門技術者を受け入れて、全国の山村間の人の交流を図り、また、森林技術者として人生を全うしようとする者や、第

2の人生を森づくりに賭ける人に高度の技術を習得させて、NPOのメンバーに組み入れていく。神奈川県や埼玉県など森林を管理する後継者が育っていない地域にあっては、このようなNPOシステムを全国に要請するのが望まれる。県・市町村・森林組合ごとに森林管理の担い手の育成する時代は終わった。社会保障制度の整ったNPOを組織することによって、持続可能な森林が維持される時代となったのである。そして、NPO傘下の森林管理オペレーター企業が、日本各地に生まれて地域林業の担い手の中核となったとき、モントリオールプロセスの基準を達成できる森林管理の基盤が完成したものと判断したい。

引用文献

環境庁地球環境部（編）．1999．三訂　地球環境キーワード事典．中央法規出版，183pp．

渡邊定元．1994．樹木社会学．東京大学出版会，450pp．

渡邊定元．1999．地球環境の森づくり．科学，69（11）：920―927．

渡邊定元．2002．富士山自然の森づくり―パッチ植栽法を用いた極相林構成種による自然林の復元―．植生情報，6：9―14．

第4節

森林施業の史的考察と今日的課題

谷本　丈夫

1．森林施業教育の意義と課題

　「林学栄えて林業滅びる」の言葉は、林業界に衰退の傾向が見え始めていた昭和30年代から40年代にかけて、主に林業現場でささやかれていた。これは、戦後の経済発展に伴う大学教育の充実政策から大学機能が強化・拡大され、林学教育もさまざまな検討、改革のもとに、それなりの林学教育体系が確立されてきた一方で、林業経営には陰りが見え、現場技術としての林業（森林施業）への関心が薄れつつあったことを端的に表している。しかも、明治期からドイツなど林業先進国から移入された林学の教科内容は、造林のブームであった昭和30年代まではその多くは翻訳もので（倉田、1982）、日本在来あるいは本来の造林技術を解説したものはほとんどなかった。その後の教科書でも密度管理図などの学術的な成果は上げられるが、実務的には省力化対策など労働力不足に対応した技術研究が主で、新たな発展は見られない。これは、戦後の林業活動が、様々な理由から不活発、衰退してきたことに基因している。

　しかし、平成に入ってからは、都市環境の悪化やグローバルな地球環境保全に果たす森林の役割が注目され、森づくりに関心が集まっている。とりわけ、戦後の拡大造林地での保育不足により生み出された不成績人工林、減少してきた里山の雑木林における維持管理に関する技術書の出版や教育・研修会が、ボランティア活動の一環として開かれている。ただしこれらは、国際

条約などに基づく持続可能な林業経営などをチャッチフレーズにした行政主導の施策で、生活の匂いのする森づくり、業（なりわい）としての林業技術の伝承・発展は相変わらず不活発である。愛媛県久万地方で父上の時代からの篤林家・岡信一さんからの私信では「環境では私共は生活できませんし、林業が業として成立しなければ、人工林の維持管理は不可能でしょう。保続性、持続可能な、などと何を今さらという感で、林業に携わる者にとっては、ずっと以前から当たり前のことと思います。」と書かれている。この当たり前のことを技術、考え方として伝承する教育、研修が今後の課題である。

2. 森林施業の歴史概観

　林業家が林業で生活できなくなった日本の森林・林業の衰退は構造的なものであって、これを明らかにするには、その歴史を展望し今後の対策を考える必要がある。明治以降において、日本の林学・林業の領域で「施業技術」研究に関心が集まり、議論されてきた時期を沿革的に概観すると、ほぼ次の8つの時期に整理できよう（表1）。すなわち、最初の時期は明治初期である。この時代の技術研究の特徴は、欧米の進んだ技術の移植、導入であった。第2の時期は、明治末期から大正初期に至る期間で、この時期は国有林開発事業の出発に求めることができ（倉沢、1964）、主な技術的関心は「特別経営事業」に基因する造林に関する問題と「搬出事業」に必要な森林鉄道及び木材の利用加工に関する技術問題が中心であった。第3の時期は、大正末期から始まる森林の更新技術に関するもので「天然更新汎行時代」と呼ばれ、天然更新技術研究が異常な関心をもって推進された。第4期は、第2次大戦の終戦から昭和30年代までで、戦争で荒れた「国土の復旧」のため治山治水、緑化運動、造林活動に関連する技術的関心が高まっていた。第5期の時代は、復旧造林が一段落し、もはや戦後ではないとする池田内閣の「所得倍増」政策に呼応した技術研究の行われた時期で、木材需要に対

表1　森林づくりの歴史
森林づくりの考え方とその移り変わり

明治31年	大正10年	昭和20年	昭和31年
国有林草創時代	特別経営時代	天然更新汎行の時代	復旧造林時代	拡大造林時代
ヨーロッパに習う 近代化の森林管理	木材需要増大 未立木地への造林	天然更新と択伐 強度間伐	洪水の多発 禿げ山緑化	木材需要拡大 生産力増強計画 低質広葉樹の樹種転換 老齢林の開発

昭和47年	昭和61年	平成13年
新たな森林施業の時代	環境・21世紀に向けた 森林の危機の克服に向けて	森林・林業基本法の制定
森林の公益的機能 環境問題 自然保護運動の台頭	森林整備方針の変換 森林づくりの多様化 自然保護の重視 総合利用に対応した整備	森林の機能区分 公益的機能の重視 国土保全機能 人と共生 持続的木材生産

応した森林生産力の増強、これに直接的な機能を持つ林地肥培、育種、早期育成的な外国樹種の導入と、労働生産性の増進を目的とした伐採過程における機械的技術に対する関心が高まった。第6期から第8期までは、自然と調和した林業を主題とした技術研究とその普及活動に関心が集まった。すなわち、自然保護運動の高まりの中で、昭和48年3月に定められた「国有林における新たな施業法」を普及するために、『これからの森林施業』(坂口勝美監修、1975) は、副題を－森林の公益的機能と木材生産の調和を求めて－として刊行された。ここでは、これからの森林経営について、森林の生態系を重視し、人為と自然の調和のもとに保続を前提に運営されるとし (松形、1975)、旧林業基本法の改正につながっている。

　一方、これらを国有林野の経営計画との関連で見ると、次のような流れとなる。すなわち、明治24年の施業案編成心得では、第1章第1条において、「森林を保護し之を永遠に保続せん為常に左の三項に注意せよ。

（1）常に完全な林相を維持し力めて将来最多の材積を産出せしむること。

(2) 適実なる植伐を施行し力めて風火及び虫害を予防すること。

(3) 前項の被害若しくは其他の関係に拠る収額の減少をと予想し之が予備をなすこと。」と規定され施業案編成の方針が明記されている。

次いで、明治32年に国有林経営の方針が打ち出され「国有林経営は永続保続の利用を目的とし、其の方策は確実なる施業案によるへし」の方針を受けて、施業案編成規定の第2条に「施業案は森林を法正なる状態に導き其の利用を永遠に保続するのを目的に以って編成すべき」と規定された。この後の国有林施業案規定は、明治35年、36年に一部の改正が見られ、大正3年の規程第1条では「要存置国有林に付いては之を法正なる状態に導き其の利用を永遠に保続し国土の保安其の他公益を保持する趣旨を以って事業区毎に施業案を編成すへし」と規定されていた。

戦後は、昭和23年制定の国有林野経営規程の第1条においては「国有林は国土の保安その他公益を保持し、国民の福祉増進を図ることを旨とし、森林資源を培養し、森林生産力を向上するとともに、生産の保続及び経営の合理化に努めて、これを経営しなければならない」とし、経営の概念が明記されてきた。この背景には、戦災復興と経済再建のため、戦中にもまして増大した木材需要の圧迫を受け、国有林も民有林とともに一層の「過伐」を余儀なくされる状態であったことが記憶に新しい。昭和30年以降には、国民経済の発展につれて膨張する木材需要に応えつつ将来の木材需要を確保するため、奥地林の開発と人工造林の推進を主眼とした生産力増強方策が、林業施策の中心としてとり上げられるようになった。これを受けて、昭和33年より国有林野事業合理化計画が実施に移され、同時に国有林野経営規程も改正された。これにより、拡大造林の裏づけのもとに天然林の伐採を促進し、生産力の高い針葉樹人工林に転換することで経営の近代化が図られることになった。このような林業における経営の近代化についての考え方は、「森林計画と国有林経営計画の展望」—森林経理学を乗り越えて新しい境地を開拓

しよう―を副題として発表された小沢今朝芳報告（1956）などで論議されている。すなわち、古典的な森林経理学において林業経営の指導原則とされた（1）経済性の原則、（2）保続の原則、（3）厚生の原則について、とりわけ保続と厚生の原則の是非が論議されている。これを要約すると、林業として「飛躍的な生産力の増大のために、生産保続といった林業の生産技術を中心とした経営計画」から「木材の需要を中心とした経営計画」へと発展させる。また、林業政策は、本来、経済政策であるべきであるのに、明治以来日本の林政は、国土保安政策的な面ばかりを強調し、経済政策的な面は、つとめて表面に出すことを避けていたようである。しかし、現在ではこのような「危機の林政」を脱して、経済政策的な面を大きく前面におし出しつつある。従来国有林においても、国土保全、風致保持の目的をもつ森林の重要な役割を、必要以上に強調しすぎた。この目的達成のためには、木材需要の一部を抑制しても致し方のないことだとしてきた。しかるに現今では「林木生産を通じて、その立地において最高の生産力を発揮せしめる如く施業すれば、それはまた保全機能も十分に果たしうる」とする意見をもとに「林業の経済性の確立を通じて、森林における公益性の実現へ」が図られるとした。生産性については、「天然生林が大半を占めている間は、集約化も専ら生産部門に注がれ、育成部門には不十分である。しかし、最近めざましい育種の研究や林地肥培などによって、粗放であった林木育成過程にも漸次集約度を増している」などについて論議され、前述のように昭和33年に企業性、経済性を重視する経営計画の変換が行われた。

　この論議以前の森林経理学における保続の原則を満足させる手段として、法正林と呼ばれる森林の模型が案出されていた。これらの背景には、旧ドイツ、オーストリアなどにおいて1800年代の初期産業革命の結果、資本主義万能の世界になり、経済恐慌が襲来したことがある。さらにナポレオンのロシア戦争から全ヨーロッパの独立戦役が始まり、それが終結するにしたがっ

て、木材生産欠乏が顕著になったことが挙げられる。また、モデル林造成の手段は、皆伐作業、同齢の苗木の植栽による造成、一斉同齢の均整の状態を出現させる手入れ修理、除伐などにより、伐採面積と植栽面積、齢級配置関係の検証を行う一斉林の配置であった。

しかし、モデル林には問題が多く、1910年代には恒続林思想が発表され、森林施業思想の改革がA.Möllerによって提案された。これらヨーロッパにおける森林施業の変遷は、周知のように日本の明治期における特別経営による大造林と、その後の天然更新汎行時代に反映されている。

先に述べたように、日本もヨーロッパのように、戦後木材需要の増加につれて戦争による森林の荒廃と植民地の喪失に伴う森林資源の減少が強調され、木材需要に応じようとする、追われるような気持ちでその解決策を造林に求めた（太田、1967）。さらに太田（1967）は「植えることが林業問題のすべてを解決するという錯覚をいだき、やがて増伐を正当化するために造林奨励が用いられるようになり、昭和32年には戦後における国有林経営合理化方針が勇敢にうち立てられるようになりました。その具体的な内容は、林業は土地生産業として徹底すること、森林は保安林を普通林とに区分すれば普通林は国土保全の上に無関係なること、よって普通林は極力集中伐採を行い、一斉造林を施し、これによって作業の合理化をはかりうること、同時に短期育成技術を推進して伐期のひき下げを断行すること、伐採跡地は一切人工造林によるものとし、広葉樹林分や老齢林分はすべて整理期を極力短縮して人工林に転換すること、北海道その他東北地方の更新の困難とした地域にはカラマツを植栽し、また成長の遅いヒバ林やヒノキ林はすべてカラマツに改植すること、などの方針をとることになり、そのために必要なる制度も改変しました。これは恒続林思想を否定したばかりではなく、明治の創設期に決定された方針も排除するものとなりました。この方針は具体的には国有林の経営に対する処置でありますが、広く社会の同調をうけ、林政の全面を

支配することとなったことはご承知のとおりであります。しかし、昭和35、6年に至り木材価格の異常なる騰貴が勃発し、客観的には日本林業の転換に入りました。幼齢化した日本の森林資源はもはや自給自足を不可能とし、一方において景気の引きしめにより需要の抑制をはかると同時に、外国材の輸入を積極的に誘致するの外なきに至り、ここに内地材と外国材との競争期に入ったわけであります。また日本産業の急速なる発展により我が農林漁業は低生産部門として日本経済のヒズミと目されるようになり、林業の収益性を高め、経営者の所得を増大する必要が要請されるようになったことは周知の通りでありましょう。この林業の収益性を高めることはまた外国材に対する競争力を付ける上に絶対必要な条件でありますから、この二つの条件は完全に一致するものであります。またいかに多量生産をしても劣等材では外国材との競争には堪えないであろう。殊に今後の消費は優良材に指向することを思えば、できるだけ安い原価で優良材を生産することが、本邦林業に課せられた課題ではないかと思われます。その上地力の維持増進、国土の保全、水資源の増進の問題を併せ考えなければ林業の長期安定は期待できないであろう。そうなれば林業の戦後的改革を改め、森林生産業としての恒久的体制を整備し、これに対応する技術－恒続林思想に基調をおく技術に復帰しなければなるまい。これがわたしのいわんとするところである」と結んでいる。

　この回想は『造林技術の実行と成果』（1967）で発表された。旧林業基本法は昭和39年に制定されているから、その3年前に当たる。そして、旧林業基本法が制定されてから37年目に森林・林業基本法として改定されているが、太田が、この改正問題について昭和42年にすでに指摘していることに注目したい。また、短伐期、小丸太生産を目的とした時代には育種、肥培などの技術がもてはやされ、天然更新汎行の時代には択伐、間伐技術、戦後はブナの天然更新が話題となっていた。

　技術には、それをとりまく経済的な条件があって、その条件が技術の体系

第4節 森林施業の史的考察と今日的課題

ブナの天然更新の指標林（中越森林管理署）

と発展の方向を規定しているものであり、造林技術もその例外ではない。経済的条件は、直接的には林業経営の経営目的として具体化するもので、造林技術は特に経営目的ときわめて深い関係を持っている。特に、先進的な民有林地帯の育林技術においては、この関係は明確で吉野林業と樽丸太、飫肥林業と弁甲材などのように生産目的に応じた技術体系が形成されていた。しかしながら、日本の造林技術は、その時々の経済的要求に合致させて行われてきたが、森林の持つ生態系としての特殊性を考慮していなかった。すなわち、画一的な目的、計画の実行で、一斉造林による均一材の生産、非皆伐施業による択伐、複層林造成による大径材生産など、また国土保全機能の強化など森林の持つ、今日的に言えば多様な機能を引き出す森林の造成及びそれらを導き出す時間についての配慮が不足していたといえよう。

3．林業基盤の再生、整備を目指した森づくり

　林業基盤の再生について述べるために、本節の主題である教育、研修に直接関係のないような、日本の森林・林業の歴史について述べてきた。旧林業基本法に基づいた林業経営は、結果的には林齢の若返りによって、一時的（正常な保育管理が行われていることを前提にすれば）な森林資源の弱体化を招いた。また、戦後の1次産業重視から2次、3次産業重視に施策を変えた段階で、林業作業の従事者を都会に流出させることになった。いわゆる担い手の不足ではなくて、担い手がいなくなる施策を推進してきたことになる。最近の自然保護ブームでは、森林づくりに関心が高まっているが、恒久的な森づくりのためには、中国のことわざにある「1年の単位の計画では作物をつくる。10年単位の計画では森をつくる、100年単位の計画では人をつくる。」にみられるように、林業に従事する気概を持った人を幼い時期から育てることが必要となろう。物質文明的に言えば、都会生活は確かに便利である。しかし、自然とのつきあいを含めて精神的活動の中で、自然をあるがままに維持管理できる技術者は、不便ではあるが精神的な充足が得られる、得ることが満足できる生き方である、とする考え方に育てる必要があろう。

　一方で、資源充実に基づく林業経営の基盤整備が重要な課題となろう。そのためには、戦後若返らせた森林、人工林を中心に芯持ち小丸太生産の画一的な目標ではなく、森林維持あるいは立地条件に応じた、様々な目的に併せた樹種構成、構造をもった森林に再生させることが必要である。また、里山の雑木林やブナ林などと流行に迎合した森づくりではなく、それぞれの森林の維持目的にあわせた基盤整備を行い、再生された資源基盤を壊さないように、利用しつつ維持管理することが重要である。基盤を整備するための森づくりとそれを効率的に維持管理する技術の開発、普及は明確に分ける必要がある。また経済性、そのための設備投資ともいえる経済基盤（財源）をどこ

に求めるかの国民的なコンセンサスも必要である．幸いなことに若い研究者を通じて，技術的には本書にまとめられているような，日本の風土にあった施業研究が行われ，少しずつ成果が現れている．このような技術を教育，研修するシステムの構築とそれができるヒトの育成が今後の大きな課題であり，また，恒久的な森づくり，林業再生はそれを担う人づくりでもある．

引用文献

倉田　博．1964．林業技術論－理論編－．謄写印刷，林野庁．

倉田益二郎．1982．造林技術の原点－本当のうそとうその本当－．現代林業，187：66－69．

太田勇治郎．1967．国有林における森林施業の変遷．造林技術編纂会（編）．造林技術の実行と成果．日本林業調査会，19－54．

小沢今朝芳．1956．森林計画と国有林経営計画の展望－森林経理学を乗り越えて新しい境地を開拓しよう－．林業技術，174：6－11．

坂口勝美（監修）．1975．これからの森林施業－森林の公益的機能と木材生産の調和を求めて－．全国林業改良普及協会，444pp．

谷本丈夫．2004．森の時間に学ぶ森つくり．全国林業改良普及協会，208pp．

それでも林業をする理由

—あとがきに代えて—

　「林業の再生」が、林政の最重要課題とされて久しい。本書にも、林業の健全な発展に多少なりとも寄与できればという、筆者それぞれの思いが込められていると思う。もちろん本書は森林施業を主題としているので、基本的に、林業経営に踏み込んだ議論は少ない。しかし、施業と経営方針は密着している。だから施業を考える場合は、どんな経営方針によって林業を行うのかということも整理しておくべきであることは言を待たない。21世紀初頭の困難な状況の中で、果たして人々は何のために林業を続けようとしているのであろうか。「あとがき」の枠を利用して、少し考えておきたい。

　小論では林業を広義に捉え、森林を何らかの形で利用し、そのために管理することとして話を進める。そもそも林業をしなければならないのかという根元的な問いは、それはそれで重要かつ魅力的な命題ではあるが、迷路に入りかねないので、そこには立ち入らない。林業を続けることを前提とした上で、我われはそこにどのような意味づけをしようとしているのか、ということを以下で検討してみよう。

　林業を再生しよう、あるいは活性化しようという議論は、様々な立場を伴う。目的は山村振興から地球環境保全まで、主体も国有林から個別林家、そしてNPOまでと幅広い。しかし、それぞれの立場の違いが未整理のまま議論されることが多く、しばしば、すれ違いかみ合わない場面に出会う。そこでまず様々な議論を単純化して、見取り図を作ってみた（図）。図では、2つの軸により、それぞれの立場の議論を位置づけている。縦軸は、森林の利用目的で、木材生産のためか公益的諸機能の発揮かで対立させた。横軸は、

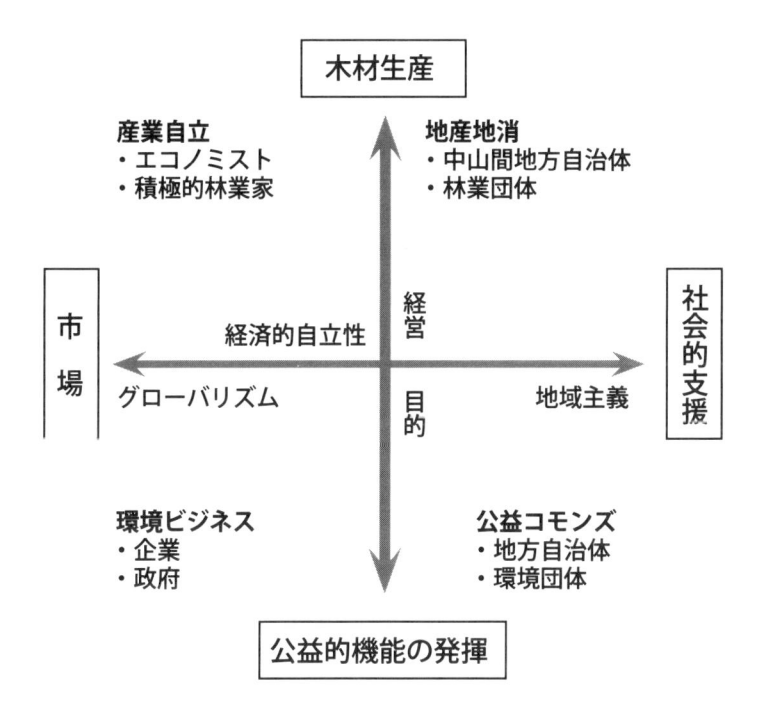

```
                    木材生産
                      ↑
    産業自立           │      地産地消
    ・エコノミスト      │     ・中山間地方自治体
    ・積極的林業家      │     ・林業団体
                      │
  ┌──┐              経│営
  │市│  経済的自立性   ────────         ┌──┐
  │場│←──────────┼──────────→│社会的支援│
  └──┘  グローバリズム 目│     地域主義    └──┘
                       │的
                       │
    環境ビジネス        │      公益コモンズ
    ・企業             │     ・地方自治体
    ・政府             │     ・環境団体
                      ↓
                  公益的機能の発揮
```

図　林業再生を巡る議論の見取り図

産業としての経済的自立性であり、市場原理に任すのか、何らかの社会的支援を期待するのかという対立である。これは、グローバリズムと地域主義という対立とも重なる部分があるだろう。

　この2つの対立軸は、しかし、しばしば重複するととらえられえている。木材生産は市場志向と一致し、公益機能の追及は社会的支援制度と手を結ぶといった見方である。しかし、実際の議論は、必ずしもそうなってはいない。2つの軸で区画されたそれぞれの分野を、順に見ていくことにしよう。

　左上の区画では、市場の競争に生き残る木材生産林業を目指す。産業としての自立なくして林業の再生はないという立場であり、戦後造成された広大な人工林資源の活用を探ろうとしている。主唱者は、一部林業家やエコノミ

ストであろう。木材価格の国際化、つまり現状の低価格安定を受け入れた上でなお産業として成り立たせるため、施業技術から流通機構までの様々な過程における抜本的な構造改革と、それを誘導するための林政改革を最重要課題と考えている。

一方、右上の区画では、同じく木材生産を林業の第一目的と考えるものの、市場での国産材の価格競争力低下は不可避と見た上で、生産維持には何らかの社会的な支援が必要だと考える。ここで、経済性の低下にもかかわらず木材生産にこだわる理由としては、山村社会の維持や資源循環型社会の追求があるだろう。このような志向は自ずと地域性と結びつき、最近は地産地消という言葉もよく使われる。市場経済への警戒や地域共同体への憧憬は、また、反グローバリズムにもつながる。過去、木材生産が盛んであった山間地域の地方自治体や、林業団体から主張されることが多い。

右下の区画は、公益的機能の発揮を目的にした林業あるいは森林管理を、社会的に支えていこうという考えである。現代版のコモンズとも言えるかもしれない。保安林への補助金や水源税、森林税、身近には里山管理へのボランティア制度の整備などがこれに含まれるだろう。地方自治体や環境団体などに多い意見である。また、林業家の間でも、木材生産林でも環境に貢献している部分については、この考えを取り入れていこうという主張がある。

最後の左下の区画の考え方では、森林による公益的機能の提供を、環境経済学的な手法を利用して、市場の中で実現するということになる。まだあまり馴染みがない考え方かもしれないが、地球温暖化対策にからむ炭素排出権の取り引きは、現実に始まっている。従来の林業関係者ではなく、企業や政府が関心を持つ分野である。また、森林を教育や余暇、あるいは保健のための利用者に提供して対価を得るということも、ここに位置づけられよう。

以上で示した4つの立場は、林業の再生あるいは活性化という点では一致するものの、その方向性や目標実現のための工程はかなり異なる。そしてし

ばしば、相互に批判的でもある。まず、2つの対立軸に沿って考えてみよう。木材生産から見れば公益的機能は曖昧で、その評価や管理の手法も未確立なところがあり、現実の社会の中でどの程度実体を持ちうるのか疑わしい。逆に公益的機能から見れば、木材生産はすでに産業としての競争力を失い、かなりの経費を様々な補助金に頼っているのが現実である。それでも木材生産に固執することは懐古趣味にすぎず、山村以外に居住する多数の納税者の要求に反するものと映るだろう。また、市場原理と社会的支援の軸に沿って眺めれば、国際化した市場に組み込まれることは抗いがたい現実であるという意見と、森林の社会的な価値の中には、環境や文化といった市場経済では十分に担保されない要素があるという意見による対立があるだろう。

　4つの区画それぞれの間でも、時計回りに、左上の木材産業自立派は右上の地産地消派を守旧的とみなし、地産地消派は右下の公益コモンズ派を、林業の切り捨て、あるいは林業からの逃避と言うだろう。また、公益コモンズ派は、左下の環境ビジネス派に生臭さを感じるだろうし、環境ビジネス派は、左上の木材産業自立派の主張に、ビジネスとしての困難さ——林業利回りの議論が示すような、生産期間が超長期である林業が本質的に持つ市場経済への不適合など——を見取って、冷ややかな無関心を示すのではないだろうか。くどくなるので省略するが、同様に、逆周りの批判の回路も簡単に成り立つ。

　では、このような意見の分裂を抱えて、いったい我われはどう進んでいったらよいのだろう。木材生産供給業としての林業が、経済的合理性を持つ努力をすべきであることは、現代社会において当然だろう。高度経済成長期以降、木材生産は、その上に環境あるいは国土保全のイメージを巧妙にちりばめることで、公的な支援を利用しつづけてきた。しかし、このような体制下で、経済的、技術的な改善に対する林業内部の意欲は低調となってしまっ

たようにみえる。また、目を流通に向ければ、木材は、極めて特殊な状況の上に成り立った市場で取り引きされてきたことがわかる。商品としての建築用材は、多くの場合一生に一度しか消費を経験しない最終消費者、消費者としての熟練度が低い人々により購入される。彼らは少なからぬ支出をしながら、実はスギかヒノキかも区別できなかったりするのだ。これらの断片的な例を挙げただけでも、木材生産が産業としての自立性、健全性を得るためには、今後、大きな改革が必須であることがわかるだろう。

その一方で、林業を経済的側面だけで量ってはいけないという主張も理解できる。森林は人々の世代を超えて長期間持続する。しかも、日本列島の風景にとって最大の要素である。森林とそれを基盤とする林業は、これらの特性ゆえに地域の風土を大きく支配し、地域社会の生業や儀礼の場となることで、文化的な存在としても機能してきた。したがって、林業——ここでは、冒頭で述べたように広義の林業であることをあらためて確認しておく——を経済的な文脈のみに位置づけることは、片手落ちである。

鬼頭秀一氏（『自然保護を問い直す』1996年、筑摩書房）は、人が生産と消費を通して自然との間に持つかかわりには、社会・経済的なリンクと文化・宗教的なリンクがあり、この双方の回路を認識することでかかわりの全体性が見えると指摘する。それは林業にもあてはまるだろう。例えば、共有林などで行う共同作業には、生産のみではなく、余暇や交流といった共同体内の生活の質を高める役割もあり、それは生態人類学がいうところのマイナーサブシステンス（松井健、「自然の文化人類学」1997年、東京大学出版会）としても機能してきたように思う。このような文化・宗教的なリンクを考慮すれば、森林と向き合う単位としては、個々の家族よりも地域共同体が重要であったと考えられよう。かくして、近年、コモンズ（共有財産）としての森林——これはかつて日本の林政史の中で、近代化を阻む桎梏として強く否定されてきたわけだが——が、再評価されるようになってきた（多辺

田政弘、「なぜ今「コモンズ」なのか」、室田武・三俣学編『入会林野とコモンズ』2004年、日本評論社)。

　以上のような、過去の林業が持っていた社会的文化的価値についての指摘は、確かに示唆的である。そこに、現代社会における人の生の回復の途を見る意見も多い（例えば、内山節、「「森林」をめぐる都市と農山村の変化をどう読むか——群馬県上野村の例をとおして」2003年、『林業技術』No. 737)。しかし、これからの林業のあり方の道標となるかどうかについては、なお議論が必要だろう。今日、伝統的な地域共同体はほぼ崩壊し、山村においてさえ人々の生活様式は変わってしまっている。これからもう一度人々を組織し直し、新たな共同体を再構築することができるのか、その時そこで林業がどのような役割を果たせるのかは未知である。我われはこれらのことを、単なるイメージではなく実体に迫る議論に乗せないと、空虚な言説に終わってしまうのではないだろうか。

　さて、林業の再生がどうあるべきかだが、実は小論では、これといった結論は用意していない。林業の将来をめぐる多様な議論の存在は、林業というものが産業としては弱小化しつつあるものの、なお現代社会の中で多様な意味合いを維持し得ていることの証左でもある。多分、産業としての自立も、地域の資源循環利用も、木材生産も、環境への貢献も、そのどれもが、これからの林業にとって必要な部分なのだろう。それらの内のどれか1つに安住することなく、それぞれの立場や地域で議論し、判断し、工夫して組み合わせ、林業を次の世代へと繋いでいくという努力が、今は必要なのだと思う。

　林業は長期にわたる営為である。今考えていること、企てていることの結果が、すぐ得られるわけではない。それ故に、林業者は自らの思想と展望を示し、それを実現するための施業技術を窮め、こんなことを考えているのだ、夢想しているのだ、だから理解と支援がほしいということを、外部の

人々にきちんと伝えることが必要であろう。そのために、本書で展開されている議論、過去 10 年間、森林施業研究会が行ってきた議論が、多少なりとも役立てば幸いである。

2007 年 3 月

編著者を代表して　大住克博

執筆者一覧（50音順）

石川　　実（愛媛県八幡浜地方局）
石神　智生（林野庁研究・保全課）
石田　　健（東京大学大学院農学生命科学研究科）
泉　　圭子（森林総合研究所東北支所）
伊藤　　哲（宮崎大学農学部）
大住　克博（森林総合研究所関西支所）
大場　孝裕（静岡県環境森林部）
奥　　敬一（森林総合研究所関西支所）
金指あや子（森林総合研究所）
鎌田　磨人（徳島大学大学院ソシオテクノサイエンス研究部）
小谷　二郎（石川県林業試験場）
小山　泰弘（長野県林業総合センター）
佐藤　　創（北海道立林業試験場）
澤田　智志（秋田県森林技術センター）
鈴木和次郎（森林総合研究所）
竹内　郁雄（鹿児島大学農学部）
谷口　真吾（琉球大学農学部）
谷本　丈夫（元宇都宮大学農学部）
田村　　淳（神奈川県自然環境保全センター）
豊田　信行（愛媛県林業技術センター）
長池　卓男（山梨県森林総合研究所）
長坂　　有（北海道立林業試験場）
長谷川幹夫（富山県林業技術センター林業試験場）
深町加津枝（京都府立大学人間環境学部）
正木　　隆（森林総合研究所）
溝上　展也（九州大学農学研究院森林資源科学部門）
横井　秀一（岐阜県森林研究所）
渡邊　定元（元東京大学農学部）

イラスト：左近蘭子

2007年3月15日　初版第1刷発行
2012年2月1日　初版第3刷発行

日本図書館協会選定図書

主張する森林施業論
（しゅちょう　しんりんせぎょうろん）
― 22世紀を展望する森林管理 ―

編　者 ———————— 森林施業研究会
カバー・デザイン ———— 峯元洋子
発行人 ———————— 辻　　　潔
発行所 ————————　森と木と人のつながりを考える
　　　　　　　　　　　㈱日 本 林 業 調 査 会
　　　　　　　　　　　東京都新宿区市ヶ谷本村町3－26 ホワイトビル内
　　　　　　　　　　　TEL 03-3269-3911　FAX 03-3268-5261
　　　　　　　　　　　http://www.j-fic.com/
　　　　　　　　　　　J-FIC（ジェイフィック）は、日本林業
　　　　　　　　　　　調査会（Japan Forestry Investigation
　　　　　　　　　　　Committee）の登録商標です。

印刷所 ———————— 藤原印刷㈱

定価はカバーに表示してあります。
許可なく転載、複製を禁じます。

Ⓒ 2007 Printed in Japan. Shinrin Segyo Kenkyukai

ISBN978-4-88965-169-0

再生紙をつかっています。